北京市哲学社会科学清华大学应急管理研究基地资助项目

强国之城

大国科技竞争与智慧城市治理

葛天任 —— 著

DIMENSIONAL RISE OF DIGITAL STATE:
GOVERNING SMART CITY IN THE
NEW RACE OF GREAT POWERS

同济大学出版社·上海

图书在版编目(CIP)数据

强国之城：大国科技竞争与智慧城市治理 / 葛天任著. —上海：同济大学出版社，2024.8
ISBN 978-7-5765-1140-6

Ⅰ.①强… Ⅱ.①葛… Ⅲ.①科技竞争力－研究－中国 ②现代化城市－城市建设－研究－中国 Ⅳ.①G322 ②F299.2

中国国家版本馆CIP数据核字(2024)第086440号

强国之城——大国科技竞争与智慧城市治理

葛天任 著
责任编辑　张　睿
责任校对　徐春莲
装帧设计　周周設計局®

出版发行	同济大学出版社　www.tongjipress.com.cn
	(地址：上海市四平路1239号　邮编：200092　电话：021-65985622)
排版制作	南京展望文化发展有限公司
印　　刷	上海安枫印务有限公司
开　　本	710mm × 1000mm　1/16
印　　张	15.25
字　　数	253 000
版　　次	2024年8月第1版
印　　次	2024年8月第1次印刷
书　　号	ISBN 978-7-5765-1140-6

定　　价　89.00元

本书若有印装质量问题，请向本社发行部调换　　版权所有　侵权必究

序

在第四次工业革命和人工智能高速发展的浪潮下,城市作为孕育科技创新的"母体",其作用应该得到更充分、更全面的认识。同济大学政治与国际关系学院葛天任副教授的新作《强国之城——大国科技竞争与智慧城市治理》力图剖析大国科技竞争背景下的智慧城市升级即"智慧城市2.0"的理论内涵、顶层设计与场景建设。在作者看来,智慧城市2.0是人工智能技术迭代升级并发挥"头雁效应"的空间底座,成为"信息—物理—社会"三元空间融合的关键网络节点,智慧城市2.0的目标并非仅仅在于可持续发展,而是促进第四次工业革命的"落地转化",从而为城市发展和社会进步作出贡献。

全书思路围绕着两大维度展开:一是数字革命,即全球变局下的世界经济系统升级;二是城市迭代,即"科技社会"双螺旋机制作用下的城市进化。两个维度的交融与叠加推动"智慧城市2.0"成为世界经济转型升级的制高点。为了抢占制高点,世界各主要国家开展了城市数字化、智能化转型竞赛,并力图以此为基础打造数字强国。其结果是:一方面,智慧城市2.0加速推动数字国家的"升维竞争";另一方面,数字国家建设又反过来推动智慧城市2.0向着全球制高点城市迈进。这意味着城市的重要性正在凸显并且成为大国科技竞争的主阵地。作者预言,从世界城市发展史的"科技—社会"双螺旋机制看,未来世界经济的"制高点"必将是智慧城市2.0。

千百年来,城市是文明的灯塔,是科技创新的源泉。作者的逻辑是清晰的,如果人工智能技术迭代创新的基础是数据、算力、算法,那么人工智能技术的数据底座、产业支撑及社会支持系统就只能是具有空间集聚效应和溢出效应的城市。城市不仅提供了技术创新要素集成的场域,而且城市本身作为复杂性系统,还具有科技创新的"混沌"和"涌现"效应。正如作者所指出,20世纪60年代兴起的高科技城市正是城市科技创新功能的集中体现。高科技城市集群密集出现在世界科技发展的前沿地带，成为大国科技竞争与科技创新的策源地。高科技城市是人才和各种资源的汇聚之地，更是科技创新系统的基础支撑。然而，在数字化、智能化时代，智慧城市2.0不仅需要具备高科技城市的特质，还需要有全球数据底座与"智慧大脑"的加持，包括跨国的多元主体的参与。简言之，智慧城市2.0是全球化与新兴科技交织融合的产物。

本书的一大特点是其纵深的历史观。作者在第一章中详细讨论了技术革命促进世界经济形成的全球史进程，对第一次工业革命促进英国主导的全球化1.0形成，对第二次、第三次工业革命促进美国主导的全球化2.0的演进给予了系统的历史分析。在前两版全球化进程中，伦敦和纽约先后崛起为战略性的制高点城市，大伦敦都市圈与纽约城市群更崛起成为世界性、全球性的城市集群。伦敦、纽约对英美主导的世界体系的重要性不言而喻。尽管国际局势面临波谲云诡的地缘政治挑战，表现出了某种裂变聚合或潮起潮落，但全球化的根本驱动力依然十分强劲，那就是人类对美好生活的无止境需求与全球南方国家实现国家发展的强劲内生动力。然而，对能否形成多极化推动的新一轮全球化，作者认为成功建设智慧城市2.0至关重要，在这方面，比技术更重要的是更加开放包容的政治理念。作者提出的这一观点恰恰回应了中国当前推进城市数字化转型、建设数字强国所需要解决的根本性问题——核心理念问题。正如作者所言，考察这一问题唯有从全球视野与历史纵深中获得答案。在本书的诸多创新之中，令人印象深刻的正是作者所展示的全球性视野和历史纵深感。

此外，令人印象深刻的是，本书在研究方法上充分体现了跨学科交叉特色。面对日益复杂的现代城市问题，跨学科交叉不仅十分必要，而且需要实现真正的交叉交融，从而获得系统和深度的理论认知与实践方案。本书将国际政治学的视野带入城市社会、政治与治理研究之中，聚焦智慧城市2.0及其治理问题，体现了国际政治、社会学与城市研究的交叉交融，让读者获得了一种全局视角和历史纵深感，对建设智慧城市2.0、对打造新全球化3.0的制高点城市有了新的认知。这与作者多元的学术背景和知识结构密切相关。葛天任老师先后获得了武汉大学建筑学和经济学本科双学位、清华大学工学硕士和法学博士学位，具备综合性的复合知识结构。他的博士专业方向是城市社会学（城市规划方向），这是清华大学自创建人文社会科学学院后就一直秉持的办学传统,即打破学科壁垒,推动跨学科交叉创新。在博士后阶段与我合作期间,他聚焦城市政治学、社会治理创新等领域,发挥了跨学科的交叉优势,实现了研究视角和方法的新突破。

最后,无论对于社会公众、理论研究者抑或政策研究人士,本书都不失为一本可读性较强且具有一定思考深度的学术著作,对我们从大国崛起的角度重新理解智能时代的智慧城市 2.0 及其治理之道具有重要学术价值。正如作者最后一章标题所言:城市迭代,大国升维。

是为序。

清华大学文科资深教授、苏世民学院院长

目 录 CONTENTS

序 / I

第一章　导言：大国科技竞争与智慧城市治理 / 1
第二章　数字革命：全球大变局与世界经济系统升级 / 11
第三章　城市迭代："科技—社会"双螺旋与明日之城 / 37
第四章　制高点城市：大国科技竞争新赛道与智慧城市 2.0 / 55
第五章　竞争制高点：全球数字化转型与智慧城市比较 / 83
第六章　打造数字国家：中国智慧城市发展与数字治理 / 135
第七章　升维竞争：智慧城市 2.0 的顶层设计与场景建设 / 165
第八章　城市迭代，大国升维 / 225

后记 / 233

第一章 导言：大国科技竞争与智慧城市治理

我们身处于人类历史上或许最为重要的一场全球大变局之中。人类在经历了世界历史上前所未有的全球化之后，再次面临着考验与选择。数字革命与人工智能推动世界经济系统升级，大国竞争重返历史舞台。国家力量开始再次变得强大，数字时代"国家"作为一种政治组织形式正以前所未有的方式实现自身的"升维竞争"。数字化技术被如此广泛地运用，数据资源变得如此重要，人工智能领域的突飞猛进与迭代升级让这一切又变得多少有些科幻色彩，一个全球性的、真正意义上的数字国家或许正在我们眼前悄然崛起。

由于数字国家的诞生正是建立在一个高度城市化和工业化的基础之上，高科技城市再度成为新的世界经济网络的关键节点，传统的智慧城市项目亟须迭代升级，新的智慧城市建设需要重新审视其中的关键所在。正是在这样一种背景之下，新一轮智慧城市的重要性日益凸显出来。城市，尤其是大规模城市区域，作为新技术的策源地与世界经济的战略地点，正在成为大国竞争中最重要的空间场所，发挥着越来越重要的功能。一种超国家的全球广域连接的新型智慧城市正在崛起为世界经济系统升级的制高点，并必将成为世界各国数字化转型发展的战略重点。本书的目的就是在上述背景下探讨大国科技竞争中的智慧城市治理与数字国家建设问题。

大国竞争的新一轮竞赛

英国数学家图灵（Alan Mathison Turing）于 1936 年拉开了数字革命的大幕。数字革命的另一位杰出贡献人物是计算机理论大师冯·诺依曼（John von Neumann）。麻省理工学院的工程师兼数学家克劳德·香农（Claude Elwood Shannon）在二者工作的基础上提出了计算机逻辑语言的数学理论。随后，一系列新技术在此后的数十年间快速迭代。芯片技术、光纤通信、微波传输、移动通信、商用电脑等信息技术迭代升级，让人类社会在 21 世纪迎来了数字化新时代。

这一新时代的标志性事件是两次电脑战胜人脑事件。第一次是 1997 年，"深蓝"电脑战胜国际象棋冠军卡斯帕罗夫。第二次是 2016 年，Deep Mind 公司的人工智能系统"阿尔法围棋"（AlphaGo）战胜世界围棋冠军李世石。在数字化技术不断累积的进程中，人工智能技术逐渐成熟并被广泛应用，其影响力早已超出"人机对弈"。作为一项通用技术，人工智能广泛应用于电动汽车、自动驾驶、医疗教育、建筑设计、清洁能源、危险作业、生活服务、新型基础设施等领域。

显然，数字革命的出现有其自身的规律，它是在此前人类科技创新能力不断增强的基础上逐渐发展而来的，是人类一系列科学技术创新的集成。正因如此，数字经济抑或数字产业竞争，首先是科技创新基础与创新能力的竞争，数字经济与数字产业的发展、迭代乃至所谓"弯道超车"，只能在强大的科技创新基础之上通过技术积累或逐渐模仿创新而实现，没有捷径可走，也难以简单直接系统性地升维或升级。由于数字技术革命对数字经济乃至世界经济的巨大影响力，数字革命背后的推动力量就不会只有市场与技术资本本身，国家的"下场"随着经济与产业竞争的激烈程度而变得更加迫切。

当整个世界经济系统进入秩序变革与寻找新的增长点之时，国家力量会选择介入数字经济的竞争与科技力量的竞赛。马克思说，政治是经济的集中体现。其实，经济也是政治的集中体现。当今世界尽管已经不是 20 世纪的世界，更不是 19 世纪的世界，但政治与经济相互作用的基本原理仍然是最简单且最有力的道理。从根本上说，唯有经济实力的提升，才有政治实力的提升。这也就是世界各主要国家包括广大发展中国家都在积极推动数字化发展、希冀赶上技术变革所带来的新发展机遇的主要原因。当数字革命推动数字经济成为世界经济增长的动力源泉之一，当数字经济成为国家经济实力"升维创新"的关键基础之时，各国政府对数字经济及其安全运行的干预、监管等举措也越来越多，对其重视程度也越来越高。

纵观世界各国各地区的数字化发展状况，美国、欧洲和中国最为典型。美国对数字经济的理解更强调数字产业，而中国不仅强调数字产业，更重视产业数字化转型。因此，我们如果不做详细的、标准化的区分则很可能将中国的数字经济规模错误地等同于数字产业规模并进而低估了中美数字产业之间的差距。欧洲对数字经济的理解更加重视社会因素，包括数字公共服务与数字安全领域。由于在中国的产业结构中，制造业占有相当大的比重，因而中国强调产业数字化转型非常符合中国产业发展的阶段化特征。欧洲由于在数字产业方面相对弱势，因而更强调社会安全价值，以期为保护自身的数字经济发展预留战略空间。显而易见，在中国、欧洲、美国之间，一场新的科技竞赛正在展开：在更广阔的世界舞台之上，在期待抓住数字革命机会以实现快速发展的国家和地区之间，这场新竞赛十分激烈。

| 全球数字经济的制高点：智慧城市 2.0 |

赢得新一轮竞赛的秘诀是占领全球数字经济的制高点。那么，这种战略制高点是什么呢？到底如何抓住新一轮竞争的战略制高点呢？全球数字经济竞争的本质是科技竞争，而科技竞争是一种综合性竞争，必须依靠强大的支撑性系统——高科技城市。城市——或者换用一个更加具有数字科幻色彩的词——"母体"——是最好的创新要素的组合地点。高科技城市是人才、资源、能源与资本的集聚之地，在全球经济数字化转型进程中，更是全球数字经济的制高点。

列宁曾经把重工业和钢铁工业看作是国家经济的制高点。谁控制了制高点，谁就赢得了国家的控制权。美国普利策纪实文学奖得主丹尼尔·耶尔金（Daniel Yergin）曾在《制高点：世界经济之战》（*Commanding Heights: The Battle for the World Economy*）一书中指出，谁能把握当今世界经济的"战略制高点"，谁能够把握时代的脉搏与律动，谁将赢得未来。随着世界经济升级的步伐加快，数字革命、人工智能技术的快速迭代，打造一个智慧的高科技城市必然成为占领世界经济制高点的关键战略选择。

基于此，笔者提出在智慧城市1.0版的基础上打造2.0版的智慧城市是新一轮大国科技竞争的关键一招。在数字时代，应运用数字技术"升维"传统智慧城市，将智慧城市2.0打造为数字产业化与产业数字化的核心联结点。智慧城市2.0不只是运用数字技术解决城市问题，而是赢得数字经济的竞争性科技优势。在此意义上，智慧城市2.0离不开国家的战略支撑，同时也是国家在强化自身战略竞争力进程中的"支点"和"制高点"。如果借用中国著名科幻作家刘慈欣在《三体》中所提出的"降维打击"概念，那么笔者所提出的打造智慧城市2.0无疑就是通过"数智化"技术赋能高科技城市从而推动强国进程的"升维竞争"之举。

智慧城市2.0必然是一种全球性的高科技城市。由于全球数字经济竞争的基础是全球性流动的数据资源，因此，获得全球性流动的数据进而获得竞争优势成为打造智慧城市2.0的应然之选。在数字时代，数据的质量、规模、流动性决定了科技与知识创新的能级。持续获得并占有全球性流动数据对于打造智慧城市2.0以及实现全球数字经济的产业升级具有至关重要的战略性价值。因此，打造智慧城市2.0不仅要拥有高科技城市的一切"要件"，还要拥有"全球数据交易市场"。正如在工业时代，顶级城市总是拥有全球性的公司总部资源与市场交易场所一样，数字时代的顶级智慧城市也应该在全球数据交易方面建立起自己的体系性"位置"。当然，智慧城市2.0并非只有那些顶级城市才能够建设得了。智慧城市2.0是一种生态体系，一种由"核心城市"和"外围城市"所组成的生态体系。如果能够成功嵌入这种智慧生态体系，那么即使是"外围城市"也能成为智慧城市2.0体系中的关键一环。毕竟数据资源的流动与规模才是最为重要的底层逻辑。加之，智慧城市2.0意味着开放、链接、动态的城市生态网络体系，因此，智慧城市2.0为普通城市变为智慧城市、嵌入智慧生态城市群落提供了新的契机。

然而，成为全球智慧2.0的核心城市之路，并非一帆风顺。在大国科技竞争的背景下，打造全球智慧2.0核心城市要面对来自全球化与数字化的双重挑战。一方面，全球化的潮起潮退，大国竞争的分分合合，对于智慧城市2.0而言，无疑是国际政治经济层面的挑战，城市本身很难控制这种挑战；另一方面，数字化技术的迭代创新速度加快，投入智慧城市建设的资金需要不断追上技术变化而导致成本巨大，数字化技术，包括人工智能技术的伦理、安全、法治风险同样也存在于"升维竞争"之中。而且，二者还有可能进一步叠加，带来全球化与数字化的双重波动，增加了建设全球智慧城市 2.0 的不确定性。

改变意味着风险，不改变意味着淘汰，问题的关键在于如何改变才能赢得竞争、克服挑战。如果说全球智慧城市 2.0 是大国科技竞争背景下世界经济的制高点，那么占领这个制高点首先需要的就是勇气与毅力。摆在所有参赛强国面前的是，要么加入，要么失去参赛资格，而后者是强国无论如何输不起的选择。

| 全球智慧城市迭代及其治理 |

作为一种复杂系统，城市是人类文明创新的源泉，也是科技创新的"母体"，它正处于又一次巨大的迭代升级之中。人类经历了从前工业城市到工业城市、数字城市的转变，而正在向一种全球性超国家的新城市形态转变。从技术自身演化的规律看，数字化、智能化、智慧化是一个进行时，而不是完成时；数字化是基础，没有数字化，智能化难以实现，而智慧化更需要结合社会体制变革才能够真正实现。从"二战"后的计算机革命开始，人类就正式进入了数字城市时代，但现在计算机变得更加普及，算法技术变得更加敏捷而智慧，一个万物互联的时代正在成为现实，数字城市与全球网络相结合塑造着新一轮城市革命的新样貌。

数字城市的核心技术是信息通信技术。每一个嵌入世界经济体系的数字城市变得比之前更加依赖于世界经济体系，数字城市在此意义上是一种超级链接型的网络城市新形态。在数字城市，其社会组织管理以平台为核心，因此数字城市治理的本质是一种平台化治理。但数字城市还不是智慧城市，实现真正的智慧城市还需要赋予数字城市智慧的"大脑"和网络化的"神经系统"，并将其与城市社会组织体制相结合。显然，这种新型的智慧城市不同于以往意义上的智慧城市或者数字城市，而是一种城市发展史上前所未有的，由国家、国际机构等力量推动塑造的新型城市形态。

那么，这种在工业城市的复杂性系统之上，经由数字城市演化生成的"智慧生态群系"——2.0 版的智慧城市究竟何以区别于以往的数字城市、智慧城市呢？简言之，智慧城市 2.0 就是数字城市的智慧化升维。智慧城市 2.0 很有可能自我修复或复制乃至自我学习、自我进化。从历史看，城市每一次迭代升级都会让一个明日之城浮现在我们的眼前——每个时代都有自己关于城市、社会与世界的未来想象。人工智能技术的发展和迭代，让一种全新的智慧城市逐渐浮现在人们的视野之中。

显然，如果看不到智慧城市的这种迭代升级趋势，那么将错判智慧城市的治理方向，也将导致新一轮全球竞赛的失败。面对智慧城市 2.0 的来临，城市的治理模式应采取何种方式？如何治理一种更加全球化的、具有超级链接性的超国家智慧生态系统？这种系统对于世界经济中的大国竞争又意味着什么？这些问题既是本书所要探讨的核心问题，也是本书所提出的智慧城市迭代治理之问。

｜跨学科方法论：国际政治、社会学与城市研究｜

本书尝试回答上述问题，显然并非易事，因为这需要一场跨学科的交叉试验。在面临日趋复杂的现实问题之时，跨学科交叉的方法论对于理解问题的实质并寻求解决之道是最有帮助的。在对智慧城市、数字治理的研究过程中，本书试图从国际政治的视角揭示国家间的竞争如何开启，又如何作用于地方、城市，最终促进智慧城市的迭代升级与数字国家的"升维竞争"。基于经典城市研究关于城市历史与演变的分析，融合信息社会学、网络社会学的思想，本书围绕全球各地区的数字化发展战略，对世界各国著名的智慧城市建设进行实例分析，并提出城市迭代、数字国家的"升维"之道：智慧城市 2.0 的顶层设计与场景建设。当本书把不同学科的知识结构与分析视角融通起来之后，一幅关于大国竞争与智慧城市治理的完整图景及其内在逻辑被呈现了出来。因此，从方法论上看，本书对于当前的国际关系与世界政治研究、城市与社会研究而言，既是一种补充又是一种融合。

一般而言，世界政治、国际关系研究往往忽视地方和城市。对于世界经济、国际政治的研究而言，学者们将真正的行动落在国家肩膀之上，他们永远关注的是国家的角色、能力、战略、选择，然而在数字时代，国家固然是重要的参与者，但是国家的根基更为重要——地方、城市、社会构成了数字时代的数据之源与竞争之基，成为整个国家实现数字化转型的战略基础和战略重点。换言之，在具体情境下，如果将分析的侧重点纳入地方与城市层次，那么世界政治与国际关系研究将看到国家行动的基础网络及其运行的中观机制和微观机制，让宏大叙事与高远战略能够牢牢抓住自己立论的根基，将这一学科的应用性和分析性进一步向中观、微观推进。无疑，这么做的好处是非常明显的，即开拓世界政治与国际关系研究的新视角、新领域、新议题，丰富学科的影响力和实践力。

那么，为什么城市变得如此重要？或者说，为什么政治学、社会学要高度关注城市的作用、角色和变化？因为城市拥有三重效应：集聚效应、创新效应和网络效应。从集聚效应来看，工业化和城市化将人口集聚形成城市社会，城市社会的政治与非城市社会的政治迥然不同。城市社会是高密度、大规模、异质性极强的社会形态，这种社会形态的政治复杂性更高，不确定性更大。简言之，城市是典型的高风险的政治社会综合体，城市政治是必须要认真充分研究的政治学、社会学议题。从创新效应看，高度集聚的城市往往是重大理论、技术、知识创造的策源地、试验场，尤其是连片城市群、城市区域所发挥的经济整合与复杂的综合作用更是具有某种乘数效应，从而降低创新的成本，让创新的思想能够迸发。城市，本身就是一个新奇的场所。因此，城市的创新效应是政治学、社会学包括经济学分析大国科技竞争时必须要去思考的一个重要维度和内容。从城市的创新效应出发，本书找到了大国科技竞争的战略支点即全球性的城市区域，并从中提炼出打造全球智慧城市2.0的概念和理念。从网络效应看，现代城市绝非孤立的个体，而是一个集群或者说是一个生态体系。这一点往往被绝大多数非城市研究者所忽视。在本书中，城市的网络效应得到最大的重视，智慧城市2.0的核心定义中就包含着开放的城市网络建构，这种网络不仅仅是通信网络，更是生产网络，是一种全球性的生产与消费网络的叠加和集成。显然，城市的网络效应应当得到政治学、社会学学者的高度关注。总而言之，城市的这些作用、效应最符合数字时代的技术竞争要求，是支撑数字时代大国数字竞争的基础、底座和关键战略支点。

从另一方面看，城市研究也缺乏对国际政治视角方面的关注和讨论。这倒不是说大部分研究缺乏一种全球视野的分析，而是说其往往将国家置于城市研究的分析之外，那么也就将国家间的竞争与合作置于城市研究的分析之外。近年来，随着中国影响力的提升，中国城市研究者们开始高度关注城市的国家视角，这方面的研究在讨论城市治理问题时往往把中国的国家特质与制度特性作为分析的逻辑起点，这样实际上更能够接近对现实问题的解析，更具有理论上的穿透力。但显然，本书更进一步，不仅注意到国家视角，而且注意到国家间竞争对于我们理解今日中国以及世界上其他国家的数字城市、智慧城市建设具有至关重要的意义。在现实中，也有许多从事智慧城市和城市管理的专业人士提出疑问，到底我们要建设什么样的智慧城市？数字城市、智能城市与智慧城市有什么区别？这些问题实际上没有理解智慧城市治理的要义其实在于国家意志，并源于新一轮国家间的数字经济竞争。许多研讨会、学术报告会上的发言人也往往将智慧城市与数字经济之间的关系割裂开来，这其实也意味着他们没有深刻理解国家、城市、数字经济、数字治理之间的关系与实质，在本质上还是没有理解本轮国家意志推动数字经济抑或建设数字经济标杆城市的初衷和设想。因此，城市研究包括城市政策、规划、治理等相关领域的研究者需要从国际政治视角出发思考智慧城市治理问题，思考怎样建设智慧城市 2.0。同时，这一思考本身其实也是深入理解数字革命的技术政治逻辑的过程，有助于厘清各种概论的来龙去脉，从而不至于被各种市场营销学的含混知识迷乱双眼。

| 本书的篇章结构与阅读方法 |

全书由八章构成，各章之间有着明显的逻辑关系。

第一章是导言部分，简要介绍大国竞争的新一轮竞赛、全球数字经济的制高点、智慧城市迭代升级及其治理、跨学科交叉方法论思考等相关内容。

第二章是本书的分析起点，讨论数字革命之下的全球大变局与世界经济系统升级。对数字革命与数字时代进行了考证，对全球化及其潮起潮落、技术革命与大国竞争、中美战略竞争、世界经济的系统性升级等关键问题进行了详细梳理、考察和分析，提出全球性数据流动、全球透明社会、欧美意识形态遭遇的挑战、中美欧三大数据治理体系等议题。

第三章是本书分析城市线索的起点，讨论现代城市的迭代升级及其背后的"科技—社会"双螺旋动因，并展望明日之城的新形态。从文明与城市的共演讨论开始，介绍了驱动城市迭代升级的科技与社会两大主流动因及其交互作用，并回顾了前工业城市、工业城市、数字城市，提出了明日之城是超国家智慧生态系统的观点。本章是对城市史与城市本质的分析，区分了工业城市、数字城市与智慧城市之间的差异，提出了回归生态以理解城市群落的观点。在明日之城，生产方式将不再是平台化的，而是采用物理、生物与信息空间叠加的全球社会化生产方式，城市治理模式将变得更加去中心化、分散化、民主化和个性化。一种更加全球化的、具有超级链接性的、超国家的智慧生态系统正是智慧城市迭代升级的未来。

第四章则是在前两章的数字革命与城市迭代的基础上，进一步对智慧城市2.0展开分析，并指出智慧城市2.0实际上就是数字全球经济的制高点。从全球数字大合流与全球数字社会诞生开始，分析智慧城市以及全球智慧城市何以变得如此重要，在全球城市理论假说的基础上进一步讨论全球智慧城市2.0的出现将会带来何种后果、风险，以及如何治理这种风险，国家在其中将扮演怎样的角色。这些内容对于理解本书的核心逻辑十分关键。

第五章主要关注世界各国数字化发展战略与智慧城市建设的考察和比较，并在此基础上分析世界各国竞争战略制高点的做法，提出其利弊得失并加以比较评析。从英美数字化战略和智慧城市建设分析开始，相继对欧洲大陆、中东欧和独联体国家、东亚、中亚和南亚、西亚和北非、撒哈拉以南非洲进行了数字化发展扫描，并就其中九个国际知名的代表性智慧城市建设案例进行了比较分析。

第六章主要介绍中国智慧城市发展与数字治理，进而提炼中国打造数字国家的系统方略。从国家引领的数字化发展开始，介绍了中国智慧城市建设与治理的历程、特征、理念，并对深圳、上海、杭州、宁波、嘉兴、合肥六座典型城市的案例进行了分析、比较和总结，提出了建设数字中国的相关思考。

第七章在前述两章的基础之上，对比全球与中国，提出智慧城市2.0的顶层设计与场景建设思考，并以此为基础提出智慧城市推动大国数字"升维"之道，指出智慧城市2.0的本质实际上就是算法算力，其核心是大数据智能统计学赋能城市治理，再提出"升维竞争"思路，并以此为基础进一步讨论智慧城市2.0的顶层设计与建设路径。重点提出了实现"升维"的五大关键应用场景，包括产业场景、能源场景、交通场景、民生场景和风险场景，运用大量材料详细分析了国内外关于智能制造、智慧能源、智慧交通、智慧民生与风险治理等相关内容和实践案例。这一章是完整理解智慧城市2.0治理之道的重中之重，现代城市治理绝非单纯的"行政管理"或者"社会治理",而是非常复杂的以产业为基础、能源为支撑、交通为架构、民生为导向、风险为保障的综合性治理。

第八章是结论部分,主要讨论从城市迭代到大国"升维"的逻辑、路径、后果,并总结全文。内容涵盖大国竞争与世界经济之战、科技创新"母体"及超国家生态系统、从智慧城市到数字国家的"升维"思考,并引出留待解决的内容,即关于智能时代的未来政治与未来研究的展望。

鉴于不同读者的需要,本书的阅读方法其实有三种:第一,对于想要快速浏览并获取"干货"的读者而言,除了导言和第八章对全书的核心观点和主要思路进行了概要介绍外,本书从第二章开始到第七章结束,在每一章的结尾都附加了知识要点,方便读者阅读并掌握每章的主要内容。第二,对于数字革命、全球变局、城市迭代与明日之城感兴趣的读者,可以直接阅读第二章、第三章、第四章;对于好奇世界各国智慧城市治理、数字化发展策略等事实案例的研究者或者"应用者"而言,请直接阅读本书的第五章和第六章;对于试图了解智慧城市顶层设计与场景建设相关内容的读者请直接阅读第七章。第三,对于喜欢跳读、倒读、随意读的读者,建议先读完本书的导言和第八章再下结论,同时本书的每一章也都可以独立阅读,选择某一章进行专门阅读也不失为一种好办法。

第二章 数字革命：全球大变局与世界经济系统升级

> 一个国家的未来取决于这个国家的领导阶级的政治成熟度。
>
> ——马克斯·韦伯（Max Weber）

> 无论就哪一国国民说，这一比例都要受下述两种情况的支配：第一，一般地说，这一国民运用劳动，是怎样熟练，怎样技巧，怎样有判断力；第二，从事有用劳动的人数和不从事有用劳动的人数，究成什么比例。
>
> ——亚当·斯密（Adam Smith）

> 弱小和无知不是生存的障碍，傲慢才是。
>
> ——刘慈欣

"你能看到多远的过去,就能看到多远的未来",丘吉尔(Winston Leonard Spencer Churchill)这句名言总是在大变局时代回荡在关心世事的人们心中。自从英国爆发了人类历史上最重要的科学革命和工业革命,人类的生活从此被彻底地且不可逆转地改变了,世界进入一个前所未有的新时代——工业时代。从不列颠西北蛮荒之地开始,经由西北欧、大西洋,最终到全世界,技术与资本的结合塑造了一种全新的世界性的经济形式——世界经济,这是整个人类历史上从来没有过的一次巨大的系统性整合。正是凭借工业革命与世界经济所带来的巨大创造力同时也是巨大的权力,不列颠王国建立了人类历史上第一个真正意义的全球性帝国,成了全球化1.0版的实际推动者,创建了以英国经济和政治理念为核心的世界体系。英帝国的面积超过了3 000万平方公里,超过了此前人类历史上任何一个"区域性帝国"[1],号称"日不落帝国",英帝国的旗帜、市场和机器所到之处,一个又一个古老的王朝、帝国要么被打开国门,要么轰然倒塌,要么变法图强,要么任人宰割。

全球化1.0版是残酷的,但它是第一次真正将人类纳入一个整体之中。全球化1.0版的历史也告诉人们一个真理,那就是技术与资本会天然选择与能够主宰世界的权力结盟,从而获得广阔的市场与不断升级的能力,相反,权力也会选择借助技术与资本的力量增强自身的力量,从而获得自身存续发展的能力与潜能。从此,全球竞争的大时代正式拉开了帷幕,国家的命运随着全球化的潮起潮落而兴衰沉浮。科学技术成为世界经济的底层逻辑,成为国家掌握世界经济竞争主导权的核心权力,世界经济就开始在全球化的周期性波动中不断迭代升级,并与全球化交织在一起,一次又一次地重塑现代世界。

在英国主导的全球化与世界体系中,尽管总是有大国崛起并试图挑战英国的霸主地位,但真正成功的只有美国。美国成功的原因是多方面的,最主要的一条是美国并没有急于挑战霸主地位,而是巧妙地利用自己的内部大市场、拉美腹地与独特的地缘政治优势,一方面避免卷入欧洲政治纷争之中,另一方面不断积累自身的科技实力。美国抓住第二次工业革命带来的契机,实现了经济实力的大幅度跃升。第二次工业革命赋予当时的强国以机会,德国、日本、美国都尽力利用好了这次机会。因此德

---

[1] 尽管在当时的已知世界,许多帝国如罗马帝国、大汉帝国等宣称其为世界性帝国或者中央帝国,但以全球眼光来看,皆为区域性帝国。

国走在了前列,德国是电力革命同时也是企业组织形式革命的引领者,创建了现代大学制度,掌握了科学技术的主导权,成了引领当时科学技术创新的领导国家,但是德国最终没有处理好这次科技革命所带来的社会与政治问题,最终走向了对外扩张、全面挑战世界秩序的道路。德国挑起的两次世界大战,教训惨痛,不仅使其在激烈的竞争中滑向了战争的深渊,也给人类带来了巨大的灾难和痛苦。德国的教训永远值得后发追赶国家警醒。

在19世纪的最后十年,美国经济总量超越了英国,但美国仍在积累实力。美国的军火工业在两次世界大战过程中赚得盆满钵满,最为重要的是,美国也成为世界科技学术中心。美国通过洛克菲勒基金会(Rockefeller Foundation)在战火肆虐的欧洲延揽了大批知识精英,这些欧洲的"知识难民"后来大都成为美国科技与文化崛起的中流砥柱。[1] 从经济总量第一到成为世界霸主的半个世纪左右的时间里,美国表面上仍然尊重英国的主导地位,在大国竞争的博弈中"办好自己的事",尽力避免卷入欧洲列强无止境的政治泥潭之中。如果从美国经济总量成为世界第一算起,美国历经了半个世纪才逐渐从英国手中拿到了世界霸权。当时的美国以一种充满了美式理想主义的精神勾勒了战后世界的基本政治经济秩序。1945年后,美国主导了全球化2.0版的系统升级,包括主导建立了世界安全架构即以联合国为核心的大国安全共治机制,以及主导建立了世界经济架构即世界贸易组织(关贸总协定)、国际货币基金组织与世界银行,从而建构了战后世界基本的政治经济秩序。此后,苏联及其华约国家一度被隔离在战后美国主导的经济全球化之外,随着苏联的解体与东欧社会主义国家的转型,20世纪90年代美国主导的全球化终于开始真正推动世界经济的新一轮大规模一体化和产业结构的重组。

全球化2.0版终于在20世纪末尾的最后十年达到了它的顶峰,尽管这次它的主角是跨国公司。在全球化2.0版的世界体系中,科学与技术更加紧密地结合起来,并借助全球金融市场,以跨国公司为基本载体,又一次开启了全球范围内的新一轮产业分工,塑造了全球世界经济的新格局。自以电子计算机为标志的第三次科技革命以来,世界经济开启了数字时代的大幕。在数字时代,竞争又一次在全球层

---

[1] 李工真.世界科学文化中心的洲际大转移[J].世界历史评论,2020,7(1):149-176.

面展开，德国、日本再一次经济崛起，推动着第三次工业革命走向更深层面的技术创新，也推动着世界经济系统的进一步转型升级。尽管在20世纪八九十年代，这种新的竞争过程充满着曲折与挑战，但总体上仍处于美国主导的全球化体系与世界秩序之中。欧盟的成立试图摆脱美国对战后欧洲的控制，而日本失去的二十年则一再刺激着日本重回政治与军事大国的野心。

在全球化2.0版的世界体系中，正如全球化1.0版一样，科学技术的迭代创新一次又一次开启了全球性竞争的新赛道。数字革命并非一夜之间就降临人间，而是经历了在那些由大学、科研机构、企业所构成的创新"母体"中孕育、萌生并茁壮成长的漫长过程。第三次科技革命的许多重要成果是以国家安全为目标、以市场为手段、长期持续投资的结果，其中不少是"二战"期间军事科技的民用化所催生出来的，比如电子计算机、信息通信技术、新能源技术、新材料技术、空间技术、生物技术和新材料技术等。第三次科技革命是一系列新兴科学技术的集合，其中，互联网、通信基础设施和人工智能技术先后在20世纪末与21世纪初取得突破，并逐渐开启了大规模的市场化应用，由此形成了新一轮投资的高潮，从而促进了整个工业乃至世界经济的数字化和智能化升级。而在此基础上，第四次工业革命或许正呼之欲出。

| 全球大变局 |

"太阳底下无新事"，若以大历史眼光观之，新一轮的科技革命及其全球竞争正是在全球大变局之下发生的，而上一次二者的叠加正是19世纪末、20世纪初第一轮全球化遭遇空前变革与挑战之时。但与上一次全球大变局不同，在新一轮的科技竞争中，中国作为重要的参与者在历经了艰苦卓绝的努力后终于获得了参与全球竞赛的入场券。正如中国改革开放的总设计师邓小平所言，"中国人穷了几千年了，是时候了"。他希望中国的决策者们要抓住全球产业链分工调整的机会，融入全球大循环，并不断向世界学习，努力提高科技创新能力，不能让机会再一次溜走。1995年，在中国共产党的第十五次全国代表大会上，中国领导人提出建设中国特色社会主义市场经济体系，中国的经济改革开始大踏步前行。2001年，中国恢复了世界贸易组织创始成员国地位，重新"入世"成功。此后，大量外资进入中国，中国借助外资与国内经济社会改革，通过城市化发展促进工业发展，取得了经济快速发展的巨大成就。中国经济的总量在2006年超过英国，在2010年超过日本。截至2021年，中国经济总量已达114万亿元，成为世界第二大经济体以及名副其实的世界工厂。随着数字经济的兴起与新产业革命的加速来临，中国正努力抓住这一次难得的机会，实现中国人对国强民富的百年夙愿。中国的领导人不断表达这样一个观点："当今世界正经历百年未有之大变局，科技创新是其中一个关键变量。我们要于危机中育先机、于变局中开新局，必须向科技创新要答案。"[1]

显然，作为一个超大规模经济体，中国经济的再次崛起本身就是世界秩序转型的最大自变量。一个有着14亿人口的大国的工业化对于全世界而言，无论如何评价，其作用和影响都是巨大的。随着中国经济体量持续接近美国，中国与美国之间的战略竞争就无可避免。按照国际观察家的说法，一国经济总量达到或超过美国经济总量的三分之二，美国就必须采取行动对该国加以遏制。这种说法虽然没有准确权威的出处，但流传甚广且符合现实主义国际政治学对大国竞争的通常判断。按照美国著名学者米尔斯海默（John Joseph Mearsheimer）的观点，大国安全竞争因为无法确定他国的战略意图而最终走向战略竞争乃至冲突。[2] 从特朗普（Donald Trump）总统执政后连续两任美国总统的对华政策看，美国对中国的全面竞争与遏制政策似乎已经成为其朝野共识[3]，这似乎也印证了现实主义分析的逻辑。按此逻辑，本轮大变局的最大确定因素就是中美两国之间的战略竞争甚至是冲突对抗。尽管笔者不赞同仅仅从经济现实主义的观点分析中美关系的变化，但以文明传统、文化价值观与意识形态取向为主轴的国际政治分析思路又确实过度渲染了中美的政治文化差异。

无论如何，大国博弈重回国际政治舞台已然是一个不争的事实，并构成了全球大变局的第一个重要维度。当然，大国博弈不只中美之间，同样也存在于其他拥有雄心壮志的强国之间。正如桥水基金（Bridgewater Associates）创始人达里奥（Ray Dalio）的畅销书《原则：应对变化中的世界秩序》（*Principles for Dealing with the*

---

[1] 2020年10月16日，习近平总书记在十九届中共中央政治局第二十四次集体学习时的讲话。

[2] 约翰·米尔斯海默. 大国政治的悲剧[M]. 王义桅，唐小松，译. 上海：上海人民出版社，2008：52.

[3] 王健. 美国对华全面战略竞争：本质、特点与内在紧张[J]. 国际问题研究，2022，19（2）：51-69.

Changing World Order: Why Nations Succeed and Fail）中所分析的那样，列强之间权势的此消彼长是世界秩序调整最为动荡之时。关于这方面的分析，清华大学的胡鞍钢教授早在十多年前就曾给出他的分析与结论，他曾经借助著名经济史学家麦迪森（Angus Maddison）教授的数据统计并运用"生命周期"理论来解释大国兴衰的周期性变化（图2-1），他提出能够持续地作出技术与制度创新才是真正对大国兴衰起决定性作用的因素。

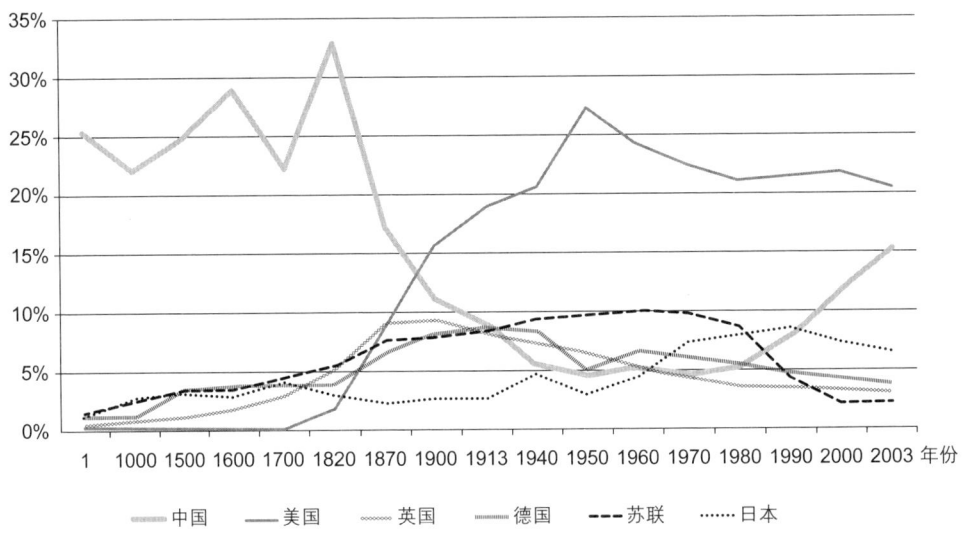

图2-1　两千年来主要大国的经济变动
来源：Angus Maddison, 2007，转引自清华大学胡鞍钢教授课件

上述大国博弈竞争的再次出现，背后的深层次原因是全球化2.0版内在的政治、经济与社会矛盾。这种内在矛盾加剧了全球不平等程度的恶化，从而构成了本轮大变局最为深层次的社会动因，也是第二个重要的维度。自2008年美国爆发国际金融危机以来，全球不平等程度的恶化及其社会政治后果就开始逐渐浮出水面。2022年12月12日，法国著名经济学家托马斯·皮凯蒂（Thomas Piketty）研究团队发布的《世界不平等报告2022》（*World Inequality Report 2022*）指出，国家之间的收入差距在减小，国家内部的收入差距却在增大，尽管收入差距因国家而异，且通常取决于政府的政策选择。从一个较长历史时期来看，自20世纪70年代全球化2.0版开始后，

全球主要国家如美国、法国、德国、中国、南非、英国等国家内部的贫富差距大幅度扩大（图2-2）。2021年全球成年人的平均收入为2.34万美元，净资产为10.26万美元。在全球收入分配中，前10%的人年均收入为12.21万美元，而底层50%的人每年只赚3920美元，前者的年收入是后者的31倍之多。与收入相比，财富不平等更为明显，世界上最富有的10%的人拥有全球75%的财富，其中约2750名亿万富翁拥有全球3.5%的财富，高于1995年的1%，而底层50%的人口所占财富为2%。报告指出，尽管不平等是全球性的，但是各国内部的收入和财富差异并非不可避免，能否避免只是政治性的选择。

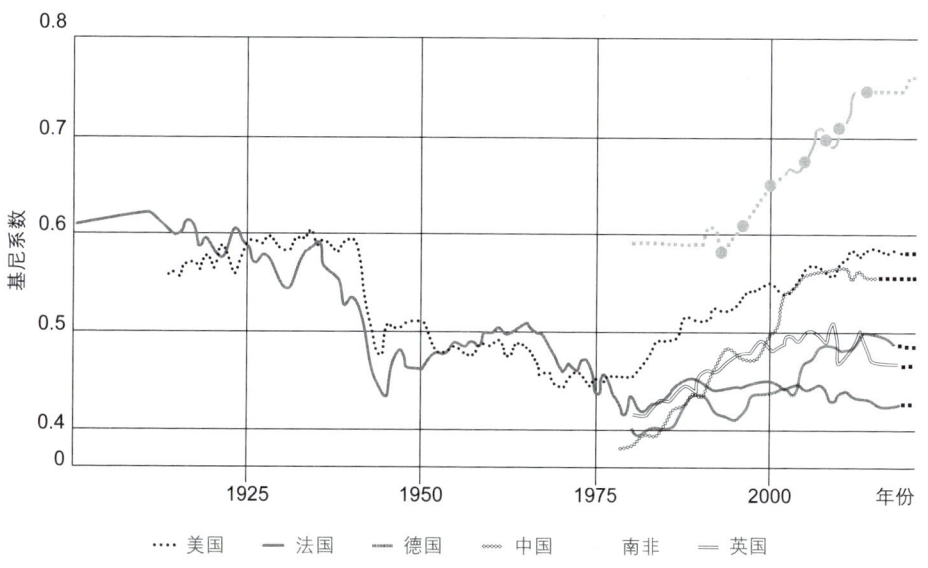

图2-2 百年来国民收入基尼系数变动
来源：World Inequality Report 2022, http:/www.wid.world

| "天上大乱" |

全球不平等的加剧推动了全球思想文化领域呈现出了三种新的变化：西方社会思潮进一步回归保守主义，欧美主流知识界对资本主义及其社会制度进行反思，英美左翼进步主义与呼吁建设新社会主义的声音持续扩大。首先，欧美社会大众所展现的右翼保守主义思潮伴随民粹主义的蔓延而四处扩散。欧美社交媒体所反映的言论、行动与事件表现出反全球化的保守倾向在加强，这种倾向借由欧美政客和右翼媒体的扩

散传播而进一步演化为一股社会思潮，这种思潮推动政策议程和政治生态变化，加剧了政治极化乃至政治"黑天鹅"事件的不断涌现。以 2021 年为例，美国国会山暴乱、英国北爱尔兰城市骚乱，从荷兰、比利时蔓延到几乎全欧洲的因反对"封控"而发生的游行示威乃至集体行动。其次，关于对资本主义及其社会制度的反思方面，大量相关作品包括文学影视作品的出版和上映。2021 年，反映美国中产阶级郊区破碎化问题的电视剧《东城梦魇》（Mare of Easttown）热播，布鲁金斯学会的李成主任指出美国社会心理文化层面的冲击要更为重要。法国经济学家托马斯·皮凯蒂出版新书《资本与意识形态》（Capital et Idéologie）并撰文呼吁迈向新社会主义。随后，美国著名学者大卫·哈维（David Harvey）对皮凯蒂的新书作出了严肃批评，这意味着皮凯蒂的新书很快得到英美左翼学术界的关注和回应。此外，2021 年年底，著名左翼哲学家齐泽克（Slavoj Žižek）发表新作《天上大乱》（Heaven in Disorder），意指欧美意识形态领域出现了严重分化、对立和混乱。皮尤研究中心报告指出只有 17% 的人认为美国的"民主"值得效仿，而 23% 的人认为美国的"民主"从来不是什么好例子。美国政治学家福山（Francis Fukuyama）在《外交政策》《经济学人》等杂志发表关于美国权力衰落的有社会影响力的分析，将美国国内政治定格为更加急迫和重要之事。这方面《经济学人》杂志似乎走得更远，其建立了关于美国权力与民主分析的专栏，而且其关于世界民主衰退的系列年度报告十分有影响力，其中引人注目的是将美国的民主划入"有缺陷的民主"一类，这实际上更多地透露出它所代表的英美中上阶层的普遍焦虑及建设性批评，但显然这并未触及问题的本质和要害。最后，英美深厚的、"二战"后未曾遭遇真正重大挑战的资本主义体制及其自由民主意识形态如今正面临空前的挑战，这不仅表现在社会骚乱、右翼民粹思潮兴起与知识界的反思，还表现在英美左翼"进步主义"力量的壮大及其矫正与修复国内政治问题的持续努力与声音的不断扩大。美国民主党独立参选人桑德斯（Bernie Sanders）号召一场改变美国的政治革命，他拒绝企业捐赠，依靠小额民众捐款，引发大量美国青年学生的追随。此外，英国工党领导者科尔宾（Jeremy Corbyn）在牛津大学辩论社公开表达"社会主义绝对行得通"的愿景，加之牛津大学的独特地位及其影响力，这场辩论通过新媒体得到广泛的传播。

　　新媒体正是本轮全球化最为重要的第三个新维度。在各种数字新媒体广泛普及的时代，民众的权利意识普遍觉醒，诉求日益增加，精英主义的意识形态的迷雾正在日渐消散，人类正在前所未有地大踏步向一种全球"透明社会"迈进。据市场分析如《全球移动市场报告》指出，截至2021年，全球智能手机用户总数达到40亿，互联网用户达到46.6亿，全球有一半以上人口使用智能手机。此外，社交软件的广泛使用以及信息的高速流动正在让人们"看见"过去难以看见的事物或现象，尽管信息的滥用同样广泛存在，但移动网络及其迭代升级，让人们看到了一个以往因为距离遥远而看不清或看不见的世界。如今，信息与知识传播也变得更加扁平化，一个中国的年轻人可以聆听美国大学关于高等数学或哲学的课程，同样来自美国的年轻人可以在中国旅游的时候向全世界直播他/她的所见所闻和所思所感。通过互联网，人们还可以编辑百科全书，可以瞬间解决搁在平时难以解决的专业问题，可以即时调阅各类相关电子文献档案，而且由于智能翻译技术的进步，人们可以快速跨越语言的障碍而更加自由地交流。新媒体不仅承载着文化、知识、信息的传播，同样也承载着宗教与意识形态的传播，更能够引发风起云涌、势不可挡的全球性社会运动。如今，起源自美国的女权运动可以迅速席卷全世界，发端于阿拉伯世界的青年抗议行动也可以很快传导到美国引发占领运动，似乎一个全球互联互通的社会正在加速来临。这些都为那些不够民主抑或仍然充满独裁统治的政权敲响了革命的钟声。无疑，互联网通信技术的迭代创新正在加速推动一个我们还无法确知其社会政治后果的数字时代的来临。

| 全球化潮起潮落 |

或许，只有现实变成历史，人们往往才能够看出其中端倪，并对未来作出有价值的展望。自2008年美国爆发金融危机以来，全球化的潮起潮落就开始引发一系列经济、社会与政治的反应，直至今日。占领华尔街运动、民粹主义崛起、英国脱欧、中美贸易摩擦、俄乌冲突、世纪疫情，十多年来，一条清晰的线索已经浮现出来：世界金融危机触动社会保护的扳机，引发民族国家的贸易保护政策，导致全球化进程的摇摆与动荡。这或许在某种程度上验证了边缘经济学家卡尔·波兰尼（Karl Polanyi）的理论，他曾在"二战"前出版的《大转型：我们时代的政治经济起源》

(*The Great Transformation: The Political and Economic Origins of Our Times*)一书中指出:"钟摆正从自由市场的一端摆向社会保护的一端。"

我们不禁要追问:全球化退潮了吗? 2018年10月5日,美国副总统彭斯(Mike Pence)发表演说,矛头直指中国干预美国中期选举并指责中国应该为美中贸易摩擦负责,言辞激烈的程度让不少人惊呼所谓"新冷战"似已开始。也就在其发表演说前一天,中国驻美国大使崔天凯接受美国公共广播电台采访,回应了外界关切的诸多问题包括彭斯所提出的种种指责。中美关系的变动牵动着无数人的关切、吸引着无数人焦灼的目光,但背后的实质是如何理解和看待全球化以及如何确定自身方位的问题,无论是从历史坐标的角度,还是从未来方向的角度。全球化究竟是展开了新的篇章,还是因本身具有无法拆解的矛盾而暂时休整,又或是像一些人所描绘的那样,面临前所未有的危机和困境,甚至已经到了终结的边缘?这些困惑正好说明,当前的全球化仍然处于一种茫然摸索的历史转折时期。英国汇丰集团资深经济顾问史帝芬·金恩(Stephen King)在2017年他的新书《大退潮:全球化的终结与历史的回归》(*Grave New World: The End of Globalization, the Return of History*)中给出了他的答案:"经济与金融全球化,也或多或少有技术全球化的迹象,但是体制与思想却没有全球化。就政治与经济而言,西方版本的全球化已经接近极限。"[1] 金恩认为,当前的这一波西方版本的全球化正处于终结的边缘,全球化大潮正在退却。当然,金恩的结论值得商榷。但他所担心和分析的内容之所以值得重视,是因为它反映了一股比较强大的、暴露于世界主流媒体的逆全球化思潮。

坦率地讲,对全球化的疑虑甚至反对一直与全球化相伴而生。历史上,真正意义上的全球化有两个版本。[2] 全球化的1.0版是19世纪西欧资本主义的血腥扩张史:从早期的重商主义到英国主导的自由贸易体系,最终消亡于两次世界大战。按照著名经济学家丹尼·罗德里克(Dani Rodrik)的观点,全球化1.0版的思想基础是亚当·斯密提出的自由贸易理论,这一理论源自当时全球化的中心英国,但工业革命的

---

1 史帝芬·金恩.大退潮:全球化的終結與歷史的回歸[M].吳煒聲,譯.臺北:寶鼎出版社,2018:308.

2 Rodrik D. The Globalization Paradox: Democracy and the Future of the world Economy [M]. New York/London: W W Norton & Company, 2018: 1-10.

出现并没有立即带来全球政治经济体系的变革，而是自由贸易理论的出现最终改变了英国的重商主义传统并产生了连锁效应，塑造了当时的全球经济与政治秩序。全球化的 2.0 版则是"二战"后美国主导的全球化进程。布雷顿森林体系催生了战后资本主义世界的繁荣与发展，这一体系的核心思想来自另一位经济学大师梅纳德·凯恩斯（Maynard Keynes），但也明智地吸收了来自各个民族国家的领导者对自身国情和内政的独立理解与政策选择。全球化 2.0 版的本质特征是"一核多元"，因而具有相当的弹性。但石油危机引发布雷顿森林体系崩溃，美英转向新自由主义经济哲学。随着苏联解体和社会主义阵营的瓦解，弗里德里希·冯·哈耶克（Friedrich von Hayek）、约翰·弗里德曼（John Friedmann）的经济思想被奉为圭臬，经济和金融的全球化高歌猛进，直到 2008 年在世界金融中心爆发了金融海啸与大规模的抗议活动。有意思的是，这一次对全球化的疑虑主要来自美英两国内部的保守势力。这些保守力量忽视实际经济现实而采取意识形态化的观点，恰恰说明了新自由主义经济全球化的体制框架及其哲学基础存在缺陷。他们对中国崛起及其全球经济政策进行意识形态化的理解不仅简单且过于粗浅。社会科学学者和有识之士更应发挥其思想引领作用，提出真正能够解答时代困惑的思想理论。在这个意义上，金恩所提出的议题是非常有价值的，那就是如何思考全球化的动力机制，尤其是除了金融、贸易、技术之外，思想究竟如何影响和塑造经济全球化？

  在全球化的历史上，经济哲学被广泛采纳并转换为世界经济体制需要一个较长的历史时段。至少，它首先需要被发明出来，或者把既有理论进行改造而创设出来。从另一个角度看，这也是各种经济哲学的竞争期和试验期。在这一时期，民族国家的历史文化、自身的改革与选择，为思想竞争奠定了基础。显然，其最终胜出者将是那些能够融合新技术制高点并同时也占据思想制高点的思想观念。历史或许想告诉我们，思想与科技的结合是推动乃至引领全球化新发展的根本动力。思想与科技所创设的一整套全球经济治理体制，从根本上决定了资本流动的方向与规模，引起了国内社会阶层的分化与行动，推动了政治结构力量改革国家体制、调整政策走向，最终改变国际政治经济体系乃至重塑全球化的演进路径。从这一分析框架看来，新自由主义经济哲学与信息技术革命的叠加效应是全球化 2.0 的主要动力机制，因而同样的社会保护诉求在中美两国的政治选择上引起了戏剧性变化：中国为保护社会而选择更进一步的改革开放和自由贸易,美国却因同样原因而选择保守主义贸易政策。至少在一个较长时期内,中美两国都不会从根本上放弃自由贸易理念、原则和制度框架,而且中国也不可能像英美保守力量所想象的那样变得唯我独尊。因为第四次工业革命仅仅只是出现了端倪,而"新思想"和"新体制"的出现,仍显得遥遥无期。

德国著名社会学家马克斯·韦伯在其著名讲演《民族国家与经济政策》(Der Nationalstaat und die Volkswirtschaftspolitik)中指出:"一个国家的未来取决于这个国家的领导阶级的政治成熟度。"[1] 沿此思路,全球化的未来则掌握在主导国家及其主导阶层手中。全球化3.0版如何实现,实际上需要主导国家的主导阶层拥有智慧与勇气,而谁能够主导全球化3.0则要看谁可能创造出引领全球发展的新思想与新技术。换言之,那些成长于全球化2.0时代的年轻人,他们能否改变陈旧的观点、突破观念的藩篱,创造出新的思想与新的技术,并改变老一代人的旧思想,至关重要。

| 数字革命与全球竞争 |

"反者道之动,弱者道之用",中国先贤的这句极富哲理的话用来描述全球化的新趋势再合适不过——或许全球化正以另一种方式悄然推进。数字革命及其所引发的数字经济全球化正在重塑世界经济的系统与结构。新一轮的全球竞争也已经拉开帷幕,而这一次最为重要的特征是"数据"作为生产要素成为经济运行最重要的资源。需要着重强调的是,竞争将是一种全球化的、开放式的、连通性的、流动性的围绕着数据资源而展开的全球竞争。任何参与这场全球竞争的选手都不可能离开一种全球性的数据,因为只有竞争对手能够获得更为广泛和全面的数据,其才能取得更大的竞争优势。然而,迄今为止,人们还在很大程度上拘泥于民族国家观念,忽视了数字经济正在以一种前所未有的方式重新推进看起来似乎正在退潮的全球化进程。

一场伟大的数字革命已经悄然塑造并改变着我们的这个蓝色星球上人类物种的未来。数字革命的起源可以追溯到"二战"期间英国数学家图灵在1936年发表的论文《论可计算数及其在判定性问题上的应用》(On Computable Numbers, with an

---

1 马克斯·韦伯.民族国家与经济政策[M].甘阳,译.北京:生活·读书·新知三联书店,1997:98.

Application to the Entscheidungsproblem）。在这篇论文中，图灵提出了后来被公认是人工智能、现代电子计算机的概念原型。在图灵的传记电影《模仿游戏》（The Imitation Game）中，图灵的想法被视为拉开了数字革命的大幕。数字革命的另一个杰出贡献人物是冯·诺依曼，他的非凡贡献是提出了计算机的基本结构。紧接着，麻省理工学院的工程师和数学家克劳德·香农把图灵的程序和冯·诺依曼的计算机结构结合起来，提出了计算机系统处理的逻辑语言和数学理论。之后，随着半导体技术在贝尔实验室取得突破，晶体管取代了香农的逻辑电路和真空管。20世纪60年代初，罗伯特·诺伊斯（Robert Norton Noyce）和杰克·基尔比（Jack Kilby）发明了集成电路，数字革命在技术上取得了长足进步，为计算机的小型化和便捷化应用提供了可能和无限的前景。1965年，按照英特尔首席执行官戈登·摩尔（Gordon Earle Moore）的预测，刻在硅片上的晶体管数量每一到两年就会翻番，后来被人们称为摩尔定律。随着计算机广泛应用于科学、军事和商业工作中，美国国防部提出希望通过互联网把计算机联络起来，这个原初是政府项目的研究后来转化为商业应用，最终于1987年在商业互联网中开始应用。

随着芯片提升技术呈的几何级数的快速增长，光纤通信、微波传输技术取得突破，移动通信设备、商用电子计算机的广泛普及，通信技术的迭代升级，人类社会在20世纪末迎来了一个数字化的新时代。1997年，国际象棋冠军卡斯帕罗夫与IBM"深蓝"电脑对弈，"深蓝"经过较长时间的"思考"终于走出了战略"绝杀"，电脑"战胜"了人脑。2016年，Deep Mind公司的人工智能系统"阿尔法围棋"（AlphaGo）与世界围棋冠军李世石对弈，由于围棋比国际象棋更为复杂，因此对于人工智能系统来说这是一次更大的挑战。最终结果是人工智能系统战胜了李世石，但又被新一代的人工智能系统战胜了。近年来，人工智能技术应用在各种领域，人工智能机器人也被更加广泛地应用于工业乃至普通商业之中。人工智能技术在电动汽车、自动驾驶、医疗、教育、建筑、清洁能源、危险作业、生活服务、新型基础设施等越来越多的领域有着广泛的应用前景。

最新的数字经济全球竞争正是在数字化、智能化的基础上展开。显然，数字革命并非单一技术跃迁带来的，而是人类一系列科学技术创新的集成，它是在所谓第三次工业革命的基础上逐渐发展出来的。正因如此，数字经济的竞争并非可以通过所谓

"弯道超车"的捷径而实现技术跃迁与系统升级。对数字经济的重新界定可以帮助我们全面了解数字经济。目前学术界对数字经济并没有形成一个统一而标准的定义,本书考虑了目前在数字经济领域领先的三大经济体对数字经济内涵的理解,并参考联合国贸易与发展委员会、世界经济论坛等国际组织的理解,在此基础上进一步比较和精练,从总体上提出了对数字经济内涵的新理解:数字经济是一种技术不断迭代升级的、以数据为核心要素的、社会化的经济形态。

根据清华大学江小涓教授、中国科学院大学洪永淼教授的理解,数字经济主要包括两方面内容,即数字产业化与产业数字化。更具体地讲,数字产业化主要是指信息与通信基础设施(ICT)、数字商业贸易平台企业、数字媒体等,产业数字化则更多强调传统产业尤其是制造业、服务业的数字化改造或升级。与中国不同,美国对数字经济的理解更多地是强调所谓数字产业而非传统产业的数字化。根据美国国民经济调查局(BEA)的工作论文对数字经济的具体分类和测量指标,数字产业主要包括五大方面,即支持性服务、通信、软件、电子商务和数字媒体及硬件。从这个工作论文以及参考其他相关报告可以看出,美国对数字经济的理解与测算并没有将产业数字化纳入其中,而中国将产业数字化的增值部分纳入计算之中,因此我们如果不作详细的、标准化的区分则很可能将中国的数字经济规模错误地等同于数字产业规模并进而低估了中美数字产业之间的差距。

欧盟经济委员会对数字经济的理解与中国、美国有明显的不同,欧盟更加强调人力资本、连通性、数字技术一体化、数字公共服务、通信技术的研发等方面的指标。欧盟对数字经济的理解增加了欧洲更加擅长的数字公共服务领域、数据开放度、流动性与网络通信密度等因素。显然,欧盟将数字经济的内涵扩展为一种公共经济和共享经济,其核心价值更具社会属性,并充分重视数据安全而非简单地把数字经济的贸易与发展当作价值内核。欧盟这种对数字经济的理解固然有其长期的经济理念因素的影响,但这不能不说与欧洲在数字产业方面的企业及竞争力相对薄弱有关,欧洲数字产业的欠发展在很大程度上受制于美国的约束和打压,在中国畅销的《美国陷阱》(*Le Piège Américain*)一书就揭秘了美国是如何打压法国工业巨头阿尔斯通公司的。

归纳起来,中国、美国和欧盟对数字经济的理解各有特色,这其实也很好地反映了中、美、欧各自的经济理念、经济模式和产业结构。中国作为世界工厂当然强调产业的数字化转型升级,并将数字经济的数据基础纳入国家与政府的控制与影响范围之内;欧洲由于缺乏数字平台企业并更强调社会市场经济,因而更重视基于公共、社会与个体价值的彰显;而美国则更重视私有企业的创造性与竞争性,强调数字经济的创新活力。那么,在解析了上述三种对数字经济的不同理解之后,我们可以形成这样一种更为全面的对数字经济的概念界定与测量体系:数字产业、产业数字化、数字公共服务、数据治理如数据开放、流动和连通。这种全面的理解能够更加客观地反映各主要经济体在未来全球竞争中的位置与可持续的竞争力。

从中国、美国、欧盟对数字经济的理解差异,就可以看出世界三大经济体的数字经济发展战略各有侧重,这种策略差异显然将决定三大经济体在未来全球竞争中的成败得失。中国是一种追赶者策略,国家主导的发展战略是提供企业竞争的基础设施以鼓励企业参与全球竞争,但控制数据资源并对资本无序扩张加以规范,却很有可能导致对企业创新和竞争力的过度干预。美国的策略是一贯地重视企业的创新与竞争力,国家负责保障企业的全球竞争,但国内的规范和数据治理更多地依靠其司法体系,而这些司法体系本质上是倾向于市场、资本而非社会。欧盟的策略则显然与中美相比更不具备竞争力,因为增加社会维度的考虑后,虽然能够增加社会韧性,但也会增加数字企业的社会成本。但欧盟这样做并非没有理由,毕竟对于欧洲而言,全球化的历史教训主要是工业革命时代的社会失控与国家冲突,欧盟或许最不希望看到的就是一个分崩离析、缺乏统一价值观的欧洲大陆,缓和技术与社会之间的张力、避免技术对社会的"侵略"或"宰制",显然是更符合欧洲战略的选择。然而,全球竞争的逻辑却主要体现在数字产业中的核心技术、数据优势与软硬件基础设施状况。如果从这方面来看,中美之间竞争的主题将是未来数字全球化,而谁将胜出则取决于如下两点:中国能在多大程度上管住国家的干预之手,以及美国能在多大程度上管住资本的掠夺之手。

对于全人类来讲,重要的不是超级经济体中谁能够最后胜出,而是谁能够真正为全人类寻找出一条通往光明与自由之路,而不是通往黑暗与奴役之路。数字革命的意义如同工业革命之于人类。数字革命的真正魅力在于它正在推动一种新的不断快速变革的替代性生产力——不断迭代升级的人工智能技术——这种生产力的变革将极大提升生产效率，并作为一种替代技术给人类社会带来巨大的影响。在此意义上，数字革命必将推动立基于生产力之上的上层建筑的系统性变革，而且可能以一种既熟悉又陌生的方式、以一种黑格尔式辩证法即"否定之否定"的逻辑来实现它的"社会意志"。数字经济并非如技术乐观主义者们所宣称的那样是未来全球经济走出"大停滞"的增长点，恰恰相反，数字经济所潜在的挑战、所隐藏的风险才更值得我们重视、更值得我们警惕。因为历史告诉我们，正如我们在工业革命时期所经历的那样，技术革命并不总是带来欢乐，更多的还有泪水。一如狄更斯（Charles John Huffam Dickens）所描写的那样："这是最好的时代，这也是最糟糕的时代。"无论是好的一面，还是坏的一面，数字化和智能化变革的影响力是前所未有的，而我们所必须面对的就是技术变革所带来的那种固有且未知的社会风险。

疫情"黑天鹅"

谁都没有想到，世界会以这样一种方式陷入一场全球危机，尤其是在人类从工业时代走向数字时代的大变局的关键时刻。2020年是新冠疫情这一"黑天鹅"推动世界秩序向着大分化、大转型方向加速演进的关键一年。全球新冠疫情是自"二战"之后人类世界所面临的最为严重的一次危机事件，它犹如一次全球性社会实验，在原本已经陷入重重危机的世界秩序基础上，不仅按下了经济发展的暂停键与倒退键，甚至还按下了社会分裂与政权转移的加速键。

迄今为止，尽管全球著名分析师和主要研究机构出版了各类报告，但是还没有一个能够准确详细地预判新冠疫情对世界历史与世界秩序所产生的巨大影响。在笔者看来，新冠疫情至少将加速三个方面的重大变革：

第一，新冠疫情将加速世界经济下行和分化的大趋势，这是由各国采取的货币超发政策与国内社会分化状况加剧所导致的。2008年以来的世界经济和金融危机并没有得到根本解决，反而雪上加霜，而危机不过是被短期应对的货币政策所掩盖。

第二，新冠疫情将加速国内社会分化所引起的主要大国国内政治与经济政策转向，从而引发世界政治与经济秩序的重组。由于国内与国际政治相互激荡，全球脆弱地区的政治与经济风险将加剧或发生连锁效应。在全球疫情的第三年，英国《自然人类行为》杂志发表的一篇论文指出,文化价值作为重要变量对人类作出超越自身狭隘认知局限的选择构成重要且关键的影响。[1] 毫无疑问,人类意识到这一点是实现认知超越的第一步。希望仍在于人类的自我超越与团结合作。

第三,新冠疫情将推动数字社会加速到来。各国在人工智能、数字经济竞争方面变得更加激烈。例如,在美国数字经济结构中,数字化的支持服务的产值高列榜首。人们也更加熟悉"线上"互动,也更愿意采取线上线下融合的生活方式。甚至全球产业链分工也更有可能据此实现某种程度上的"回流"与"重组"。

全球数字社会的来临,或许对于我们每一个个体生活最重大的影响乃是"透明社会"的悄然来临。人们的活动轨迹暴露于大数据"无影之眼"的精准"目光"之下。正如一句中国老话所言,"要想人不知,除非己莫为"。从更广泛的意义上看,这种透明社会的数字化越是加速发展,其实际上带来的影响就越是政治上的,而不只是社会与个体层面的,即长期统治人类社会的"精英主义"意识形态的"无知之幕"将越加透明。生活于不同观念与意识形态之中的人们终将发现彼此之间的差异其实并没有那么巨大。

在疫情"黑天鹅"的冲击下,世界经济正在驻足中寻求新路。多重危机叠加及其蔓延或许进一步对世界体系的边缘、半边缘地区产生严重影响。据约翰斯·霍普金斯大学(Johns Hopkins University)的实时数据,截至2022年5月23日,全球疫情感染人数超过5.24亿人,因疫情死亡人数被统计的超过628万人。实际上,由于技术原因以及疫苗民族主义等多种因素,全球未被统计的疫情导致的死亡人数很有可能是已统计死亡人数的数倍甚至更高。在拉美、印度的贫民窟,在缺乏疫苗的非洲大陆,实际的疫情死亡人数应该远远不止霍普金斯大学网站上所标示出来的那样——似乎那些地方没有那么严重,但任何具有健全理智的人们都不可能忽视,实际情况绝非如此。哪怕仅仅从死亡人数上看,全球疫情"黑天鹅"对人类社会的冲击似乎并不亚于一次"世界大战"。

尽管全球各国应对疫情及其所带来的经济社会问题采取了"无痛疗法",即或者超发货币,抑或通过牺牲长期利益来弥补短期损失,但各国并没有团结起来解决

---

[1] Hale T, Angrist N, Goldszmidt R, et al. A global panel database of pandemic policies (Oxford COVID-19 Government Response Tracker) [J]. Nature Human Behaviour, 2021, 5(4): 529-538.

这场全球疫情所带来的危机。缺乏合作、全球领导赤字，不仅无助于全球经济走出长期大停滞的基本格局，甚至还加剧了边缘和半边缘国家的经济失衡并引发持续的社会与政治动荡。例如，大规模刺激政策导致全球大宗商品价格持续上涨，全球住房价格尤其是美国、欧洲的住房价格也快速上涨。据英国房地产信息公司莱坊地产（Knight Frank）发布的《全球房价指数》数据分析报告显示，从2020年三季度到2021年三季度的12个月内，全球56个主要国家总体房价涨幅为9.6%（以实际涨幅为标准）。大规模刺激、住房价格的上涨与本来严重的经济社会问题一起，加剧了这些货币超发国家的内部矛盾，这一过程或许很缓慢，但是相关问题早晚会慢慢发酵，其社会负面后果令人担忧。

| 美国对华政策质变 |

全球不平等的状况不仅没有好转反而有所加深与蔓延，引发全球政治经济格局加速演化。作为全球最大发达经济体和最有政治影响力的国家，美国本应该为当前世界领导力赤字负责，然而美国决策层却仍然抱有狭隘过时的"冷战"思维，在全球数字化的21世纪运用19世纪以邻为壑的国际战略思维，推动全球化进程并加速重组。美国所推动的国家间联盟与重组，不仅放弃了战后美国罗斯福（Theodore Roosevelt）总统所建立的全球伟大理想，而且正在引导世界走向危险的边缘。2021年，美国在20年的阿富汗战争中以失败结局而仓皇撤军，在面对国内外矛盾中转向选择性收缩战略。固然，美国战略性收缩的最终目标是针对中国，但这显然完全是美国全球精英领导阶层的傲慢与偏见所致。

无论如何，面对新一轮的全球竞争，美国调整外交政策，并将对华关系调整为外交政策主轴。南京大学朱锋教授言犹在耳："美欧关系有所拉近，中美俄和美欧俄战略三角关系的调整将对美俄关系未来产生影响。"[1]的确，话音刚落，"俄乌冲突"随即爆发，世界局势的紧张程度再次急速上升。面对中国崛起，拜登（Joe Biden）政府放弃特朗普政府的所谓"蛮权力"，而采取所谓"巧权力"，力图拉拢盟友全面围堵

---

1 朱锋.中美关系，在变局中求索大国相处之道［J］.世界知识，2023（1）：26-28.

中国。正如中国社科院周琪研究员所指出的，美国在强化既定战略的同时，调整了其近期对华政策，强调所谓竞争战略，并通过拉拢盟友共同遏制中国实现其战略目标。2021年，中美开展了阿拉斯加会谈、天津会谈、苏黎世会谈，引发全世界关注。三次会谈中，中国站在人类与自身未来发展的立场上，对中美关系给出了明确的底线并展现了最大善意。尽管美国持续炒作新疆问题、台海问题，并就冬奥会进行所谓"外交抵制"，召开所谓"世界民主峰会"，然而其产生的效果实际并非如某些观察人士所言的那么大。正如布鲁金斯学会李成主任所言："拜登在外交上不是在缓和对抗和冲突，而是四面树敌。他没有把更多的资源和重心真正用在国内，可谓败笔累累。尤其是与中国的关系上，不仅没有好转，而且是继续恶化。"[1]

显然，尽管华盛顿决策团队看到了美国国内问题的严重性，但其对政党政治与国内情况估计不仅是不够的，甚至缺乏强力手段，尤其是缺乏空间维度是其最大的估计不足。美国民主指标连续下滑，其中政治文化指标、政府职能指标呈现明显的、持续的下降。拜登政府的所谓"大基建"，虽然号称是大号版的"罗斯福计划"，即包括"社保""医保"改革在内的一揽子财政投资计划，但最终被两党政治所大幅度挤压。美国国内政治问题在2020年美国大选及政权更替中又一次爆发。这次美国大选是美国历史参选人数最多、不确定性最大，但同时也最令人沮丧的一次政权更替。尽管特朗普输掉了大选，但仍有7 000万人参与选举并为这个举止超常的总统投下选票。这一事件对美国来说，无论在何种意义上都不能说是一种确定性政治的来临，因为美国社会高度分化的基本现实并没有得到改变，反而因为大选得到强化，疫情和政治的巨大冲击力也推动了美国国内政治暴力与示威事件的蔓延。根据《财经》杂志主导的全球经济信心指数调查，对2021年美国经济表示担忧的诸多因素中，得分最高的就是美国的政治分裂与国内动荡（59.41%）。当然，对世界来说，由于拜登政府重回美国传统建制派国际路线，尽管确定性大增，然而这种确定性已然由于美国国内的诸多复杂矛盾而笼罩着不确定的阴影。

国内乱局并没有伤及根本，美国依然能够自我恢复，这一点我们应有清醒认知。美国依然有实力扭转国内矛盾和政治分化所带来的实力相对衰弱问题。正是在这种背

---

1 李成. 布鲁金斯学会李成：一个陷入混乱的美国，对世界很危险［EB/OL］.（2021-09-07）[2023-11-08］.https://news.cctv.com/2021/09/07/ARTIvM92eTP9HfOart6GI1AR210907.shtml.

景下，中美关系迎来了重大变局：第一，中美关系回不到过去，未来竞争与合作并存，但以竞争为主。一方面，拜登政府将更加注重国内问题解决，在对华问题上将采取所谓巧竞争、软制衡战略。另一方面，中国对美政策正在形成更为长期的战略部署，官方和民间的理性务实仍为强音，但中国底线更加明确。因此，中美关系将进入缓和窗口期和调整期。第二，短期看，科技、金融、意识形态是重点战略竞争工具。技术革新与数字经济的加速发展正在将中美推向更深度的竞争领域，并正在塑造新的世界权力二元体制与"双峰政治"或"半球化政治"，这是由新一轮工业化人口规模所决定的。此种"双峰政治"或者"半球化政治"将在高科技、金融货币、意识形态竞争等重要领域以一种新的形式展开所谓"对冲"和"竞争"。第三，长期看，美国对华战略的对抗性并无根本性改变。政治和经济上的脱钩虽然是一种"话术"，但话术正在发生潜移默化的恶劣影响，如不加以遏制，就会导致长期消极影响。特朗普开启了对华强硬的政治魔盒，共和党年轻一代领导力量对中国的敌意和消极看法正在逐渐形成。中国年轻一代人对美国的认知也在发生新的变化。

大国战略竞争是急速变化的全球政治经济秩序的主轴。尽管拜登政府仍将中国作为最主要的战略竞争对手，当然技术、方法与特朗普政府有较大不同，但其后果则可能更为有效乃至更有战略挑战，拜登政府将以美国国内问题解决为核心，展现出更为灵活但也更加明确的对华遏制战略。因为拜登政府必须对如下几方面问题进行统筹考虑：第一，受利益集团、盟友以及中美理性对话等因素影响，美国金融、军工等重要利益集团对美国政治影响相比下降，但其全球利益链条的中国因素仍具有重要份额。因此，笔者在 2021 年年底提出，为修复和团结拜登政权所认为的最为重要的盟友关系，美欧将很有可能从各自利益出发先对俄罗斯展开精准的打击。这一点已经通过当时的"慕尼黑安全会议"等国际机制对外发出了信号。第二，美国国会两党要求遏制中国崛起的声音也在不断增加。这是由于国际金主与美国政党政治的密切联系，由于国际盟友要求美国修复与盟友关系的声音不断增加，因此重新修复盟友关系与对华关系质变联系在一起就顺理成章。第三，拜登政府寻求自身的政策主线和政策共识凝聚。例如，美国国家安全顾问、"中国通"杰克·沙利文（Jake Sullivan）提出，特朗普政府没有重视的四大力量即美国国内投资、美国盟友力量、国际组织力量、美国的价值观，这是拜登政府可能重视的政策方向。第四，意识形态和传统建制派国际政治路线的延续。扩充七国集团，加入韩国、印度，提出了建立所谓"民主十国"的设想，试图孤立中国，不仅在意识形态竞争方面更加突出，而且在战略军事上也为遏制俄罗斯、伊朗和中国做好准备，并大幅度提升"印太"安全对话机制、加强印度太平洋战略，建立所谓"印太"经济框架。简言之，美国对华的巧竞争、软制衡战略重新形成，但显然其效果必然不可能如同十年前民主党执政之时那般，时移世易，这一切如同教科书般的操作其实并不见得有多高明。

随着拜登政府执政团队及其政策展开，美对华战略竞争将在如下重点领域展开：第一，主要的核心重点在科技创新领域，科技创新涉及国家网络安全乃至美国全球霸权体系的基础，因此科技竞争将是短期重要关键领域。第二个重点领域是金融，比如美国政府通过多种手段打压"中概股"。第三个重点领域是"规制"之争，这些规制涉及劳工权利、环境保护、知识产权、强制转让技术等，尤其是数字经济规则。哈佛大学肯尼迪学院贝尔福中心研究指出，中国在国家网络实力指数排名中处于第 2 位。网络实力的关键是数字经济实力，而数字经济竞争的关键之一是规则制定权之争。第四个重点领域是价值观竞争。第五个重点领域是安全问题，这里主要是"台海问题"与中国的海外利益保护问题。

| 中美技术竞争 |

"抓住主要矛盾的主要方面"是分析中美战略竞争问题应该有的思维。中美战略竞争的关键就是科技竞争。中美两大国的科技竞争已经并且将继续成为当前全球政治经济格局中最重要且关键的战略议题。汇总各方面的信息，我们可以对美国方面的政策动向有如下三方面的判断：第一，反对向中国学习制定产业政策的声音逐渐扩大。美国智库认为反对中国产业政策是无效的，甚至认为反对中国的"国家资本主义"及其产业政策是为对手提供帮助，应坚持市场体制，并加强规则制定，而重点在于竞争政策。第二，反对向中国那样制定中心化的科技竞争体制。2019 年 12 月底，美国国际战略研究中心（CSIS）的相关战略分析报告实际上已经给出了相当明确的、具有共识性的结论。该报告在分析 20 世纪 30 年代的美德科技竞赛、20 世纪 60 年代的美苏科技竞争的成败得失的基础上，认为中美战略竞争的关键点就是科技竞争，这是一切战略的核心出发点,强调美国应着眼长远竞争战略,将美国纳税人的公共资金花到关键地方,即培育长期技术创新领域和制定竞争扶植规则,主张坚决采取去中心化战略,培育科技应用和可推广的市场,并加强利用新兴技术。第三,在国际市场继续采取长臂管辖和国内法凌驾于国际法的逻辑,针对高科技方面的竞争和管制进一步升级。这方面,美国对华为公司所采取的行动已经是一个明证。正如杰弗里·萨克斯(Jeffrey Sachs)在其著作《全球化简史》(The Ages of Globalization)中所言:"美国政府似乎主要是被华为在尖端数字技术上的成功所震惊,而不是害怕任何具体的安全风险。事实上,美国政府在针对该公司的公开行动中并没有提供任何具体风险存在的证据。"[1]

对于中国而言,解决"卡脖子技术"是短期策略,而实施中长期的科技竞争战略才是关键。其中,如何在中美战略竞争的环境下推动科技体制的转型和变革显然关乎国运兴衰。中国借鉴苏联和德国科技竞争体制中的有益成分、避免其体制的僵化和危险因素,将整个科技创新的主体和重点落脚到市场经济中的企业与更加灵活自主的大学、科研机构之上。在德国创办现代研究型大学并引领第二次工业革命的历史中,当时的德国教育大臣威廉·冯·洪堡(Wilhelm von Humboldt)给出了德国持续创新引领科技发展的真谛:"真正的、持续的科技创新根基在于学术自由与技术、资本的结合,而不是相反。"而毁掉德国学术与科技中心地位的恰恰是极端民族主义与盲目排外的政治情绪,当纳粹党焚烧图书的那一刻,德国就输掉了未来,德国的科技创新核心竞争力就毁在自我的精神迷狂之中。借机通过洛克菲勒基金会等机构,大肆抢救欧洲"知识难民"的美国则是最大赢家,美国现代大学的研究生院就在此基础上变身为世界学术研究的新中心。苏联在科技竞争中的失败则主要源自科技体制的僵化,苏联的大学无法吸纳全世界的精英人才,苏联的各种科技成果更没有被充分地转化为民用商业使用,这样一个封闭、狭隘的体制,虽然创造出了举世震惊的尖端技术,但是由于缺乏真正的技术市场而仍然是不可持续的。依靠举国体制的苏联科技体制最终与苏联一起被埋入了历史的尘埃之中,给后人留下了无尽慨叹。从苏德两国科技体制的兴衰成败中不难发现,科学技术的创新发展有其本质规律,推动科学技术的创新根

---

[1] 杰弗里·萨克斯.全球化简史[M].王清辉,赵敏君,译.长沙:湖南科学技术出版社,2021:210.

本仍在于体制创新，也就是更好地让大学、科研院所、企业、资本市场紧密结合起来，更好地开放、吸纳全世界英才，充分尊重知识的价值，让知识成为分配中的关键要素。

因此，从某种意义上讲，中美技术竞争的底层逻辑是经济发展模式的竞争。中国必须稳定住经济基本面、稳定住全球"供应链"、稳定住"与全世界做生意"的基本格局，才能立于不败之地。面对大变局与全球竞争，中国的应对策略是推动新一轮的"双循环"发展战略。由于世界经济运行本身处于相对衰弱期，加之新冠疫情与中美关系变局的影响，世界经济正在面临巨大挑战。因此，中国的"双循环"战略并非仅仅着眼于外部世界变化，同时也是国内经济发展和产业转型升级的要求所致。中国正在重新布局今后至少15年乃至30年的发展战略，这些战略不仅包括双边与多边投资贸易协定的签署，如区域全面经济伙伴关系协定（Regional Comprehensive Economic Partnership，RCEP）、中欧自由贸易协定、中欧双边投资协定、中非合作，以及加入全面与进步跨太平洋伙伴关系协定（Comprehensive and Progressive Agreement for Trans-Pacific Partnership，CPTPP）等，还包括中国经济高质量发展的系列战略，比如国家科技创新战略、中国制造2025、"双一流"大学建设、职业教育发展战略、区域发展与一体化战略等，乃至于包括社会与再分配调整的系列战略，如对医疗、住房、就业、教育、收入分配五大重点民生领域的战略性调整。因此，不能简单将"双循环"战略看成是经济战略，而应是一种新的综合性战略举措。具体来说，"双循环"战略的重要影响至少体现在两个方面，即中国将减少对世界的依赖，而增加世界对中国的依赖，中国将减少对传统增长模式的依赖，增强社会包容性与绿色可持续性。新时代的"双循环"战略不仅是"十四五"规划开局之关键，更决定今后30年的发展走向。当然，无论是中美关系变局，还是"双循环"战略实施，中国都必将推动更多双边和多边投资合作，在合作中寻求"破局"之道。

| 世界经济之战 |

从大变局到大国竞争，从全球化潮起潮落到数字革命，如今我们所处的时代正是一个集齐了几乎各种变革要素的大变局时代。加州大学洛杉矶分校医学院生理学教授贾雷德·戴蒙德（Jared Diamond）在他著名的人类史著作《枪炮、病菌与钢铁：人类社会的命运》(Guns, Germs, and Steel: The Fates of Human Societies) 一书中追问现代世界各文明之间差异以及那些巨大的变化背后的推动力量，他把战争、瘟疫与工业革命看作现代世界先进文明变革的最重要动力。如今是有过之而无不及，这些要素一同在我们的时代降临：大国竞争与战争的风险与日俱增，全球流行的大瘟疫夺走了千万生命，而正在以自身逻辑演化的数字革命又到了非常关键的升级时刻。不仅如此，意识形态的迷雾已然消散而文明差异乃至冲突的风险却并没有远去，大国博弈吹响了科技竞争的号角，面对这些变化，我们能够做些什么？当我们一时搞不清楚未来到底会如何演变，或者我们能否修复未来这样的问题时，回顾历史或许就是一种面向未来的智慧。

历史告诉我们，正如工业革命所推动的世界经济系统所带来的一个紧张、充满着全球竞争的时代，现在数字革命所推动的世界经济系统的迭代升级同样也不可能一帆风顺、和谐美好。但这一次人类应该以史为鉴，也许答案就在我们对这次数字革命的经济社会后果的一次又一次的探索与分析之中。数字化技术在几十年的积累过程中整合与酝酿，终于涌现出了人工智能技术，并正在对产业与社会结构产生颠覆性的影响；此外，生命科学、材料科学或许也将产生难以估计的新技术或新突破。问题在于这些科技的巨大突破或者创新的经济社会影响是什么？对于整个世界经济系统产生怎样的影响？也许简而言之就是世界经济的系统升级。世界经济诞生于工业革命之后，是一个超越所有经济体的全球性体系，而我们即将迎来的就是这样一个世界经济体系的全面升级。

如果将世界经济系统比作一台电脑，它的升级就如一个电脑硬件的换代与软件的重装。当前人们所见证的自 2008 年国际金融危机以后的世界经济大停滞，不过是系统过度超载而新系统尚未安装和重启的中间间隔时期。在数字时代，世界经济的新系统将是一个更加扁平、运行更快捷、具有超链接功能的全球化体系。世界经济的新系统需要更换新的硬件基础设施（ICT），5G、6G 时代正在加速来临。新系统也更需要软件的迭代更新，真正的工业软件设计、基础逻辑语言创新将发挥巨大创造力。新系统的驱动力不再只是大型跨国公司，也不只是网络平台企业巨头，而是那些"金牌"中小企业，因为新系统纳入了更多扁平化的、高度互动的、横向链接的市场主体，而且所谓 Web3.0 技术的本质并没有改变，那就是基于自由和去中心化的技术逻辑。新系统是在旧系统的基础上迭代升级的，旧系统走过了全球化和金融化的道路，而新系统在此基础上又增加了智能化，因此新系统则兼具全球化、金融化与智能化三个特征。数字革命所推动的新世界经济反过来也在影响着正在浮现的全球化 3.0 体系的形成，尽管这还需要思想领域的突破与承载这种新思想的主导国家的推动与塑造。

"人们总是高估技术的短期效果，而忽视它的长期影响"，罗伊·阿玛拉（Roy Amara）对技术进步的分析其实充满着社会与政治层面的智慧，阿玛拉定律告诉我们的是技术进步的不确定性。在笔者看来，技术的进步很有可能正在催生一种可称为"全球金融智能资本主义"的政治经济形态。几百年来，经济学家试图把政治与社会因素从经济运行的纯粹理论模型中剔除掉，但现实总是告诉我们实际情况远非如此单纯。世界经济体系的升级从政治经济学的角度审思，其潜在的风险则很有可能最终危及社会与政治系统。如果人工智能代表着新一轮科技变革的方向，那么到底人工智能是一种替代性技术还是增长性技术，我们难以估计或者无法彻底估算清楚，但是毫无疑问在一个中长期的观察中，智能化无疑将很可能或者说是最可能变成一项替代性技术的选项。那么，我们还会那么乐观地去面对新的全球数字经济的来临，并欢呼它将给我们带来增长、繁荣与和平吗？如果再叠加全球竞争中的大国博弈与城市竞赛，那么结论就未必有我们曾经设想的那么好了。显然，本章已经清楚地表明新一轮的关于数字经济的全球竞争处于怎样的时代背景并可能潜藏着何种风险，我们所面临的大变局不只是技术革命那么简单，还有整个全球化与世界经济的系统升级。只有明确这一点，我们才能开始讨论当前的城市数字化转型抑或智慧城市究竟是在怎样的一种内外环境中变革、选择，以及转向何方。

本章要点

1. 自以电子计算机为标志的第三次科技革命以来，世界经济开启了数字时代的大幕，数字革命从那时就开始了。
2. 互联网、通信基础设施和人工智能技术先后在 20 世纪末与 21 世纪初取得突破，并逐渐开启了大规模的市场化应用，由此形成了新一轮投资的高潮，从而促进了整个工业乃至世界经济的数字化和智能化升级，而在此基础上，第四次工业革命或许正呼之欲出。

3. 全球大变局的三个维度：大国竞争、全球不平等、世界新媒体。
4. 全球不平等的恶化推动了全球思想文化领域的新混乱与新争鸣。
5. 没有新的全球经济哲学，就没有新的全球化秩序。
6. 竞争将是一种全球化的、开放式的、连通性的、流动性的围绕着数据资源而展开的全球竞争。任何参与这场全球竞争的选手都不可能离开一种全球性的数据，因为只有竞争对手能够获得更为广泛和全面的数据，其才能取得更大的竞争优势。
7. 中国、美国、欧盟对数字经济的理解差异及其各有侧重的治理方式将决定着三大经济体在未来全球竞争中的成败得失。
8. 全球数字社会的来临，或许对于我们每一个个体生活最重大的影响乃是"透明社会"的悄然来临。
9. 大国战略竞争是急速变化的全球政治经济秩序的主轴。
10. 从某种意义上讲，中美技术竞争的底层逻辑是经济发展模式的竞争。

第三章 城市迭代:"科技—社会"双螺旋与明日之城

> 文明与城市相伴而生。
>
> ——柴尔德(Vere Gordon Childe)

> 城市并不只是一种物理装置或人工构造,它内含于那些组成它的个体的生命过程之中。
>
> ——罗伯特·帕克(Robert Ezra Park)

> 万事始于选择。
>
> ——《黑客帝国2·重装上阵》(*The Matrix Reloaded*)

数字革命与世界经济的系统升级毫无疑问将推动新一轮的"城市革命"。之所以得出这个结论，这还得从城市的本质说起。

究竟什么是城市？历史学、考古学、社会学、经济学都有自己的回答。历史学与考古学关于城市本质的考察，主要是将城市看作文明的门槛和载体：城市是行政、教化与非农业活动的支撑点。[1] 哥伦比亚大学东亚系的李峰教授表示，无论是西方的城市国家还是东方的"邑制国家"，城市作为早期文明的标志形态促进了东西方更大范围文明与国家的建构。[2] 社会学对城市本质的认识中最有影响力的理论是美国学者沃斯（Louis Wirth）带有形式主义色彩的分析，他从规模、密度与职业构成来衡量城市，并以此区分城市与乡村，他断言城市因此具有一种独特的气质并将这种独特气质命名为城市主义（Urbanism）。经济学的理解更加抽象一些，将城市抽象为空间后得出的最重要的分析是城市具有规模效应。在经济学家们看来，城市是各种经济活动的创新之地，是公共服务与社会福利集约提供之地。确实，如果没有城市化，民主政治与福利社会根本就不可能实现，因为成本太高了。城市的规模效应还不止于此，经济学家们认为城市因为具有规模效应，因此为更多的人来城市谋生提供了工作机会，并从总体上有利于环保。[3] 显然，在经济学家看来，城市是人类的伟大发明。

综合这些学科的理解，我们可以给城市一个更加全面和精准的定义：城市是一种空间集聚的文明形态。多学科的理解将我们对城市的认知提高到一个新的综合高度，城市并非仅仅如同著名文化学者刘易斯·芒福德（Lewis Mumford）所言是文明的容器抑或磁体，在笔者看来，城市既是文明的表征又是文明的塑造者，城市与文明之间更多是一种共生演化的关系。城市的活力与动力均来自文明的空间集聚，这种空间集聚的幅度越广泛，文明的集聚效应就越显著，而创造新文明的可能性也就越大。城市如同电影《黑客帝国》（The Matrix）中的"母体"，如同一个科学与制度创新的实验室，是推动文明不断迭代升级的"混沌场域"。

1　薛凤旋. 中國城市及其文明的演變 [M]. 香港：三聯書店，2009：10.

2　李峰. 早期中国：社会与文化史 [M]. 刘晓霞，译. 北京：生活·读书·新知三联书店，2022：1.

3　爱德华·格雷瑟. 城市的胜利：城市如何让我们变得更加富有、智慧、绿色、健康和幸福 [M]. 刘润泉，译. 上海：上海社会科学院出版社，2012：1-2.

文明与城市的共演

城市本质上是文明，但城市本身也创造文明。正如英国学者柴尔德（Vere Gordon Childe）所言，文明与城市相伴而生，甚至由城市所推动，城市是文明的代号。柴尔德将城市革命看作是人类农业革命之后伟大文明形成的标志性事件。这是基于考古学与人类历史的宏观视野进行观察分析所得出的结论。这一结论直到 21 世纪依然有其深刻性与普遍性，城市不能失去农业基础而独立存在，人类所有城市人口的数量必然建立在农业现代化技术所能够与之匹配的边界范围之内。也正是在此意义上，农业革命与城市革命相伴而生，有着深刻的也是基本的底层逻辑：没有足够的粮食作为支撑，城市文明就会失去物质基础。由此我们也不难推论，农业技术水平的高与低也就决定着城市文明所可能达到的规模与质量的边界。城市不能离开农村，城市与农村其实从一开始就是一个整体，无论在任何时代，以何种形式，城乡是一体而不可分割的。

厘清城市起源问题有利于廓清文明与城市共生演化的逻辑。关于城市的起源有三种不同的学说或者观点：第一种是军事起源说，中国古语叫"筑城以卫民"。这种看法实际上是从安全与战争的维度来分析城市的形成与功能演化，并将此看成是城市不断发展壮大的起点和核心逻辑。确实，正是由于有了农业剩余，战争才随之而出现，而战争的出现，促使人们建设城墙，建立彼此认同，从而形塑社区与社会。这在东西方城市发展的历史上具有经典的例证。早期城市的重要标志就是城墙，城墙最主要的功能是安全与保护。中文"城市"一词中，"城"是城墙的意思，也从侧面说明了城市安全的重要性。第二种是贸易起源说，即有贸易、交易的地方形成了集市，围绕着集市形成了城镇，而后逐渐扩展演化。例如，在地中海的那些城邦国家，贸易是城市维持生计的根本手段。但是贸易同样建立在农业生产与游猎剩余的基础之上，或许早期的城市就是农业文明与游牧文明之间交叉联结的产物。同样，中文"城市"一词中的"市"就是集市、市场的意思，显然贸易是城市形成与演化的另一个非常重要的起点与核心逻辑。除了上述两种学说以外，还有一种学说是芒福德提出的，他根据考古学的研究发现，认为城市可能最早诞生于与宗教祭祀有关的地方，也就是说宗教祭祀的神圣空间成了后来人类经常聚集交流的据点，然后才逐渐形成贸易与市场，最后逐渐衍生出军事保护与国家。信仰是凝聚社会的文化力量，在东西方早期文明阶段，那些最重要的城市中的中心场所空间几乎均为具有某种信仰或象征意义的神圣空间。总而言之，城市要么起源于军事，也就是为城市安全的目的而诞生；要么起源于贸易交流，也就是说城市诞生于市场经济的空间节点或者网络；要么起源于宗教祭祀，即城市具有的象征性或神圣性，诞生于神、权力与叙事所形成的人类聚落。不论是哪种看法，从人类史的大眼光观察，城市与文明都是相伴而生的，城市化实际就是文明化，反之亦然。

当然，在农业时代，农业生产技术是城市形成的重要前提，也是农业时代城市文明的技术支撑。但显然，仅仅有农业生产技术还是不够的，社会组织技术也是非常重要的一个维度。社会组织技术是一个广义的概念，指人类如何形成并组织社会的"技术"，这个问题同样非常重要。人类发明了语言，创造了想象的意义世界，凝聚起社会，建立起国家，通过贸易建立起更大范围的社会联结。在这个文明化的过程中，人类的城市及其城市化进程也随之开启，并反过来塑造文明，推动文明的演化。在此意义上，正是在农业文明发展到一定程度之后，城市才得以诞生，而城市的发展壮大则因为文明化进程而不断地演化，并由于这种演化而日益复杂化，最终累积起了人类文明的层层高峰。正如那句名言所说，"罗马不是一日建成的"。今天，我们掘开那些伟大城市的基址与地层，时间所展示给我们的正是往昔时代所沉淀的文明历程。

| "科技—社会"双螺旋 |

如果将城市的演化比作一种有机生命体的形成与生长，那么这个生命有机体的基因则是技术与社会。通过归纳分析城市演化的历史可知，技术与社会实际上是推动文明演化的两条主要脉络，也是我们分析文明演化的两个主要动力机制。科技创新推动了人类生产力的变革，从农业革命到工业革命，科技创新一次又一次地改变了社会文化形态，而同样社会变革从广义上看包括文化价值、空间形态、治理模式等方面，反过来又进一步推动着科技创新。因此，在这个过程中，从技术到社会，再回过头来从社会到技术，形成了不断波浪式前进推动城市演化的"科技—社会"双螺旋。这就是我们从人类城市文明史中所归纳总结出的一个基本规律：城市总是在技术与社会两大维度的变革中生长、变异与演化。

在前工业时代，农业生产技术决定着城市规模与形态的上限，而社会组织技术则决定着城市的功能、肌理、规模、密度与异质性——城市空间形态。例如，在农业时代的大多数时间，只要不发生大规模战乱，由于中国农业生产技术与社会组织技术均要远高于西北欧小国寡民的"蛮族"王国，中国城市所达到的文明高度要远远超过当时西北欧诸城市，而这一状况直到工业革命以后开始扭转。同样，如果将古典文明时代罗马帝国的城市文明与中世纪时期在罗马帝国废墟上建立起来的日耳曼诸"蛮族"王国的那些城市所取得的文明相比，后者被称为"黑暗时代"其实并不为过。从伦敦、巴黎、布拉格到威尼斯，在漫长的中世纪里，这些城市几乎无法与古典时期的罗马、同时期的君士坦丁堡相提并论，而这一状况也在工业革命之后开始扭转。如今，西方城市文明所取得的新高度正是建立在工业革命所带来的技术变革与社会变革交互作用的基础之上，这是显而易见的历史事实。

在工业时代，机器化大生产改变了城市空间结构与组织运行方式，汽车和轮船改变了城市内部空间结构与城市之间的交通联系，从而也加速了高速度、大规模城市化时代的来临。工业革命改变了城市的移民和社会的构成，从而改变了城市社会组织运行的方式，城市社会正是围绕着工业生产这个中心而不断演化、复杂化。因此，有了跨大西洋的航海、轮船技术，跨大西洋的旅途变得不再危险，而且能够承载更多的人，北美城市才因此得以兴旺发达，逐渐崛起为新世界的"中心地带"。也正是因为工业化的机器大生产，提升了人类生产能力和生产效率，不仅城市面貌出现了革命性变化，而且随着城市的扩张与蔓延，新型城市如雨后春笋般出现，人类社会也发生了前所未有的新变化。因为机器大生产的本质就是一种社会化的大生产，这也就是市场经济的组织运行方式，企业取代家庭成为生产单元，以企业为核心的工业化城市依据新的生产方式与生产关系将人们组织起来，塑造了如今我们所居住的工业化城市的基本空间形态与居住、生活、贸易模式。与此相对应，城市形态的这种双重变化——技术与社会变革的交织互动——导致城市治理模式的改变、调试与变革。正如韦伯所观察到的那样，一种基于理性而"编织"起来的"科层制"网络正在重新塑造着工业城市的管理机制并成为工业城市运行的核心组织架构。不论工业城市如何演化，这种基于工业化所必需的理性而形成的新组织架构一直都是整个工业时代城市治理模式的中心。

当前，一个新的技术变革时代正在来临，社会组织形态同样处于一个变革与调试的新阶段，这就决定着城市形态同样也处于大变革的新时代。那么，回到本章开篇时的那个问题：在数字时代，数字革命所推动的世界经济升级又会如何引发新一轮的城市革命呢？这又会以一种怎样的方式来塑造我们的未来之城呢？让我们从回顾历史中的"科技—社会"双螺旋与城市演化之间的关系开始去思考和回答这些问题。

| 前工业城市：中心集聚 |

我们可以从关键科学技术、核心社会组织关系、典型城市空间形态三个主要维度来分析城市演进的历史，并从中探知科技与社会作用于城市的动力机制。

在前工业时代，城市的关键技术是农业技术与手工业技术。与这种技术相对应的社会组织关系是以宗教伦理为核心的封建社会或宗族社会，人们生活在血缘与地缘形成的共同体之中。那时不论在东方还是西方，农业生产与手工业生产是决定整个上层建筑的关键技术基础，依托它所建构的社会文化价值本质上是一种家族伦理或者小共同体价值，并以此为基础向外延展来建构更大的社会组织体系。前工业城市的社会组织体系的核心是宗教伦理和政治军事机构，其次才是贸易与生产中心。因此，前工业城市的空间形态结构要么围绕着宗教或神圣空间而展开，要么依托于政治与军事机构而展开，但总体上均呈现出一种中心与边缘结构清晰的空间组织形态。正如芒福德所指出的，在前工业时代，与城市发展密切相关的工业化和商业化，只是一种附属的现象，因为他们实际的操控者是王权或王权与教权的结合体。

在前工业时代，西方世界最有代表性的城市是气势恢宏的古罗马城。罗马城随着罗马帝国的兴衰而命运起伏，古罗马城象征着西方古典文明曾经所达到的高峰。罗马城从最初的"罗马七丘"逐渐演化为一个连接帝国所有道路与所有船只的"世界尽头"，在"奥古斯都"屋大维（Gaius Octavius Augustus）的建设下，罗马从一座"砖瓦的城市"变成一座"大理石城"，在君士坦丁一世（Constantinus I Magnus）在位时达到最大规模，图 3-1 展示的正是这一时期达到顶峰的罗马城的鸟瞰图。这一模型是考古学家吉斯蒙迪根据多幅古罗马地图按照 1∶250 比例花费 35 年时间完

图 3-1　伊塔洛·吉斯蒙迪（Italo Gismondi）的古罗马城复原模型图
来源：My Modern Met, https://mymodernmet.com/scale-model-ancient-rome/

成的，生动细致地呈现了当时罗马城的空间形态与城市肌理。[1]古罗马城最重要的、最具特色的神庙、元老院以及纪念性建筑、公共建筑占据了核心位置，而城市组成的细胞单元则是街区、社区。罗马的建筑形式与城市空间格局的安排对后世影响深远。当然，在罗马帝国的废墟上，基督教罗马圣城树立千年，梵蒂冈圣彼得大教堂兴建后成为罗马城新的核心空间。在西方中世纪的漫长岁月中，教堂作为神圣空间一直耸立于城市中心，占据着城市天际线的制高点，直到新的工业化建筑取代它们的地位。类似的情况在其他西方前工业城市同样十分普遍，比如早期的伦敦、巴黎，还有在意大利的城邦共和国中，广场、教堂、市政厅曾一直是城市的中心。

在东方，中国的唐王朝首都长安城气势恢宏、辉煌绚丽，它不仅体现着中华文明的宇宙观，也代表着中国城市文明所曾达到的一个高峰。作为中国历史上最为开放和繁荣的朝代，唐代的都城长安曾经是一座当时已知世界中规模最大的国际性大都市。唐长安城里居住着来自世界各地的商人，世界各地的商品在东西市场上交易，东西方文化在这里交流。在长安城中，皇宫、衙署、学术性和文化性建筑居于中心位置，城

1　RLA PRIMA. Italo Gismondi and Pierino Di Carlo: Virtualizing Imperial Rome for 20th-Century Italy [J]. American Journal of Archaeology, 2008, 112(3): 21-23.

市管理采取"网格化管理",即通过"里坊制"来管理城市。遍布散落在城中各处的是大大小小的佛塔、佛寺。正因为如此,或许当你举目远望时,会看到一个高层"建筑"错落林立的唐长安城。没错,这一点是不少相关影视剧没有注意到的。在著名建筑史学家刘敦桢先生所描绘的唐长安城复原平面图中,如图3-2所示[1],唐长安虽然没有严格遵循中国古老的"周礼"来进行规划设计,但毫无疑问礼制思想是进行规划

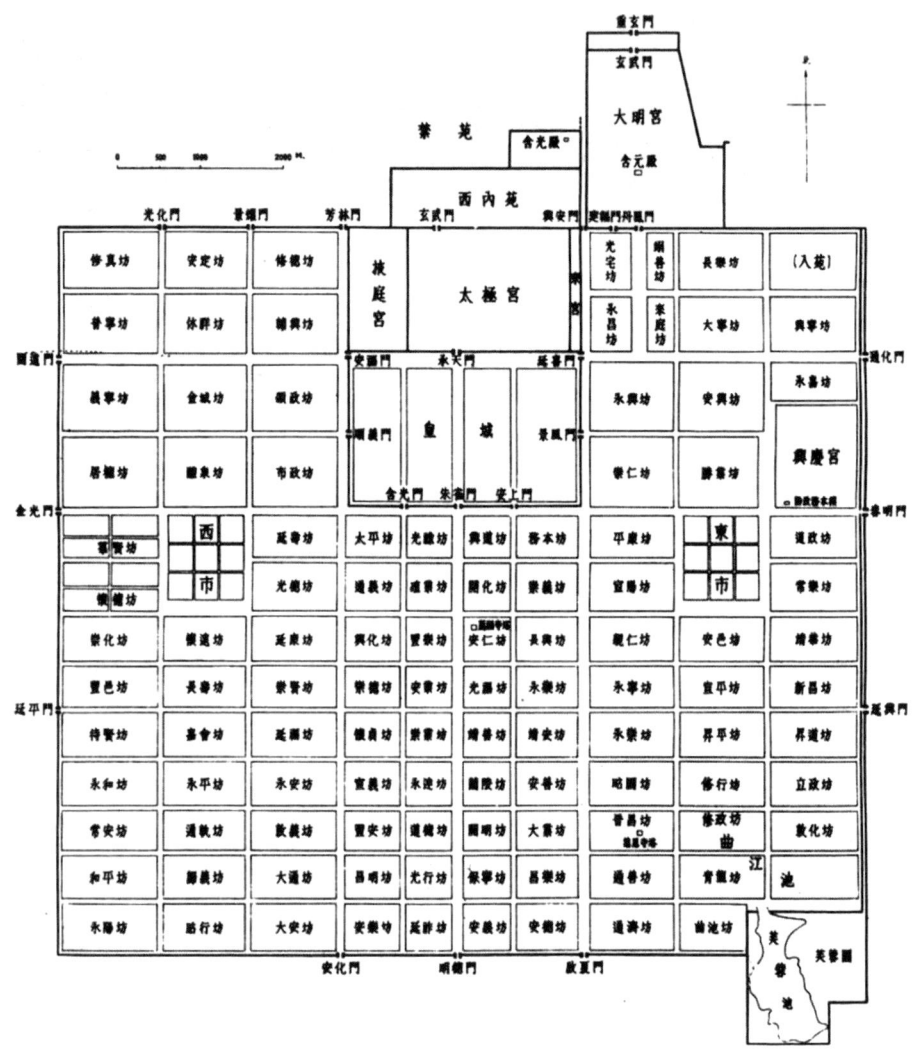

图3-2 唐长安城复原平面图

来源:刘敦桢.中国古代建筑史[M].北京:中国建筑工业出版社,2008:118.

---

1 刘敦桢.中国古代建筑史[M].北京:中国建筑工业出版社,2008:118.

设计和建设管理的根本原则。所谓礼制思想，其实就是一套社会文化行为规范，而这套行为规范浸透着文化价值与世界想象。如今，人们或许可以从日本京都的城市规模和空间形态来感受唐长安城的气象，但据说京都也只不过是微缩的长安城。唐长安城不仅对中国后世影响深远，也对中国周边国家的城市有相当的影响，这可以从日本京都、奈良的建筑和城市文化遗产中切实地感受出来。此外，唐长安的社会组织管理技术一直以不同形式延续下来。在今日的北京，城市的社区管理与基层行政仍有"里坊制"的踪迹。在台北，里和里长这一称谓仍然流行于基层社会的治理体系之中。

无论是古罗马还是唐长安，抑或是其他前工业城市，在关键技术、社会组织技术和空间形态方面，它们有着农业时代的许多共性。尽管因各自文明的差异与技术手段的不同具有相当多的差异特征，至少有一点可以肯定，在农业时代，技术所框定的大的架构限制了城市的功能、规模、形态、体系与空间肌理。在前工业时代，政治的、宗教的权力在漫长的岁月中主宰着城市与城市空间，但这一切终将随着机器的轰鸣声而彻底改变。

| 工业城市：复杂性系统 |

工业革命从根本上改变了城市，或者更准确地说是重新定义了城市。城市不再只是权力的中心，而是经济的中心。随着资本主义机器化大生产的开启，生产型城市成为工业时代的城市引领者，生产成为城市实力与活力的源泉。而当工业资本主义不断迭代升级，世界经济逐渐形成之际，全球各地被纳入一个世界体系之中，一个彼此联结的、功能复杂的工业城市网络体系崛起了。

在关键科学技术维度，工业化技术极大地提高了人类的生产力，蒸汽机、电力、轮船、汽车等新发明改变了城市体系、城市功能与城市结构。第一次工业革命让机器大工厂取代了手工作坊成为城市的中坚力量，产业而不是权力成为城市中最引人瞩目的促进增长的动力源泉。大量农村劳动力进入城市，城市的规模开始向外大幅度扩展。第二次工业革命让电力成为无处不在的新能源，电气化工厂提升了城市运行的效率，提供了更多的新岗位，也极大地推动了城市新型基础设施的大开发与大建设。不仅如此，电力还改变了人类城市的运行和组织方式，不仅点亮了人类城市的夜空，也照亮了当时人类对未来城市生活的美好想象。

在核心社会组织关系维度，工业城市也与此前以家庭为核心的生产单元、以权力为中心的社会垂直控制系统不同，一种适应于新型生产方式的政治经济体系开始逐渐出现。工业城市的社会组织核心单元是企业，它的主流价值是效率优先、标准化和大众化消费。进入第二次工业革命后，企业生产和管理方式发生巨大改变，提升了生产效率，比如著名的"福特主义"流水线生产体制及"泰勒式管理"。企业成为工业城市的组织核心，产业成为工业城市发展的关键力量，产业资本以及由此而形成的金融资本主导着整个城市体系的运行，推动着城市化与生产的全球化进程不断迭代升级。从城市治理的角度看，韦伯最先富有洞察力地指出，理性化的新科层体制在工业城市中诞生并开始塑造着现代工业城市的管理与运行模式。[1] 在欧美新兴的工业城市中，王权、教权直接将城市政治的主权交给了资本，或者至少与资本相结合实行某种联合统治。例如，在美国早期的工业化过程中，由城市政党政治与产业资本相结合而形成的"机器政治"就一度主导了八十余年的美国城市政治。美国在第二次工业革命后取得领袖地位，但其城市的管理体系与运作方式仍然是所谓"机器政治"，导致官商勾结、腐败横行。为此，许多城市管理改革家们从企业管理中汲取了大量灵感和经验，他们声称要像管理工业企业那样去管理一座城市。他们最先提出将政治与行政分离，让行政摆脱政治腐败，同时也让行政管理更具效率，如同"福特主义"与"泰勒式管理"那样对城市行政进行专业分工、会计审计与监督控制。

在空间形态维度，工业城市形态围绕生产活动的核心形成了不同但又相互联结的功能分区。一个典型而完整的工业城市显然包括多种功能，诸如产业区、商业区、居住区、行政区，这些功能区之间通过多层次的城市交通网络连接起来，形成一种类似"有机生命体"的城市"生态系统"。这种生态系统不单纯是机械运行，尽管不少早期学者把城市视作一架机器，但这显然忽视了城市的社会属性。在这方面，有不少城市研究专家指出，城市是一个复杂的系统，超乎部分之和，具有独立的运行规律，因此城市更类似某种有机的、复杂的生命体，而这种复杂性正是城市的魅力所在。复杂性提供了多元文化交流的可能，更孕育着创意、技术与思想。一次又一次的科技革新，

---

[1] Max Weber. The City: Non-legitimate Domination [M]. Translated and edited by Don Martindale and Gertrud Neuwirth. New York: The Free Press, 1966: 1–3.

推动着工业城市的迭代升级，而每一次的迭代升级都导致城市的复杂性成倍增加。在工业城市的功能分区之下，一层又一层的经济与社会之网将城市内部勾连起来，并与城市外部之间相互嵌入。城市的扩张、蔓延和更新出现了，不断增长的城市系统间的联结与重叠出现了，在全球表面，一个"人造空间"与"自然空间"交融共生的全球城市空间网络体系在"时空压缩"中崛起。

在此意义上，工业文明是一个体系化的城市文明，工业化推动城市化，反过来城市化也推动工业化，从而形成了一个工业文明与城市文明共生演化的复杂巨系统，而这就是工业城市文明的本质。工业化与城市化是一个相互交融相互影响的过程，不仅工业化推动了城市化，而且城市化反过来也影响了工业化，促进了工业化的迭代升级。越是规模大、人口密度高的城市，新观念、新思想也就越容易在这些地方产生，新技术也能够更快速地在这里找到实验之地与应用之所。在这个意义上，城市提供了孕育创新的"母体"。城市提供了学习与创造的机会，频繁的、直接的、面对面的交流能够促进技术的革新、创意的扩散。那些影响力遍及全球的超级大都市汇集着资本、技术、人才，更是经济增长的制高点与创意创新的来源地。那些吸引全世界人才汇聚的地方，那些影响甚至决定全球资源配置的地方，被城市研究者们称为"世界城市"或者"全球城市"，在那里，来自世界各地的人们、来自全世界的资本，通过交易、交换，形成新的思想、新的技术，要远比其他城市更具有推动经济增长与技术创新的力量。例如，我们所熟知的美国西海岸旧金山湾区、英国大伦敦城市群就是影响力遍及世界的全球城市区域。

然而，工业城市系统带来的风险挑战也是巨大的，甚至是系统性的和流动性的。这种风险在早期最直接的体现就是，由于城市具有规模效益，其生产效率要远高于农村，导致城市与乡村日益分离、分割乃至对立。在工业化早期，与之伴随的城市化过程是残酷、血腥和野蛮的，乡村凋敝与城市过度拥挤同时并存。恩格斯（Friedrich Engels）在他著名的作品《英国工人阶级状况》（*Die Lage der arbeitenden Klasse in England*）中对此有着深刻而细致的描述和揭露。面对新科技革命所带来的不确定性，人类一时还没有找到好办法以应对种种风险挑战，有时甚至还没有认识到工业社会的风险究竟是什么，而风险已经来临。正如著名社会学家贝克（Ulrich Beck）所言，工业社会的风险是一个系统和整体，风险犹如飞盘来回传递，没有人能够幸免。[1]如今我们所认识到的工业城市风险，大部分都不是人类提前预见的风险，人们只有在遭遇了风险之后才会被动地从中吸取教训。工业城市的卫生条件恶劣、传染病肆虐、环境污染与资源掠夺等问题，不仅破坏了自然与生态环境，而且还严重破坏了社会结构与文化价值信仰。伴随着机器的轰鸣，人类走出家园来到城市，大规模聚集到一起，形成了一个互联互通的复杂性系统，但是谁知在前方等着人类的却是一次又一次的冲突、骚乱乃至革命。资本主义工业化所到之处，资源为之消耗、传统社会为之解体、环境为之污染、政治为之冲突，而这一切又经过工业城市被集聚和放大。20世纪人类历史上一次又一次的巨大灾难、毁灭，恰恰是这一切最好的注脚。而就在人类结束了两次世界大战之后，对未来重新燃起期待与希望之时，一个新的数字时代已经悄然来临。

| 数字城市：智慧生态群系 |

如果说前工业城市的本质特征是中心集聚，那么工业城市则将此升级为一种纵横交织的复杂巨系统，而由数字革命所重新改写的程序源代码则将工业城市再度升级为一种智慧生态系统。换言之，数字城市的演化逻辑或者目标乃是一种智慧生态系统。数字时代并非突然来临，而是经历了数十年的演化与迭代升级。数字技术改变了经济运行的范围与方式，也塑造了城市解决自身问题的能力与未来前景。从图灵提出"让机器思考"这个革命性的理念之后，直到21世纪20年代，人们才逐渐意识到，一种基于人工智能技术的智慧城市新形态正渐渐地清晰起来，并越发成为推动科技革命的一种动力。在笔者看来，这种新型智慧城市不再只是为解决工业社会与后工业社会所带来的种种"城市病"而设计的一种解决方案，而是为迎接新一轮全球性科技创新而必须要去抢占的"制高点"。

在城市复杂系统的迭代升级过程中，数字化、智能化、智慧化是一个进行时，而不是完成时。与工业城市不同，数字城市在关键技术维度上选择了通信技术作为核心。数字革命推动信息技术爆发式发展，并迅速推动了城市产业的重构与城市空

---

1 乌尔里希·贝克.风险社会［M］.何博闻，译.南京：译林出版社，2004：3.

间的重组。正如卡斯特在他的信息社会三部曲中所表达的那样，信息技术正加速一种全球互联互通的网络社会的来临[1]，每一个嵌入全球体系的城市变得比之前更加依赖于世界体系，一种超级链接型的新城市形态已然成型。计算机、光纤通信、芯片、自动化、互联网、大数据、人工智能、新能源、新材料等技术创新不仅推动着数字技术与数字产业的蓬勃发展，同时也不断推动着城市系统的迭代升级。面对新技术的迭代创新，城市所能够选择的就是应用这些技术去解决过去难以解决的问题，包括交通、能源、卫生等方面的"城市病"，以便实现一种更加可持续发展的新目标。

在社会组织管理维度，数字城市在生产关系、文化价值、治理模式方面也表现出了系统性差异。数字城市不再是以家庭、企业为生产组织的核心，而是以"平台"为核心。当"产业链"以一种更加立体的"生态群系"的方式展开，一种更加具有弹性的生产模式便取代了工业城市的生产方式，而这种生产方式本质上是一种更加超级社会化的生产。其实，"产业链"已经无法准确描述这种变化了，产业不只是一种"链条"，而且已经演化为一种"群系"，类似为一种生产的"生态系统"，它是典型的全球化时期的专业化分工新模式。企业化身为平台，很多生产者嵌入这个平台中，它能够满足"个性化消费"的需求。随着大数据、云平台、区块链以及人工智能技术的广泛应用，这种平台化的生产模式可以将更多的中小企业乃至个人纳入生产体系，平台可以通过大规模的数据收集来实现个人定制化的产品生产。与此相对应，不仅经济的社会化前所未有，金融的社会化也日渐渗透进每一个普通人的日常生活。

在此意义上，整个城市也变成了一个新的大平台，这些平台之间相互联结，彼此共生。因此，数字城市的文化价值是一种新的生态观念，不只是生态环保，而且是生态系统，它是一种集群共生的理念。对数字城市而言，可持续发展的价值理念取代了单纯的增长目标，而信息技术应用于城市发展的新目标则推动城市本身运行的"智慧化"——通过分析城市运行数据对城市进行体检，通过解决城市问题而实现清洁健康、高效节能、生态环保、美丽宜居的目标。另外，生态、人本、公平、创意等关于数字时代的一些基本价值理念也在逐渐形成并渐渐汇集成主流价值体系。当然，城市

---

1 曼纽尔·卡斯特.网络社会的崛起[M].夏铸九，王志弘，译.北京：社会科学文献出版社，2000：1-2.

是新文化、新观念、新思想诞生的地方,未来的数字城市的文化价值引领或许仍然在孕育。

数字城市的治理本质也成为一种"平台化治理",纵向的、中心化的城市治理模式正在让位于扁平的、去中心化的城市治理模式。因为信息的垄断在技术和经济上几乎难以做到,所以不论是权力还是资本都无法从根本上保持这种对信息的垄断,都无法承担长久保持一种垄断状态的巨大代价,因此城市变成了更加复杂的、由无数的平台无数的生态系统相互交叠演化的、更大的"生态系统"。显然,至少从理论上看,数字城市的治理模式其实需要进行的是价值、结构与弹性层面的系统性变革,而不是简单地运用工业时代遗存的行政系统和政治架构来应对新的变化——更多的民主参与,更多的快速响应,更多的整体性思维。如何在数字时代治理一个变化的数字城市,这可能是一个划时代的问题,但无论如何这一过程不应该也不可能以一种再中心化的方式去推动和实现,因为那样实际上与技术变迁的方向与路径南辕北辙。

数字城市的空间形态演化为一种城市群系。笔者更愿意用"群系"来形容数字时代的城市空间形态,这种群系是一个地理区域,也是一个社会化组织的空间展开。在数字城市中,虚拟空间、物理空间与社会空间交互在一起,这也不是什么新鲜的事情了,它已经成为现实。有人形象地将数字城市在虚拟空间维度的展开称为数字孪生城市,但实际上,"共生"一词更能表征数字城市崛起的价值内涵与趋势方向。城市的三维空间并非孤立割裂,而是共生演化。也就是说,一旦三维空间真正形成并形成稳定的运行系统,那么任何一维的缺失都会由另外两个维度去加以修复或修正,并能够形成一个较为稳定的架构。但这种城市三维空间的真正形成以及形成后究竟面临何种风险,依然令人深思。无论如何,数字城市的空间影响已经不单纯是二维展开,而是在三维层面上展开了,并且这一过程仍将持续。

数字城市被赋予智慧的"大脑",被赋予网络化的"神经系统",那么在工业城市的复杂性系统之上,数字城市正在演化生成为一种"智慧生态群系"。这种智慧生态群系很有可能由于人类修改了科技与社会的"基因编码"而能够自我修复或复制乃至自我认知与学习。那么,如果这就是我们真正将会面对的明日之城,每个人需要做怎样的准备,或者个体将如何面对不确定性的命运与未来?

明日之城：超国家智慧生态系统

或许在不远的明天，未来城市就会来临。事实上，每一个时代都有自己的"明日之城"。1898年，英国社会活动家和记者霍华德（Ebenezer Howard）出版了他最为著名的作品《明日：真正改革的和平之路》（*Tomorrow: A Peaceful Path to Real Reform*，第二版改为 *Garden Cities of Tomorrow*，译为《明日的田园城市》），在这本图文并茂的书中，他提出了对英国工业城市进行综合而系统改革的可操作性建议，并提出了他著名的田园城市理念，他从政治经济学到空间美学的理论与实践，开启了现代城市规划学科对工业城市的反思、研究与改良，今日的数字时代城市发展的诸多理念和规划思想都源于此。

1925年，法国著名的现代主义建筑师勒·柯布西耶（Le Corbusier）出版了他的《明日之城市》（*Urbanisme*），在这本书中他从空间形态设计的角度提出了针对现代工业城市所造成的诸多社会问题与环境问题的对策，他畅想了一种大变革时期的未来城市，其中关于城市空间规模、密度、交通运输、生态绿化的思想对今日数字时代的城市发展影响深远。在19世纪末、20世纪初的大变革时代，畅想明日城市其实更多的是对工业城市的批判，同时也试图回应新的科技与新的社会组织形式变革，并以此来构想未来城市。这种畅想并非没有意义，实际上它正在成为我们今日城市的核心理念与原则。这些理念和原则的演变被英国城市地理学者彼得·霍尔（Peter Hall）写进了他的伟大城市规划思想史之作——《明日之城：1880年以来的城市规划与设计思想史》（*Cities of Tomorrow: An Intellectual History of Urban Planning and Design Since 1880*），从而成为我们梳理城市思想演变的一种专业化的、智识化的源泉。

那么，我们这个时代，同样面临新技术迭代更新所带来的新挑战与全球大变局，又将如何书写对明日城市的思考与畅想呢？或许，最重要的一个方法还是从历史中去寻找，尤其是透过那些思想史全集，去寻求明日城市的演化逻辑与应然状况。本章系统回顾了文明与城市的共演历程，城市作为文明的支点，与文明共生。在城市演化的复杂历程中，科技与社会的双螺旋如同基因编码塑造了不同文明形态下的城市形态：前工业时代的城市在农业技术体系下形成了中心集聚特征的城市形态，城市支撑了漫长的农业文明及其政治经济上层建筑；工业城市则在工业革命的技术迭代创新中诞生并在几乎三百年左右的时间里塑造了一种极具复杂性的城市系统，工业城市从宗教与政治的控制中挣脱出来，形成了以生产为中心的广泛联结的新体系；数字革命则再次推动工业城市转型为一种以数据和通信技术为核心的数字城市新形态，并正在迈向一种更加智慧化的组织运行方式：平台化的弹性生产、个性化消费、扁平而敏捷化的治理，数字时代的城市更加注重可持续发展而非单纯的增长（图3-3）。

	前工业城市	工业城市	数字城市	明日城市
关键技术	农业革命 手工纺织 铸造技术	工业革命 电气化 汽车	信息革命 互联网 新能源	AI革命 人工智能 基因工程
社会文化	宗教核心 宗族关系 熟人社会	效率优先 标准化 大众化消费	效率优先 生态可持续 个性化消费	人本理念 个人主义 创意化消费
组织管理	家庭为核心 手工作坊生产	企业为核心 流水线生产	平台为核心 弹性生产	网络为核心 即时生产 智慧生态
城市形态	宗教政治为核心 生产与生活混合	生产活动为核心 功能分区 城市蔓延	交流活动为核心 产城融合 空间弹性	三维交流空间 数字全球化

图3-3 工业化与城市演进
来源：作者在袁晓辉博士2017年关于城市演进的演讲内容基础上修改完善

城市演化的迭代升级给我们对明日之城的展望与理解增加了历史定位，也更能够让我们看清明日之城的演进方向。从人工智能理念的设想变成现实开始，数字技术的涌现就不断推动着数字城市与数字全球化改变城市发展与演化的维度。尽管我们还无法预知未来，但21世纪20年代的科技创新，比如人工智能技术、生命科学与新材料等新技术的涌现，或许将从根本上塑造未来城市的三个重要维度：虚拟空间、生物空间与物理空间。明日之城将不再仅仅是平台化生产，而将演化为一种基于上述三个维度的全球社会化生产方式。在明日之城，城市的治理模式将变得更加去中心化、分散化、民主化和个性化。明日之城将不再只是一个复杂系统，而是一个智慧化的"生态系统"，一种更加全球化的、具有超级链接性的超国家智慧生态系统。

当然，在全球进行三维展开的数字城市，或许正在面临新的全球化退潮的挑战。但实际上，数字全球化也正在以另一种方式展开新的全球化尝试。我们可以将期待聚焦在一个真正实现全球超级链接的"三维一体"的智慧生态城市之上——笔者称为

"矩阵城市"（Matrix City）。因为"矩阵城市"是观念、思想、科技、资本的汇聚交流之地，是孕育新型全球化思想与科技创新"制高点"。它能超越面对面的交流、资本与技术的对接、观点之间的交锋，让思想创新和技术创新变得可能。在这里，我们不妨大胆设想，是否有这样一种可能，通过建设一种全球智慧城市，孕育伟大的思想、哲学与科技，并最终创造出一种引领全球化 3.0 版的"战略制高点"，这个全球智慧城市完全值得我们拭目以待、全力以赴。

在全球化的 1.0 版中，英国率先突破观念束缚将自由贸易理论应用于国际贸易体系，英国工业城市大规模崛起，伦敦成为世界金融和贸易中心，大伦敦地区成为引领世界科技创新的重要策源地之一。在全球化的 2.0 版中，美国改革自由资本主义的弊端，在两次世界大战中作出了明智选择，纽约崛起为世界金融和贸易中心，美国及其东北部城市群成为重要的思想与技术创造的城市区域——全球城市区域。因此，正是在世界经济大转型、全球大变局的意义上，城市的重要性才真正得以凸显，或许具有超级链接功能的智慧城市 2.0 版，作为科技创新的"母体"，才是新一轮智慧城市竞争的真义所在。

本章要点

1. 数字革命与世界经济的系统升级毫无疑问将推动新一轮的"城市革命"。
2. 城市是一种空间集聚的文明形态，城市本质上是文明，但城市本身也创造文明。
3. 城市总是在技术与社会两大维度的变革中生长、变异与演化。
4. 城市是一个复杂的系统，超乎部分之和，具有独立的运行规律，因此城市更类似某种有机的、复杂的生命体，而这种复杂性正是城市的魅力所在。复杂性提供了多元文化交流的可能，更孕育着创意、技术与思想。城市提供了孕育创新的"母体"。
5. 资本主义工业化所到之处，资源为之消耗、传统社会为之解体、环境为之污染、政治为之冲突，而这一切又经过工业城市所集聚和放大。
6. 新型智慧城市不再只是为解决工业社会与后工业社会所带来的种种"城市病"而设计的一种解决方案，而是为迎接新一轮全球性科技创新而必须要去抢占的"制高点"。
7. "产业链"已经无法准确描述这种变化了，产业不只是一种"链条"，而且已经演化成一种"群系"，类似于一种生产的"生态系统"，它是典型的全球化时期的专业化分工新模式。
8. 数字城市被赋予智慧的"大脑"，被赋予网络化的"神经系统"，那么在工业城市的复杂性系统之上，数字城市正在演化生成为一种"智慧生态群系"。

9. 数字城市治理的本质是"平台化治理",纵向的、中心化的城市治理模式正在让位于扁平的、去中心化的城市治理模式。
10. 在明日之城,生产方式将不再是平台化的,而是物理、生物与信息空间叠加的全球社会化生产方式。在明日之城,城市的治理模式将变得更加去中心化、分散化、民主化和个性化。明日之城将不再只是一个复杂系统,而是一个智慧化的"生态系统",一种更加全球化的、具有超级链接性的超国家智慧生态系统。

第四章 制高点城市：大国科技竞争新赛道与智慧城市 2.0

世界正在悄然进行一场无硝烟的大数据战争。

——何渊

在全球经济、全球文化和各种新型全球战争中，城市仍然显得越来越重要。

——丝奇雅·沙森（Saskia Sassen）

从大国人工智能技术和政策趋势变化看，新的地缘政治格局正在形成。

——亨利·基辛格（Henry Kissinger）

全球变局时代，数字革命与城市迭代合流在一起，让具有全球超链接功能的新型智慧城市群呼之欲出。如果我们将这种新型智慧城市定义为 2.0 版，与此前的智慧城市加以区别，那么我们究竟在何种意义上说这种 2.0 版的智慧城市将成为一种趋势或者具有特别重要的意义？我们还要进一步追问的是，到底 2.0 版的智慧城市与此前的智慧城市的最大区别是什么？如果明日之城已经来临，那么我们应该如何管理或者说是"治理"这种新型的智慧城市？这些问题就是本章要讨论的内容。

为此，我们先对前两章的内容进行简要的回顾和总结，并从世界经济史新视角来透视数字经济对智慧城市迭代升级的影响，分析所引发的一系列社会与政治变化，尤其是地缘政治格局变化与国家力量的介入所产生的重要影响。此后，当我们把全球数字经济系统与智慧城市体系的内在联系或者说深层逻辑建立起来，就可以进一步讨论智慧城市本身对全球数字经济乃至地缘政治格局意味着什么？在分析这两个问题的基础上，我们就很有可能获得智慧城市 2.0 版的未来方向与核心理念，并找到它与智慧城市 1.0 版的内涵、功能、建设路径的区别和共通之处。我们还将讨论国家与智慧城市 2.0 版的关系，其中关于全球数据治理的迷思将成为我们讨论的一个关键内容。

｜大合流、全球社会与智慧城市｜

新型智慧城市之所以正在加速来临，不只是数字革命所带来的技术创新及其应用的结果，更加重要的是还受到一种基于数字技术推动的全球网络（智能）社会崛起的影响。一方面，信息技术让城市运转得更为高效、智能和绿色。作为一种长期过程，信息技术已经在很多高科技城市应用和推广。近十多年来兴起的大数据、云计算、人工智能、区块链等信息技术所推动的城市变革更是加速了智慧城市的迭代升级。另一方面，人类社会形态也正在悄然改变，一种全球性的社会正在加速演变，尤其在近四十年来随着全球化进程的加速、信息通信技术的快速应用普及，东西方社会有史以来第一次出现了文明史意义上的"大合流"。后者的影响显然被当前的智慧城市研究者们所忽视了。在详细剖析这种影响之前，我们需要先明确到底什么是"大合流"。

关于全球化大合流的论述，瑞士经济学家理查德·鲍德温（Richard Baldwin）的新作《大合流：信息技术与新全球化》（*The Great Convergence: Information Technology and the New Globalization*）颇为引人注目。大分流的概念是美国加州历史学派的标识性概念，彭慕兰（Kenneth Pomeranz）在其力作《大分流：欧洲、中国及现代世界经济的发展》（*The Great Divergence: China, Europe, and the Making of the Modern World Economy*）一书中提出，从工业革命到20世纪90年代，西方发达工业国与世界其他国家之间的差距拉大，即世界经济出现了"大分流"。关于大分流以及中国和其他世界经济体相对衰落的历史学分析在中国影响很大，虽然大分流在解释西欧工业国崛起方面更有效——当然这方面的讨论不是本章的重点。与此对应，鲍德温的分析则直接指出，20世纪90年代以后新兴市场国家崛起，他们与西方发达国家之间的差距缩小，全球化出现了大合流。鲍德温给出的理由是三次技术突破即蒸汽革命、信息技术革命、人工智能革命促进了全球化的大合流，三次革命分别让商品、信息和劳动力三种要素实现了全球范围的流动，因而促使一种全球生产方式的诞生。

显然，鲍德温的分析建立在历史维度之上，确实从一个长时段来看，技术革命对全球化的影响是决定性的。但这种决定性的影响仍然建立在两个必要条件之上，即资本主义全球扩张的完成以及"二战"后全球性政治叙事的和平主义取向。技术只有在结合这两个条件的基础上，才能成为推动全球大合流的核心动力。前者让世界经济成为一个整体，并由此将全球各个分散的社会联结起来，并推动基于西方文明价值的全球现代社会的形成。后者则至少让充斥于整个19世纪与两次世界大战的掠夺、殖民和暴力变得声名狼藉。当基于战后世界秩序的和平主义道义与政治正确成为国际社会的共识，那么霸权与武力的国内和国际动员基础也就得到了相当程度的遏制。二者共同促进了战后长期总体和平环境的来临，而这对于全球大合流、对于新兴市场国家的崛起、对于欠发达世界的增长都是最为重要的外部条件。卡斯特在《网络社会的崛起》（*The Rise of the Network Society*）中对全球化的政治经济过程进行了生动的描述："全面开展的全球化唯有以新信息和通信技术为基础才能进展……不过技术和企业都无法自行发展出全球经济。开创新全球经济的关键作用者乃是政府，尤其是最富裕国家的政府，七大工业国及其附属的国际机构，国际货币基金组织、世界银行，以及世界贸易组织。"[1]

全球化大合流正推动一种全球性社会的形成，信息技术正在加速这一过程形成，如今数字化技术，尤其是人工智能技术进一步让这一切都变得更加令人激动，同时也令人更加警惕。新媒体、互联网将全世界都纳入一个虚拟世界中，人们透过网络看到了一个新世界，并以此重新想象自我与社会，在文明的叙事碰撞中书写和创造新的叙事。这一切如同17世纪欧洲的科学革命和18世纪的启蒙运动，却不局限于欧洲，而是在整个全球网络社会之中展开，这是前所未有的世界历史。截至2019年5月，全球网民总数已达43.84亿，普及率为56.8%。[2] 随着数字技术的迭代创新，新技术深刻嵌入经济产业核心领域，数字经济蓬勃发展。美国、欧洲、中国成为数字经济发展的三支最重要的领导力量。由于数字经济成为第四次工业革命的关键内容，各国对数字经济的介入、干预乃至控制变得愈发明显。由于网络空间安全对于国家与社会的运行变得如此敏感和重要，国家对网络空间的规制乃至监控越来越成为世界各国政府的选择。正如卡斯特所慨叹：在当前情景下，除了国家我们还能指望"谁"来维护网络空间的秩序？[3] 当然，国家、国际机构在数字经济发展与网络安全管治中扮演着事实上越来越重要的角色。

在这样的背景下，全球性的巨型城市或巨型城市区域史无前例地崛起于世界经济史的舞台之上，并变得越来越数字化、智能化和智慧化。传统的全球性城市区域如伦敦、纽约、旧金山、东京正变得越来越大，越来越吸纳周围的城市而形成了更为广大的城市区域。新兴的全球化城市如上海、深圳、孟买、迪拜正在加速扩张自己在地理上的区域辐射范围。在这些巨型城市区域，金融贸易、科技创新、交通物流等构成了全球经济和信息世界的最密集的战略地点，并成为这个星球上最具有创造力和创新性的战略空间。正如第三章描述的那样，由于人工智能技术的突破性进展，一种全球性的超链接智慧城市生态群系正在这些地方展开，并且反过来进一步塑造和改变人工

---

1 曼纽尔·卡斯特.网络社会的崛起［M］.夏铸九，王志弘，译.北京：社会科学文献出版社，2000：159.

2 世界互联网统计数据库.世界互联网使用人数（占人口百分比）[EB/OL].（2019-06-01）[2019-06-01].https://www.internetworldstats.com/.

3 曼纽尔·卡斯特.网络星河：对互联网、商业和社会的反思［M］.郑波，武炜，译.北京：社会科学文献出版社，2007：297.

智能技术。对于这些全球性的智慧城市而言，一个更加流动性的、现实与虚拟世界融合的全球数字社会正是他们所共同赖以存在和发展的基础。在此意义上，重新定义智慧城市，并理解一个正在展开的 2.0 版的智慧城市新图景就变得越发重要而迫切。

智慧城市 2.0：从大国科技竞争理解智慧城市治理

智慧城市的概念并非一个新概念。20 世纪 60 年代，为了应对美国城市郊区化及其对生态环境的负面影响，智慧城市概念就被提了出来。"智慧城市"也并非首个将新兴信息技术用于城市治理的想法。至少在 1998 年，美国副总统戈尔（Albert Arnold Gore Jr.）就提出了"数字地球"的概念。智慧城市概念之所以被广为人知，源自高科技公司的雄心壮志与产业创新。2008 年，IBM 董事长彭明盛（Samuel J. Palmisano）在美国外交委员会发表演讲，提出了基于数字化和"物联网"建设智慧地球的发展战略，IBM 的这一战略为其赢得了利润，并推动了智慧城市建设在全球范围内的进一步发展。

智慧城市的底层逻辑就是机器计算，而基础资源是数据与信息。基于新一代的数字技术，数据信息被搜集和加工以用于解决城市治理问题，而数据的搜集与处理就是至关重要的环节。当然，智慧城市建设的第一步就是数字化。所谓"数字化，是指对一切声音、文字、图像和数据等信息进行处理，将其转化为'0'和'1'的二进制代码，从而可以在计算机内部进行统一处理"[1]。无论是数字城市、信息城市还是智慧城市，其实现基础都是要求对城市内各类信息进行尽可能多的收集与记录。这一点同样也体现在中国高科技城市的发展建设实践之中，其中相关立法目标就十分引人注目。2020 年 7 月，深圳市公开了《深圳经济特区数据条例》（征求意见稿），开篇表示立法目的是"加快新型智慧城市建设进程"[2]，足以体现数据在智慧城市建设中的重要作用。

数据之所以重要，一个核心理由是普适计算理论及物联网技术的飞速发展。美国

---

[1] 涂子沛. 数据之巅 [M]. 北京：中信出版社，2014：310.
[2] 深圳市司法局. 深圳经济特区数据条例（征求意见稿）[EB/OL].（2020-07-15）[2023-11-06]. http://sf.sz.gov.cn/ydmh/gsgg_152198/content/mpost_7892073.html.

施乐公司研究员马克·韦泽（Mark Weiser）在1988年提出了"普适计算"（ubiquitous computing）理论，其核心思想是一切物理环境均可用于计算。他认为计算机的发展将主要经历主机型阶段、个人电脑阶段、普适计算阶段这三个阶段，计算机越来越小型化且智能化：在主机型阶段，计算机体积巨大且被多人共用；个人电脑阶段，计算机体积减小并能实现人手一台；在普适计算阶段，计算机的体积将继续减小，甚至小到人类看不见，并且无论何时何地都能进行信息的收集与获取。从现实情况看，日常生活中的小型便携式计算机已经从笔记本电脑变成了智能手机，普及率也在不断提高。此外，射频识别（RFID）标签、可穿戴设备等也逐渐进入日常生活之中。计算机体积的不断减小与普及化程度不断提高的现象，意味着计算机在收集信息上，可运用的时间与空间都在不断拓展，不断趋近"每时每刻"与"每一个角落"。这种数据收集可能性的不断提高，是建设智慧城市的基本条件。在信息技术出现前，对城市中的各类情况进行收集和记录已经是城市治理的重要基础。随着一切物理或环境、生物信息的数字化和信息化，毫无疑问将给城市治理带来翻天覆地的巨大革新。这不仅意味着城市中的人和物的记录保存途径从书面记录演变成电子记录，而且记录方式从人类理解的形容性文字不断朝着计算机能够直接理解的数字逻辑演进。

普适计算意味着人类能够获得的信息在种类以及密度上大大提高，进入了大数据的时代。大数据包括结构化数据与非结构化数据。没有预定义的数据模型、不方便用数据库二维逻辑来表现的数据都被称为非结构化数据。社交媒体中的视频图像、传感器感知的人类活动等数据都是典型的非结构化数据。由于非结构化数据具有非结构的特点，处理起来具有一定难度。智慧城市的运行过程中，大多数数据都属于非结构化数据，要促进智慧城市的发展，就必须升级处理非结构化数据的能力，并且利用非结构化数据提升数据处理水平。例如，通过大量的数据训练机器学习，推动机器智能化发展，让机器自身逐渐"进化"出处理数据的能力。当然，简单的数据收集远远满足不了智慧城市的要求，智慧城市要求数据必须成为信息和知识，这样才能发挥智慧城市的"智慧"能力。简单的数据收集早已有之，人类之所以能够发展出文明，原因之一就是能够从数据中分析出知识并总结出规律，用总结出的规律指导今后的实践。例如，"77.0"和"2018年我国居民人均预期寿命是77.0岁"两种数据明显不一样。智慧化就是要将简单的信息化、数字化收集而来的"77.0"，利用电脑辅助甚至在某些场景下代替人脑，形成"2018年我国居民人均预期寿命是77.0岁"的知识总结，对实践进行指导。简言之，数据的收集、记录以及处理是智慧城市建设的基础底座，基于普适计算理论、大数据处理、机器学习和训练，智慧城市建设与治理才能逐渐成为可能。

然而，面对不断迭代、日渐复杂的城市，面对一个全球城市化的世界，新兴信息技术尤其是人工智能通用技术，在多大程度上能够帮助我们解决城市问题？当智慧城市越来越成为一种全球性的趋势或者潮流的时候，我们需要追问的是智慧城市到底是为了什么？显然，技术能够有助于解决部分问题，但无法也不能解决所有问题，技术不是目的，目的是人。智慧城市的建设目的不是展示人类的技术文明成果，而是利用人类技术文明成果使城市中的居民获得更具幸福感的生活。在智慧城市的建设、规划和治理中，所有参与建设的主体都应该意识到自己的最终目的是"服务于人、造福人民"，这样才能更好地参与智慧城市的规划与建设。如果智慧城市在建设的过程中脱离了服务人民的理念，它就失去了建设的意义。智慧城市应该"服务于人、造福人民"。智慧城市必须致力于解决人的问题，需要重视人的意见反馈并加以改进，要让市民也能够参与智慧城市的规划与推进工作。

"以人为本"，既是智慧城市建设成功的目的，也是智慧城市建设成功的路径。智慧城市概念孕育多年的背景下，迪比克（Dubuque）是世界上第一个落地生根的智慧城市，被评为"全球十大智慧城市"之一。如今的"后发智慧城市"大多数都具有先规划再统一建设的特点，但迪比克作为第一个智慧城市，起点并不是一份"智慧城市总体规划"，而是城市居民对可持续的需求。迪比克的智慧城市建设开始于2006年提出的"可持续迪比克"倡议，其由市议会通过、社区创建、公民主导。在2009年IBM与迪比克的合作计划中写道：根据当地居民可持续的需求，提供能源、交通等重要领域的智慧化服务，减少人类活动对环境的影响。迪比克的成功并不意味着智慧城市建设只有从可持续入手一条道路，"致力于解决人的问题"的另一含义，就是建设智慧城市不能照本宣科，要"因城施策"。居民除了参与智慧城市建设、推进外，对智慧城市的建设结果进行反馈也是参与的一种。互联网能够在一定程度上消除时间、空间的阻碍，使居民随时随地提出反馈。国家市场监督管理总局、中国国家标准化管理委员会在2018年发布了《智慧城市顶层设计指南》，其中将"以人为本""为民、便民、惠民"[1]写入中国智慧城市建设的基本原则。中国幅员辽阔,各个城市经济发展水平、人口结构、传统习俗相差较大,结合当地居民的需求制定出符合自己城市实际情况的智慧城市发展策略无疑是一种"智慧的选择"。

如果将以上对智慧城市的理解作为智慧城市1.0版的内涵,即运用本书第三章所提出"科技—社会"双螺旋分析框架,智慧城市的迭代路径是在技术与社会两个维度构成的坐标系中发展、进化。但实际上,数字全球化与全球数字经济竞争所带来的新一轮科技竞争正在推动国家成为智慧城市迭代升级的第三个维度。正如前文所言,全球化的"大合流"推动巨型全球城市区域形成和竞争,人工智能技术让信息和劳动力的全球虚拟流动变得可能,加之数字经济与网络安全的重要性与日俱增,作为当前世界最为重要的政治行为体——国家与国际机构扮演的角色是无论如何都不能被忽视的,也不可能将其置于智慧城市建设之外。这就有必要引入政治学尤其是国际政治学的观察视角,国家具有自主性并处于国际体系之中。在世界经济系统升级的关键时刻,出于自身的安全战略利益考虑,面对新一轮全球数字经济竞赛的"国家"已经并且将更加深度地介入智慧城市的发展与治理之中。国家能力将成为智慧城市迭代升级的第三维度,国家的意愿和能力将决定新型智慧城市建设的方向和发展。国际体系与国家的互动恰恰是本轮智慧城市升级迭代最有趣的地方,因为脱离国际体系的国家干预将失去全球竞赛的入场券。正是在这种意义上,我们需要重新定义智慧城市,并得出智慧城市2.0版的核心内涵。

- **高科技城市**:拥有参与全球竞争的高科技产业、研究机构、风险资本,新型基础设施,优质生态环境,包容性社会服务和高效能的风险治理。
- **全球性数据底座与智慧"大脑"**:嵌入全球化,拥有参与和影响全球数字经济的能力,以及全球性大数据收集与信息处理的能力。
- **多元跨国参与主体**:除城市政府和民众之外,国家、国际机构、跨国科技公司成为主要"参与者"。

定义智慧城市2.0版核心内涵的三个要件并非凭空而来,而是建立在此前国际政

---

[1] 国家市场监督管理总局,中国国家标准化管理委员会.智慧城市顶层设计指南[EB/OL].(2018-06-07)[2023-11-06].www.sac.gov.cn.

治、世界经济与社会学领域关于后工业社会与高科技城市、全球城市与国家关系等理论研究的基础之上。要想深入理解智慧城市2.0版的深刻内涵，我们还需要补充介绍两个方面的理论知识才行：世界经济中的全球城市理论假说，以及全球城市与国家的关系。基于这些理论，我们将能够回答国家为什么要介入或者推动智慧城市迭代升级，同时有助于我们进一步对国家这么做的后果与影响进行分析预测。

| 世界经济中的全球城市：假说及其讨论 |

随着信息技术的迭代和通信产业的崛起，有许多学者和专家宣称城市已经走向了历史的终结。但实际上，经济空间的分散化仅仅是当前全球化和数字时代带来变化的一部分，伴随着显而易见的经济活动空间分散化及不断扩大的数字化消费和娱乐范围，广泛的高度专业化职业活动、顶层管理、控制操作，以及许多令人意外的低薪工作和低利润工作经济部门正日益空间集中化。[1]美国著名社会学家丝奇雅·沙森（Saskia Sassen）在《世界经济中的城市》（*Cities in a World Economy*）一书中指出，跨越全球的信息技术和行业需要一个巨大物理基础设施的战略节点。

在20世纪90年代初，沙森提出的全球城市理论一直受到一部分人的高度评价，以及另一部分人的怀疑与批评。当然，很多有创意的理论的命运大多如此。在一些人看来，全球城市是全球经济的制高点，但在另一些人看来，这或许更多是一种想象。[2]不论如何，作为一种全球政治经济现象，全球城市已经成为国内外城市研究领域中的前沿焦点之一，引起了各个领域的学者、专家和官员的广泛关注。

目前，学术界对全球城市的理解，早已突破了其初始内涵，全球城市的主要功能也并非"命令与控制"，而是"协调与中介"，它不再是纽约、伦敦和东京的专利，而是将那些深受全球化影响的城市都纳入了其分析的范畴[3]，这增加了全球城市理论的完整性和解释力，同时也为分析全球化时代的新兴市场国家的城市发展提供了一种理解

---

[1] 丝奇雅·沙森.世界经济中的城市（第五版）[M].周振华，译.上海：格致出版社，2020：1.

[2] Smith R G. Beyond the global city concept and the myth of 'command and control' [J]. International Journal of Urban and Regional Research, 2014, 38(1): 98-115.

[3] Sassen S. The global city: Enabling economic intermediation and bearing its costs [J]. City & Community, 2016, 15(2): 97-108.

性框架。以中国为例,随着中国成为引领全球经济的重要角色,越来越多的中国城市开始成为参与全球经济体系的重要角色。[1]"一带一路"倡议、"粤港澳大湾区""雄安新区""自由贸易区"等规划相继提出,上海提出了建设卓越的全球城市目标。这让有关全球城市的讨论超出了学术范畴,成了一项重要而迫切的政策议题。

到底什么是"全球城市"(Global City)呢?不同于"世界城市"(World City),"全球城市"需要将其置于国际政治经济体系的运行之中来理解。

"世界城市"这一概念最早由格迪斯(Patrick Geddes)于1915年在其著作《进化中的城市》(Cities in Evolution)一书中提出,他将世界城市定义为"那些在世界商业活动中占有一定数量比例的城市"[2]。1966年,城市规划学者彼得·霍尔(Peter Hall)再次阐释了这一概念。[3]

但沙森却认为世界城市这一概念并没有将20世纪60年代中期开始的跨国公司的全球化进程纳入概念范畴:世界城市指的是我们已经目睹了几个世纪的城市类型。[4] 沙森所提出的全球城市概念与此不同,她强调了全球城市在国际生产分工体系中的位置及其衍生特征,她认为这一概念是分析性的:全球城市为企业的全球化运作提供了服务和资本,也提供了看似与全球化关系不大的劳动力和服务型企业。按照沙森的说法,全球城市概念更多是一种政治经济意义上的概念——主导世界资本主义生产体系全球性资本的空间汇聚点。

沿着这一逻辑,彼得·泰勒(Peter Taylor)则干脆直接提出,今天的所有城市都能在某种程度上被认为是"世界的""全球的",在很大程度上它们都是"全球化中的城市"。[5]

1　Ma X, Timberlake M F. Identifying China's leading world city: A network approach [J]. GeoJournal, 2008(71): 19-35.

2　肖林,周国平. 卓越的全球城市——不确定未来中的战略与治理(上卷)[M]. 上海:格致出版社,2017:52-53.

3　Douglass M. Mega-urban regions and world city formation: Globalisation, the economic crisis and urban policy issues in Pacific Asia [J]. Urban Studies, 2000, 37(12): 2315-2335.

4　丝奇雅·沙森. 全球城市:纽约 伦敦 东京[M]. 周振华,译. 上海:上海社会科学院出版社,2005:新版序言第3页.

5　Taylor P, Derudder B, Saey P, et al. Cities in globalization: Practices, policies and theories [M]. London: Routledge, 2007: 32.

从理论脉络上讲，全球城市理论源于新马克思主义政治经济学者们对20世纪80年代以来席卷全球的新自由主义所进行的系统性批判。全球城市的概念经过海默（Hymer）、科恩（Cohen）、弗里德曼等的不断讨论[1]，直到沙森明确提出，总体上更多的是一种概念建设和抽象思辨。

全球城市理论以两个互相缠绕的政治经济转型来分析全球城市的政治经济结构。第一个转型是20世纪60年代出现的国际劳动分工变革，它源于跨国公司扩大再生产和产品交易变革，而这在很大程度上是由于福利国家所带来的税收和劳动力成本上升，跨国公司纷纷寻求拓展海外市场和海外投资，亚洲新兴市场国家的经济发展又正好迎合了这一趋势，这一个转型的本质是经济生产的全球化。第二个转型是以战后福特—凯恩斯主义为代表的技术和制度变革。资本积累、技术进步和产业转型升级，催生了一大批新兴产业，进而导致原有的制度体系开始了艰难的转型——产业结构的转型升级。当代全球城市的形成就与上述两个重要转型紧密相连。[2] 经济活动在地域上的分散化与一体化同时发生了，资本流动越是全球化，越是需要资本管理和资本控制，而在全球若干中心城市的集聚程度也就会越高。[3] 作为积累的节点，全球城市是全球工业化、后福特主义城市的"据点"，更是全球经济的命令与控制中心，是全球经济的制高点。[4]

然而，全球城市理论的致命问题在于其缺乏经验数据的支持，到目前为止仍然只是一种假说。尽管泰勒运用世界交通数据构建世界城市网络在一定程度上试图论证全球城市理论的合理性，并提出了"连锁网络模型"（Interlocking network model）[5]，但是这一论证仍然被认为缺乏直接证据，而不过是延续了新马克思主义的

1　Smith R G. Beyond the global city concept and the myth of 'command and control' [J]. International Journal of Urban and Regional Research, 2014, 38(1): 98-115.

2　Storper M, Scott A J. Pathways to industrialization and regional development [M]. New York: Routledge, 2005: 46-69.

3　丝奇雅·沙森. 全球城市：纽约 伦敦 东京 [M]. 周振华, 译. 上海：上海社会科学院出版社, 2005: 1-3.

4　Sassen S. The Global City: New York, London, and Tokyo [M]. Princeton: Princeton University Press, 1991: 1-2.

5　Taylor P J. Specification of the world city network [J]. Geographical Analysis, 2001, 33(2): 181-194.

一贯逻辑。[1] 或许，全球城市拥有更为广泛的内涵，它并不是经济全球化的空间结果，而是由不同的行动者、制度乃至更为广泛意义上的国家城市体系、文化习惯、政治基础制度等多种因素共同塑造的。[2]

不论如何，全球城市在世界经济的竞争、转型与升级的过程中具有高度影响力这一事实是确凿的。成为全球城市并保持这一地位，对于任何一个国家或者城市而言，需要面临更多的竞争和更大的挑战。从国外学者的研究来看，除了新兴全球城市的崛起与挑战外，全球城市还面临社会极化、不平衡发展与政治冲突、全球城市网络体系分化加剧以及与所在国关系的变化等严峻挑战，而这些挑战则构成了国外学者对全球城市研究的三大论题。

| 成为全球城市：三大挑战 |

详细考察全球城市理论，我们自然就会发现，不能够脱离全球化与世界经济本身的变化来思考成为全球性城市所要付出的代价或所要承担的某种潜在后果。归纳起来，这些代价或者后果有如下三个方面。

第一，社会极化、不平衡发展与政治冲突。全球城市是一把"双刃剑"：成为全球城市所面临的第一个问题，就是这些身处全球化激烈竞争中的城市，在成长为经济制高点的同时很难避免社会极化。沙森、弗里德曼等都认为，全球城市并不会给生活在这座城市中的普通居民带来更多利益，因为全球城市是一个社会经济两极分化的场所，它只会给全球资本带来更多的收益。这些世界经济的"战地指挥所"，有着越来越多的低收入劳动力、孤立和政治边缘化的居民、无依无靠的少数族裔群体，社会地理割裂的现象越来越严重。

近来的一些研究证据也表明，社会经济的两极分化实际上自20世纪80年代以来就开始了，它是由逐渐流行的"全球新自由主义"政策所导致的，这一政策随着

---

1 Smith R G, Doel M A. Questioning the theoretical basis of current global-city research: Structures, networks and actor-networks [J]. International Journal of Urban and Regional Research, 2011, 35(1): 24-39.

2 Smith M P. Transnational Urbanism: Locating Globalization [M]. Oxford: Blackwell, 2000: 1-2.

新自由主义经济学说的推广在全球范围内蔓延开来。[1] 全球城市，作为一种研究事实，成为社会政治矛盾集聚的"空间据点"。[2] 一个现实注脚是：2008年纽约爆发了金融危机，这场危机所引发的是蔓延于全球800多个城市的"占领华尔街"运动。

社会两极化的具体成因可以从经济结构的角度来理解。沙森指出，全球城市的经济结构导致了收入结构、公司和家庭竞价能力的分化，而不是城市中产阶级规模的扩大和增加。先进部门雇佣了一群为全球资本提供服务的超高收入群体，但同时也创造了这些城市对更多低收入、低技术群体的巨大需求，不过她并没有给出这一关联性结构的具体比例。

这一经济结构不仅仅存在于像纽约、伦敦、巴黎这样的欧美金融中心，也存在于亚太地区的那些巨型城市之中。迈克·道格拉斯（Mike Douglass）研究了亚太地区的特大城市：这些城市的两极分化是由全球化以及外国直接投资的结构性变化所带来的，比如泰国、印尼、菲律宾等经济体的两极分化与外国直接投资在核心城市区域的地域倾向性有直接关系，这一点在东京也有相当程度的体现。很多身处全球化进程中的亚洲大城市，相对贫困和收入不公都呈增长趋势。[3] 苏珊·费恩斯坦（Susan S. Fainstein）研究了纽约、伦敦、东京、巴黎、兰斯台德五个城市中的社会不平等状况：五个城市有着非常不一样的不平等形式，程度也很不同，尤其底层群体的境遇非常不同，纽约和兰斯台德之间的差距是最大的。[4] 也就是说，经济全球化确实带来了部分全球城市的社会分化，但是其状况仍然受到多重因素影响而具有不同的表现形式。在这些因素中，贫困主要是由于低收入的就业供给导致的，而不是失业导致的。

此外，这种社会极化也表现为城市内与城乡之间的不平衡发展，这在第三世界国家中表现得更加突出。加州大学欧文分校的戴维·史密斯（David Smith）等指出，

1　Smith R G. Beyond the global city concept and the myth of 'command and control' [J]. International Journal of Urban and Regional Research, 2014, 38(1): 98–115.

2　Sassen S. The global city: Enabling economic intermediation and bearing its costs [J]. City & Community, 2016, 15(2): 97–108.

3　Douglass M. Mega-urban regions and world city formation: Globalisation, the economic crisis and urban policy issues in Pacific Asia [J]. Urban Studies, 2000, 37(12): 2315–2335.

4　Fainstein S S. Inequality in global city-regions [J]. DisP-The Planning Review, 2001, 37(144): 20–25.

这些城市依赖于世界经济体系又同时处于这个体系的边缘,而且这些城市也在本国和其内部产生和加剧了这种中心边缘结构。例如,在印度尼西亚的2.6亿人口中,有1 000余万人生活在雅加达,在亚洲金融危机后,雅加达的贫富分化情况变得更加糟糕;再如,越南的胡志明市有许多机动车、商业中心和西方公司总部,但胡志明市的贫富差距也更大。[1]

超大规模的全球性城市带来了农村和小城市的欠发达,正如道格拉斯所说,亚太国家政府很少关注那些"二线城市"和农村地区的发展,地域发展不平衡短期并不会造成问题,但长期来看却问题重重,不良的城乡关系加剧了城市对农村资源的过度利用,这些最终都可能给城市带来灾难。[2] 此外,道格拉斯更进一步指出,全球城市的宜居性降低了,城市生活成本的上升、城市生态环境质量的下降、城市更新和租金上涨导致市中心的老社区、小商店消失了,而房价过高、通勤时间长等问题正成为这些城市无法逃避的社会难题,聚集的人口导致了水资源的匮乏,也导致了小汽车的大规模使用,这不仅加剧了空气污染,而且耗费了大量治污资金,甚至还导致了较为严重的公共卫生和健康问题的出现。[2]

对于社会政治两极化的后果,全球城市的理论家们认为,政治冲突将难以避免。沙森和弗里德曼均认为,全球城市中的社会极化导致了社会地理空间极化,空间与社会极化的重叠会导致更为严重的城市问题。由于全球城市社会政治两极化的趋势,泰勒将全球城市视为一种"反体制"的集体行为的聚集场所,但泰勒同时指出这种集体行为也可能是一种推动改革的动力。在这一分析基础上,史密斯等通过研究,一方面证明了沙森、弗里德曼的观点,另一方面也证实在"世界经济的正中心创造出了新的半边缘化地带",这也意味着全球化中的城市在21世纪也许会成为反对全球化的最主要阵地,并最终成为反对全球资本主义的主要力量源泉。[1]

反抗大规模的城市重建和更新的行动,几乎每天都在亚太大城市发生着:当地居民反对拆除贫民区的建筑,反对把肥沃的农业用地转换为城市用地,他们与城市

---

1 Smith D, Timberlake M. "Global Cities" and "Globalization" in East Asia: Empirical Realities and Conceptual Questions [J]. CSD Working Papers, 2002, 12(1): 1-14.

2 Douglass M. Mega-urban regions and world city formation: Globalisation, the economic crisis and urban policy issues in Pacific Asia [J]. Urban Studies, 2000, 37(12): 2330-2331.

开发利益集团之间的斗争早已变成城市政治生活的一种日常形式。[1] 在追逐全球城市的道路上，城市政治也无处不在，全球城市的新政治值得继续深入研究。[2] 沙森将社会政治两极分化的政治后果进一步延展到性别、种族、移民等诸多方面，全球城市的社会政治冲突是多方面的，这些冲突既有现代性的又有后现代性的。[3] 然而，正如很多理论一样，全球城市理论批判有余而建设不足，在批判方面所依据的经验数据也大多数源于英美和部分亚太国家，这使得全球城市理论的实证基础显得不那么牢固。[4]

第二，全球城市网络体系的结构性分化加剧。深受全球化影响的不仅是全球城市内部的社会空间极化，还有整个全球城市网络体系的结构性分化加剧。自20世纪60年代以来，受到沃勒斯坦（Immanuel Wallerstein）世界体系理论的启发，不断有学者提出全球化在根本上改变了世界城市体系，塑造了全球政治经济地理的分化与不平等，如海默于1972年、弗里德曼于1986年、沙森于1991年分别提出了三个经典假说[5]，这些学者之间的不同之处在于，全球化改变全球城市网络体系的方式或路径是不同的。海默援引"马太效应"的逻辑，认为全球化会加剧世界经济体系本身的不平等程度，加强经济依附。在他看来，全球城市网络体系的地图将会与全球经济体系的地图紧密相连——中心城市会变得更加中心，而边缘城市则变得更为边缘。

弗里德曼和沙森则与之不同，他们没有直接反对这一观点，而是提出新的地理中心和边缘也有可能诞生的看法，并且强调这一可能将会打断一直以来的全球政治经济地理中的所谓"南/北""东/西"的划分，进而塑造新的世界地理中心和边缘。但在中心和边缘之间的分化加剧问题上，他们与海默之间并无不同看法。

1　Williams L. Asia's urban meltdown [J]. World Press Review, 1994, 41(2): 46-47.

2　Ancien D. Global city theory and the new urban politics twenty years on: The case for a geohistorical materialist approach to the (new) urban politics of global cities [J]. Urban Studies, 2011, 48(12): 2473-2493.

3　沙森. 全球化及其不满 [M]. 李纯一，译. 上海：上海书店出版社，2011：1-3.

4　Child Hill R, Kim J W. Global cities and developmental states: New York, Tokyo and Seoul [J]. Urban Studies, 2000, 37(12): 2167-2195.

5　Taylor P, Derudder B, Saey P, et al. Cities in globalization: Practices, policies and theories [M]. London: Routledge, 2007: 22.

高度分化的全球城市网络体系意味着等级和支配的出现。在全球城市理论看来，居于支配地位的是那些联通所有地区、国家、国际枢纽的"与全球资本主义体系相联结"的世界城市。[1] 为了更加精确地衡量这个结构体系中的城市位置，一些学者运用大量交通流量数据来衡量全球城市体系之间的结构性关系，如保罗·诺克斯（Paul L. Knox）和泰勒合著的《世界体系中的世界城市》（*World Cities in a World-system*）[2]，弗兰克·威特洛克（Frank Witlox）和本·德拉得（Ben Derudder）基于MIDT（国际客运市场数据）的航空乘客流向分析[3]，以及史密斯和提姆博雷克（Michael Timberlake）通过空中交通数据的分析[4]，都非常精彩地描绘了一幅世界经济地理网络结构体系图。

这些绘制"全球城市等级体系"的研究得出了这样的结论：第一，伦敦、纽约、东京和巴黎持续位于世界城市层级的顶端；第二，东亚的不少大城市在全球城市结构位置排名中位于前15～25名这一层级之内。因此，一个令人难以忽视的事实是，在过去几十年里，东亚的领军城市显著增长。在史密斯和提姆博雷克等以空中交通流量为基础的研究中，排位前13的城市中，也有5个是东亚城市。[4] 这些都说明，东亚地区的经济发展和领军型城市正在成为引领全球经济的另一个地理中心，这也在一定程度上印证了弗里德曼和沙森关于全球城市动态变迁的思想。

此外，全球城市网络体系还具有动态交互的网络化特征，为一些新兴城市的发展提供了机会。一些学者提出，由于全球城市网络体系和资本主义世界经济之间的密切联结，交互性和动态性特征成为全球城市网络的最大特征。例如，首尔、台北集聚了全球产业链条中最为重要的生产中间商，因此美国的零售巨头或著名品牌与台北市、首尔市的公司建立了合作生产关系，并将低收入的生产转移到中国大陆、越南、印度尼西亚等地。

---

1 Knox P L, Taylor P J. World cities in a world-system [M]. New York: Cambridge University Press, 1995: 21-47.

2 Knox P L, Taylor P J. World cities in a world-system [M]. New York: Cambridge University Press, 1995: 115-131.

3 Taylor P, Derudder B, Saey P, et al. Cities in globalization: Practices, policies and theories [M]. London: Routledge, 2007: 36-47.

4 Smith D, Timberlake M. "Global Cities" and "Globalization" in East Asia: Empirical Realities and Conceptual Questions [J]. CSD Working Papers, 2002, 12(1): 1-14.

早在 1984 年怀默霆（Martin King Whyte）和威廉·帕瑞什（William Parish）就提出过，中国和越南从全球资本主义生产网络中获益巨大，也经历了巨大的变化，它们努力使本国经济再次融入世界资本主义体系。他们继续指出，共产主义国家管理下的北京、河内和平壤是其独特城市体系中的首位城市，这些城市与资本主义的城市网络存在很大差异，他们强调中国高度科层化的城市体系具有很强的独特性，而社会主义的计划和控制减缓了全球资本主义的掠夺。[1]

在泰勒看来，网络本身的不同层次之间的动态联结为节点城市提供了获利机会，新的网络政治也从中产生。这些网络可分为：世界城市网络体系、国家间城市网络体系、超国家城市网络体系和次国家间城市网络体系。在这些网络中间，发挥纽带作用的是一些"流动空间"，网络与流动空间一起在主权国家之外产生了一种跨国界的组织架构，并促进了产生新的政治空间的表达。[2] 实际上，泰勒是在用全球城市网络理论来表达在传统的国家间网络之外，由资本构筑了一个多层次的合作网络体系。这个体系将城市纳入其中，每一个城市作为一个节点存在，但同时也需要全国性和国际性的城市网络来满足全球维度下实时决策的需要。作为积累的节点，城市不再是国家经济的附属，而是被直接嵌入在跨国城市体系和城市间网络之中发挥作用。

在罗伯特·卡玛尼（Roberto Camagni）看来，全球城市网络体系并非只带来负面后果，他将全球城市网络看作一种竞争性和持续性的网络结构，因此全球城市网络既具有互补性，又具有协同性。他认为全球城市网络给城市发展带来了一系列的好处，区域网络中心节点城市可以通过其专业部门从区域中获利，相同规模、等级和分工的地理中心城市则通过合作来达到更大的规模，进而获得更大的网络收益。[3] 他研究了城市网络的逻辑如何发挥作用，如何给各个合作方如企业、机构或城市带来了好处，他指出不同层次网络给城市发展带来了更多的选择，通过网络内的合作，每个中

1　Whyte M K, Parish W L. Urban life in contemporary China [M]. Chicago: University of Chicago Press, 1984: viii-xi.

2　Knox P L, Taylor P J. World cities in a world-system [M]. New York: Cambridge University Press, 1995: 21-47.

3　Taylor P, Derudder B, Saey P, et al. Cities in globalization: Practices, policies and theories [M]. London: Routledge, 2007: 109-120.

心都能获得高度有序的"功能"——然后从"收入"和"网络顺差"中获利,而无须通过扩大城市规模而获得竞争优势。[1]

总之,全球城市网络体系与资本主义经济体系之间的相互纠缠与动态互渐,既带来了全球城市制高点的动态变迁、结构体系的内部分化加剧,也带来了新的发展契机和发展选择机会。

第三,全球城市与所在国之间的关系将变得更加紧张。除了全球城市自身以及全球城市网络的分化问题之外,全球城市与所在国之间的关系问题也引起了学者们的高度关注。这个问题来自对跨国企业与所在国关系问题的演绎。许多有关全球化的研究,往往都以这样的假设作为前提:全球化导致国家主权受到侵蚀。正如弗里德曼和伍尔夫所描述的那样,全球城市与主权国家之间的关系,可以从全球性的、处于动态的跨国企业和静态的国家"地域"之间的地缘经济斗争来阐述。[2] 从这些学者的观察来看,全球城市和主权国家被描述成完全对立的两种政治经济实体。这种关系反映在全球城市的经济增长未必会带来国家的经济增长中。

沙森提出,新的国际经济活动方式引发了一个问题,即当代全球城市和所在国之间的关系是一种"系统性中断":促成全球城市发展的不一定会促进国家的增长。她认为,全球城市是"治外法权"的据点,国家也被其自身对全球化的参与和全球化的压力改变了。

尼尔·布伦纳（Neil Brenner）却只部分地赞同沙森的观点,认为全球城市中的主要发展部门和国家的发展有着高度的一致,但今天却越发呈现出了一种不对称关系,该理论忽略了国家在全球资本重组中所扮演的关键角色。[3] 他的方法论起点是,把全球化视为紧密的、相互编织的高度复杂系统,同时各种力量和矛盾在此重新配置地域空间,后者不仅包括主权国家,也包括从属国家的"地方"和超国家组织。在布伦纳看来,国家所控制的地域空间并没有被侵蚀,全球化只是在次国家和超国家的层

---

[1] Taylor P, Derudder B, Saey P, et al. Cities in globalization: Practices, policies and theories [M]. London: Routledge, 2007: 109-120.

[2] Brenner N. Global cities, glocal states: Global city formation and state territorial restructuring in contemporary Europe [J]. Review of International Political Economy, 1998, 5(1): 8-9.

[3] Brenner N. Global cities, glocal states: Global city formation and state territorial restructuring in contemporary Europe [J]. Review of International Political Economy, 1998, 5(1): 11.

次上重新联结和重新分配"领域",最终导致的结果是在新的层次上重新配置地域化组织如欧盟,这些组织则被暂时标签为一个"全球本土化"的国家。换言之,全球化必须适应本土化才能实现其目的,而本土化也在全球化过程中改变,二者之间存在"互渐"过程。因此,布伦纳指出,跨国公司和国家之间的"固有矛盾"假说是不成立的,他认为这轮全球化是在重新配置国家的领域,而不是侵蚀它。由此,布伦纳提出,全球资本重组进程中的全球城市化和国家主权领域的重新配置,在本质上并无不同,在形式上高度相关。

更进一步,学者列奥·潘尼奇(Leo Panitch)则提出,国家仍是全球经济重组过程中的核心角色,他认为是国家在制定全球贸易规则,引领全球贸易的发展方向,而一直以来美国都在扮演这一领导者角色。他指出,美国引领的全球化实际上是美国帝国主义的一种表现形式。[1]在潘尼奇看来,全球经济背后的主导力量仍然是国家,国家的力量并没有被削弱,全球城市也依然在国家的控制之下。当然,全球城市与所在国之间的关系受到政治制度的影响,并非所有国家都会失去对全球城市的控制。

如果说全球城市与所在国之间的关系弱化是源于欧美经验,那么中国的经验则正好挑战了上述判断。林初昇(George C. S. Lin)关于中国珠江三角洲大城市社会经济变迁的研究提供了部分证据。他在分析了珠江三角洲的经济重建和城市化发展之后,认为正是国家对珠三角城市群的大力扶持才提供了其在全球化竞争发展过程中的重要支撑平台,包括交通基础设施和金融服务产业。可以说,不仅二者之间的关系没有削弱,国家在这些城市的经济全球化过程中还扮演着更为重要的角色。因为,在中国政治经济体系中,银行等金融机构的运转是置于中央政府的控制之下而不是相反。最为突出的例子,如香港在 1997 年遭遇亚洲金融危机,没有中央政府的大力支持,香港无法渡过难关,这也在很大程度上证明了社会主义国家在不稳定的全球化和全球资本带来的地理不均衡中发挥了关键性的主导作用。[2]

---

1 Leo P, Sam G. The Making of Global Capitalism: The Political Economy of American Empire [M]. London: Verso, 2012: 1-3.
2 Lin G C S. Metropolitan development in a transitional socialist economy: Spatial restructuring in the Pearl River Delta, China [J]. Urban Studies, 2001, 38(3): 383-406.

因此，基于对东亚发展型国家作用的考察[1]，学者们认为存在着两种类型的全球城市，一种是欧美范式/北方国家的"市场中心型的"全球城市，另一种是东亚范式/南方国家的"国家中心型的"全球城市[2]。于是，逻辑上中国的全球城市不仅是后一种范式的典型代表之一，更是一种结合了两种范式的"形成模式"：资本主义经济全球化和后社会主义国家与转型经济的结合体。[3] 当然，中国版的全球城市及其混合与多元的形成路径究竟能够带来怎样的理论突破值得进一步深入探讨。[4]

从上面学术界关于全球城市假说的讨论，我们可以作如下三点简要的评论：第一，在世界经济体系中，存在着一系列战略地点，这些战略地点不是割裂的，而是具有网络结构。在这些地方，全球化的产业分工和集聚形成了一种相互联系的全球性城市社会。第二，成为全球城市不是一帆风顺的，要经历全球范围的竞争，要面临更大程度的社会极化，要克服更广泛和难以治理的政治冲突，而成为真正的全球城市之后，一种超越于国家的城市政治或者城市政体就必然变得更加可能。第三，学术界实际上过于关注眼前的或者已经发生的城市事实或者全球城市现象，把注意力更多地放到了东亚、欧洲和北美城市，但实际上中东国家、非洲国家在信息化时代同样拥有成为全球城市的可能。既然信息技术已经超越了距离，将全世界纳入一个体系之中，长期看，全球的大合流就不可能只是少数的发达国家和新兴市场国家的特权。在即将来临的智能时代，一场全球经济的新一轮竞争正在展开。

| 智慧城市 2.0：大国科技竞争的"制高点城市" |

全球数字经济的竞争本质上是科技竞争，但这种科技竞争必须依托于科技产业的发展，即只有经过充分市场化考验的科技才能持续支撑科技创新。从这个意义看，

1　Child Hill R, Kim J W. Global cities and developmental states: New York, Tokyo and Seoul [J]. Urban Studies, 2000, 37(12): 2167-2195.

2　Ma X, Timberlake M. World city typologies and national city system deterritorialisation: USA, China and Japan [J]. Urban Studies, 2013, 50(2): 255-275.

3　Chubarov I, Brooker D. Multiple pathways to global city formation: A functional approach and review of recent evidence in China [J]. Cities, 2013(35): 181-189.

4　Cheng Y, LeGates R. China's hybrid global city region pathway: Evidence from the Yangtze River Delta [J]. Cities, 2018(77): 81-91.

社会学家们曾提出"高科技城市"的概念来描述这种持续的科技创新所须依赖的城市支撑系统。斯蒂文·列维（Steven Levy）在1998年曾提出关于高科技城市的定义与要件：一个重要的研究所、至少一部成功的发家史、高科技天才、合适的态度、风险资本与基础服务。[1]这些要素总结了美国硅谷、印度班加罗尔、以色列特拉维夫的成功故事以及怎样抓住未来的风口。尽管二十多年过去了，这些高科技城市的成功要件仍然值得今天冲击数字经济制高点的城市与国家借鉴和思考：城市是最好的创新要素的组合地点——换用一个更加具有数字科幻色彩的词汇就是"母体"。列维告诉人们，要打造这样一个高科技创新之城，需要考虑的不只有技术、人才与基础设施，还需要金融、叙事与服务型政府。

显然，随着城市的迭代与大国竞争因素的介入，全球数字经济的战略制高点无疑就是正在崛起的2.0版智慧城市。列宁曾经把重工业、钢铁工业看作是国家经济的制高点，也就是整个国家工业化和现代化发展的关键战略要点。谁控制了制高点，谁就赢得了国家的控制权。美国普利策纪实文学奖得主丹尼尔·耶尔金（Daniel Yergin）曾在《制高点：世界经济之战》一书中将世界经济历史中那些具有决定性影响的思想看成是"战略制高点"，而谁能够把握时代的脉搏与律动，运用好这些思想，谁将赢得时代的青睐。在世界经济风云变幻、竞争激烈的战场之中，制高点就是那些能够发挥关键作用的战略地点或者战略思想。而谁能够成功控制世界经济的制高点，谁就会赢得主动权与竞争优势。

在笔者看来，无论从数字经济发展战略的重要性上，还是从数字化与智能化的思想时代性上，2.0版的智慧城市都必将成为我们这个时代的制高点——全球数字经济时代的战略制高点。智慧城市2.0是数字产业化与产业数字化的战略节点。智慧城市2.0不只是运用数字技术来解决传统城市问题，而是通过城市数字化转型来实现城市发展与治理的系统性升级，从而赢得数字经济发展竞争的战略优势。在这个意义上，国家将通过城市数字化转型升级而实现国家治理的战略性"升维竞争"——借用著名科幻作家刘慈欣在其代表作《三体》一书中所提出的广为人知的概念"降维打击"，笔者提出"升维竞争"概念，即数字化和智能化就是赋予国家以新的竞争性能

---

[1] 戴维·波普诺.社会学［M］.李强，等译.北京：中国人民大学出版社，2007：636.

力维度，通过数字化、智能化乃至智慧化，数字国家将在维度层面赢得大国竞争的主导权。由于智慧城市的数字化升级正是国家"数字化升维"的最为集约和具有规模效应的空间载体，因此国家可以通过打造和升级高科技城市即智慧城市 1.0 版来打造智慧城市 2.0，并以此推动数字经济的创新与竞争优势；相反，如果离开城市系统，数字经济将无以为继，更将失去持续创新的"基地"和"母体"。

此外，全球数字经济竞争的资源基础和底层逻辑是数字资源的流动、交易与规制。数据资源必须经过处理才能成为有效的信息与知识从而产生经济与社会效应。同时，数据集的规模与流动性又决定了数据资源的质量与能级。城市能级、国家能级、全球能级的数据所能够产生的经济与社会效益显然具有能级差距。因此，获得最高数据能级的海量有效数据就是获得竞争成功的最重要的战略选择。对于那些参与全球数字经济竞争的公司而言，数据的重要性毋庸置疑，而对于国家、城市而言，获得全球流动性开放数据的重要性同样也可以理解。智慧城市 2.0 正是基于全球城市区域的基础上而叠加数字维度的一种新型城市，在这里，全球的、区域的大数据可以交易，一如石油、能源、资本等要素之于伦敦、纽约、法兰克福等。在这种意义上，国家与城市政府的最重要任务就是打造智慧城市 2.0。因此，打造智慧城市 2.0 就必须提供可供不同能级城市、公司、个人等需求者使用的数据交易中心。

当然，智慧城市 2.0 不只是"高大上"的城市才可以拥有的特权。智慧城市 2.0 是一种网络群系和生态系统，智慧城市 2.0 也可以是这些网络群系中的节点城市。简言之，智慧城市 2.0 既可以是复数也可以是单数。因此，作为全球数字经济的制高点，智慧城市 2.0 不是唯一的，而是以群系状态存在的，同时制高点也不是唯一的，而是开放的、网络化的、全球化的，这是全球数字经济给大家提供开放的机会，但这种机会并非没有时间窗口期，也并非无限制，真正意义上的全球性战略制高点毕竟是少数的，因为满足一个高科技城市所需要的要件本身就已经很难了，何况要建设一个全球智慧城市。而且成为智慧城市 2.0 的道路上充满了荆棘和挑战，要想克服这些挑战，就必须清醒地看到智慧城市 2.0 的另一面。

打造智慧城市 2.0 将不得不面对全球化城市所潜在的挑战。本质上，智慧城市 2.0 是一种新型全球化和新型数字城市的叠加。那么，旧版的全球城市所面临的所有潜在挑战都有可能成为新版的全球智慧城市同样需要面临的挑战，而且很有可能的是，数字化、智能化会放大这种风险。社会极化、全球城市体系的分化、与国家关系的紧张，这些挑战都有可能变得更加凸显。首先，数字化和智能化将放大资源的集聚效应，加速劳动和就业的替代，扩大数字鸿沟抑或信息鸿沟，在这些全球智慧城市群落之中，或许社会的极化现象会更加明显。其次，全球城市体系的分化也可能进一步扩大，那些具有数字经济优势、能够吸引全球科技人才、能够调动全球能级资源、能够处理全球能级数据的城市将获得前所未有的地位，尤其是数字经济本身具有"赢者通吃"的竞争优势地位，因此全球城市体系在叠加数字维度后或许会进一步分化。最后，智慧城市 2.0 很有可能超越国家的有限控制，在技术层面如区块链技术、在社会层面如全球社会都会加速智慧城市的迭代升级，那么在一定程度上智慧城市 2.0 与国家之间的关系或许就会变得更加紧张。

没有变革不存在风险。全球经济的新一轮竞赛无疑将推动大国竞争在难得的变革窗口变得更加激烈，而大国竞争亦将推动国家作为一种扶持和制约的力量积极介入 2.0 版智慧城市的发展与治理。不仅城市之间，在全球的尺度上，国家与国家之间、国家与城市之间，将展开多层次的竞争与合作。而摆在这场竞赛所有参加者面前的是——如何才能赢得这场没有硝烟的战争。

| 世界经济、国家政策与智慧城市 2.0 版 |

全球城市地位是动态变化的，在全球数字经济迭代升级的关键时刻，这种地位或许变得更具有可竞争性。在旧版的全球城市体系下，正是为了在全球经济结构中赢得优势地位，城市政府之间展开了激烈的竞争；在新版的全球数字城市体系下，为了赢得世界经济的战略制高点，不仅城市政府，国家、国际组织也会加入进来，成为全球智慧城市的有力竞争力量，全球性的治理结构也必须要能够应对全球化城市的潜在挑战。

在许多国外学者看来，最高层次的城市竞争就是通过公共政策大力推动一些有条件的区域城市成为世界城市或全球城市。这就需要城市政府一方面规划建设或者完善文化体育、交通运输、医疗、大学、国际会展中心等公共基础设施，付出高昂成本建设、提高或维持国际机场、高速铁路的运营；另一方面也要通过建设高科技园区、免税区、自由贸易区、工业园区等方式来吸引国际投资，进而嵌入全球城市网络体系并获得优势地位。[1]丹尼斯·罗第纳里（Dennis A. Rondinelli）等提出，城市为了发展必须改善他们的教育系统来培养高技术人才和灵活就业人员，必须改善城市生活环境来吸引国际投资的流入，必须提供更为优质的公共服务和基础设施来支持国际大公司的发展、落脚，必须为小中型公司提供更为优良的营商环境以促进企业发展壮大以及科技能力的提升。[2]简言之，城市政府要付出更多才能保持城市在世界经济中的竞争力。

于是，许多城市都通过"城市营销"来促进城市成为旅游胜地或具有吸引力的商业地点，这些做法是城市政府对外部世界变化的一种适应性反应。叙事对于提升城市竞争力而言是非常有效的一种政策工具。

道格拉斯研究了上海、首尔、东京等亚洲首位城市的营销和发展，他发现亚太特大城市，甚至更小一些的大城市，都有国家和当地政府推动其城市基础设施的建设，这些城市为了提高竞争力，十分注重举办各种展览会、利用各种节假日来促进旅游营销、刺激消费市场，并极力通过建设城市文化地标和重新利用传统文化遗产因素来提升城市的吸引力和魅力。[3]吴缚龙研究了北京商品住宅中的"国际城市景观移植"现象并发现，开发商力图通过眼球效应来克服本地市场的消费局限。房地产开发商们通过把他们的消费景观与全球化消费主义符号联系起来，以兜售他们在全球化时代所宣扬的美好生活愿景。[4]

由于国家是如此积极重要的主体，有能力推动每一个生产性领域的发展，因此国家是全球城市竞争中最为重要的"武器"，一直在全球城市竞争中扮演着极为重要的角色。国家对城市管辖权力的重新配置与规划——比如提供交通设施、办公场所和

---

[1] Castells M. Technopoles of the world: The making of 21st century industrial complexes [M]. London: Routledge, 1994.

[2] Rondinelli D A, Johnson Jr J H, Kasarda J D. The changing forces of urban economic development: Globalization and city competitiveness in the 21st century [J]. Cityscape, 1998(2): 71-105.

[3] Douglass M. Mega-urban regions and world city formation: Globalisation, the economic crisis and urban policy issues in Pacific Asia [J]. Urban Studies, 2000, 37(12): 2325.

[4] Wu F. Transplanting cityscapes: The use of imagined globalization in housing commodification in Beijing [J]. Area, 2004, 36(3): 227-234.

大量外来劳动力来推动城市或城市地区在全球城市网络体系中的位置跃迁，就可以看作是国家的"扶持之手"直接发挥作用。

20世纪80年代的英国伦敦就是这样一个例子，大伦敦地区之所以能够成为全球城市，离不开国家的强力支持。撒切尔夫人当政时期对大伦敦地区采取了果断的扶持政策，这一政策触及了那个时期英国最为主要的两个政治矛盾：一个是金融中心和工业中心之间的矛盾，另一个则是中央政府和地方政府之间的矛盾。因此，政策阻力非常之大。在那个新自由主义兴起的时代，撒切尔夫人采取了一种动用国家力量支持伦敦建设全球城市的政策以提高大伦敦地区对国际投资的吸引力和竞争力，这完全可以看作是国家与城市权力关系的一次重新调整，更可以看作是一种为了赢得竞争优势而采取的"积累政策"，而非简单的分配政策。产业关系的调整反过来又促进了中央与伦敦之间的"央地关系"重构。[1]

在全球城市治理方面，最有用的做法是综合推行一系列社会经济政策，包括安全政策、管理政策、利率政策、劳动力市场限制性政策以及调节贫困的政策。这些政策帮助城市提供更安全的环境、更有序的管理、更低廉的经营成本、更多的本地就业以及更低的贫富差距。罗第纳里等认为，这些问题的核心是针对城市中心区贫困人口的政策，也就是通过商业导向的社区发展创新政策改善城市贫困社区的生活状况。[2]道格拉斯、弗里德曼和桑德考克（Leonie Sandercock）等则提出，全球城市治理的首要维度应是发挥日益壮大的公民社会的作用，让公民社会成为城市治理中的重要力量。他们认为，这需要具有高度政治觉悟的城市中产阶级的组织化参与以及有组织的工业劳动力的参与。[3]

在全球城市的治理中，加强社区治理、增强公民领导力、促进社区合作机制、培育公私合作增加就业机会，这些措施对于全球城市的可持续发展是十分重要的。对

---

1 Brenner N. Global cities, glocal states: Global city formation and state territorial restructuring in contemporary Europe [J]. Review of International Political Economy, 1998, 5(1): 1-37.

2 Rondinelli D A, Johnson Jr J H, Kasarda J D. The changing forces of urban economic development: Globalization and city competitiveness in the 21st century [J]. Cityscape, 1998(2): 71-105.

3 Douglass M, Friedmann J. Cities for citizens: Planning and the rise of civil society in a global age [M]. London: John Wiley, 1998: 107-137.

于即将到来的全球智慧城市时代，基于法治的、更具包容性的、民主参与的智慧城市领导力才是有效应对全球智慧城市风险挑战的大方向。在全球智慧城市，领导力首先是数字领导力或者智慧领导力，能够真实有效地解决技术风险与社会风险所带来的难题。

然而，数字化和全球化让人们更多地了解世界，因此人们也会更多地要求社会福利和政治权利，对政府提出更多要求，人们将会有更多的政治诉求，包括政治改革和民主选举。[1]不少研究都认为，全球化带来了非政府组织的大量涌现，这些正是公民社会力量增强的表现。例如，中国大量小规模的非政府组织正以非官方的形式形成，为普通民众在与政府打交道时提供法律和其他社会服务。[2]市民社会的声音越来越大，无疑给城市政府的回应性和治理能力提出更大挑战，政府不得不更多地考虑城市环境的宜居和社会福利的供给。可以说，在很大程度上，逐渐兴起的公民社会正试图创造一种新城市政治体制，这种体制由于全球性的劳动迁移和多元文化融合而变得更为复杂。对于全球城市治理而言，多元参与的治理模式是当前的一个总趋势，会从根本上促进政府行为的合法化和透明化，但精英主导的多元主义治理模式往往带来城市管理碎片化的消极后果。这种消极后果超出了新马克思主义理论家们的想象，理想化的多元主义规划和政策带来了新的分离，脱欧的英国和作为全球城市的伦敦就是例子。[3]或许，对于欧美国家而言，加强城市政府能力是城市治理获得光明前景的先决条件。[4]

尽管全球城市理论透视了全球城市空间结构的变迁、全球城市体系内部的运行机理，而且解释了塑造全球城市的经济动因及其社会政治后果，不过需要注意的是，全球城市理论的背景是西方新马克思主义对新自由主义全球化的批判，在借鉴全球城市理论时，不能忽视其前提条件、理论基础和实践经验。

---

1 沙森.全球化及其不满[M].李纯一，译.上海：上海书店出版社，2011：1-2.
2 Morton K. The emergence of NGOs in China and their transnational linkages: Implications for domestic reform [J]. Australian Journal of International Affairs, 2005, 59(4): 519-532.
3 Raco M, Kesten J. The politicisation of diversity planning in a global city: Lessons from London [J]. Urban Studies, 2018, 55(4): 891-916.
4 Douglass M. Mega-urban regions and world city formation: Globalisation, the economic crisis and urban policy issues in Pacific Asia [J]. Urban Studies, 2000, 37(12): 2332.

全球城市的根基建立在国家支持之上，全球政治经济格局变动和剧烈的城市竞争都会增加全球城市的风险与挑战。我们需要清醒地认识到，通向全球经济制高点的道路充满艰难险阻。在通向全球智慧城市的道路上，面临着社会极化、不平衡发展和政治冲突、与所在国关系弱化、城市网络体系分化加剧等突出问题，甚至数字化、智能化还可能放大这些风险挑战。

对于世界而言，在全球数字经济升级与城市发展迭代升级的背景之下，我们需要从地缘政治格局视角对世界各主要大国或数字经济体的国家数字化战略以及智慧城市发展、数字治理等进行比较分析，从而提出全球数字治理的思路与方向。

在中国发展日渐嵌入全球经济体系的时代背景下，我们需要更进一步结合中国国情深入分析和提出建设中国式全球智慧城市的具体路径和有效措施，探讨中国智慧城市迭代与国家能力升维之间的互动关系，这也是本书探讨智慧城市 2.0 版的应有之义与研究重点之一。

本章要点

1. 新型智慧城市之所以正在加速来临，不只是数字革命所带来的技术创新及其应用，更加重要的还有一种基于数字技术推动的全球网络（智能）社会的崛起。
2. 全球性的巨型城市或巨型城市区域史无前例地崛起于世界经济史的舞台之上，并变得越来越数字化、智能化和智慧化。
3. 对于这些全球性的智慧城市而言，一个更加流动性的、现实与虚拟世界融合的全球数字社会正是他们所共同赖以存在和发展的基础。
4. 智慧城市要求数据必须成为信息和知识，这样才能发挥智慧城市的"智慧"能力。
5. 智慧城市 2.0 版的核心内涵：① 高科技城市拥有参与全球竞争的高科技产业集群和研究机构、风险资本，以及新型基础设施、优质生态环境、包容性社会服务和高效能的风险治理；② 全球性数据底座与智慧"大脑"嵌入全球化，拥有参与和影响全球数字经济的能力，以及全球性大数据收集与信息处理的能力；③ 除城市政府和民众之外，国家、国际机构、跨国科技公司成为多元跨国参与主体。
6. 跨越全球的信息技术和行业需要一个巨大物理基础设施的战略节点。
7. 这些世界经济的"战地指挥所"，有着越来越多的低收入劳动力、孤立和政治边缘化的居民、无依无靠的少数族裔群体，社会地理割裂的现象越来越严重。
8. 在数字革命、全球数字经济崛起、人工智能技术突飞猛进的背景下，一种结合了新兴数字产业、高科技创新与嵌入世界经济体系并担负重要功能的战略地点，必将成为世界经济新一轮竞争的制高点。
9. 打造智慧城市2.0将不得不面对全球化城市所潜在的挑战。
10. 在全球城市治理方面，最有用的做法是综合推行一系列社会经济政策，包括安全政策、管理政策、利率政策、劳动力市场限制性政策以及缓解贫困的政策。

第五章 竞争制高点：全球数字化转型与智慧城市比较

> 国家应占领经济领域的战略制高点。
>
> ——弗拉基米尔·列宁（Vladimir Lenin）

> 对于城市来说，失败是相似的，成功各有各的不同。
>
> ——爱德华·格雷瑟（Edward Glaeser）

> 随着互联互通对地缘政治影响的重新塑造，传统的国家间战争也慢慢被我所称的"拔河博弈"所取代……而现代拔河博弈取胜的关键不仅要看军事力量，更要看经济规划。
>
> ——帕拉格·康纳（Parag Khanna）

对于绝大多数城市而言，建设一个足够智慧的城市，就是一个了不起的成就。虽然并非每一个城市都要迭代升级为智慧城市 2.0 版，但对于有些承担了国家的特殊使命或者在世界经济中扮演重要角色的城市而言，成为世界经济的制高点，就不仅是城市自身的选择，还是国家的意志或世界经济的某种自然选择的结果。

"二战"后启动的数字革命在全球范围内再次开启世界经济的新一轮竞赛，全球各主要大国和有志于参与这场难得的"世界经济之战"的国家，都根据自身的发展阶段和国情特点制定了适合于本国的数字化发展战略，在这些战略中，智慧城市建设及其治理成为进一步竞争世界经济制高点的基础。各国打造智慧城市的努力并非一蹴而就，显然这些努力早就已经开始，因此了解他们的这些努力，就为我们分析这场世界经济的新一轮竞争提供了"战略前瞻"。

下文将按照从西到东、从北到南的顺序，对全球数字化战略和智慧城市建设进行一次全景式的扫描。尽管这些扫描有些如同雷达一般看不到观察物体的内部结构，但作为一种尽可能全面的整体式扫描，其依然具有重要的整体性和系统性价值。笔者将从英美世界开始，分别对欧洲大陆、中东欧和独联体、东亚、中亚与南亚、西亚北非、撒哈拉以南非洲进行这种扫描式的分析，其中会对若干值得重点研究的智慧城市建设情况或数字社会建设情况进行重点的分析。最后，我们将对上述扫描进行一次简要的比较和总结。

英美世界：全球数字化从这里开始

开局决定布局，布局决定结局。数字革命从它诞生的地方开始席卷全球并改变世界，只用了几十年的时间。

英国是人工智能的诞生地，图灵在"二战"用他设计的机器帮助英国破译了德国的军用密码，从而让人工智能这一伟大的构想在第一次改变世界的时候就震撼了这个世界。美国是互联网技术的诞生地，更是全球最早布局互联网产业和数字经济的国家，其互联网产业发展和网络空间安全管理方面都遥遥领先于世界其他国家。

在数字经济和网络安全治理方面，美国模式拥有最为丰富的管理经验和较为全面的借鉴价值，美国技术创新、产业融合、司法监管、合作治理和法律体系等方面远远领先世界其他国家。鉴于英美特殊关系，及其在技术文化和文明模式上的某种同源性，本章将二者归为一类统一论述，并集中介绍美国数字化战略和智慧城市建设的成效。

美国数字治理经过三个发展阶段，政府交替推出发展和规制政策，政府的主导作用逐渐增强。1969—1998年是互联网技术发展的孕育阶段。美国政府与科研部门、私营企业密切合作，由政府提供资金给科研部门开发技术，由私营企业应用科研部门的成果，美国政府通过合作方式在激发市场活力的同时培育和发展出了强大的互联网社群力量，网络社会空间开启了自由生长时期。标志性的事件是1992年克林顿政府提出的"信息高速公路计划"，该计划很大程度上推动了美国互联网产业的发展，并推动美国政府、企业最早开始在全球布局数字经济的产业发展市场，这是后来美国占领世界数字科技产业高端的基础战略性选择。1998—2009年是网络政策调整阶段，期间一系列重大事件改变了美国网络空间治理的政策方向。其中，美联储刺破互联网经济泡沫、美国发动的几场"反恐战争"是导致美国政府对数字产业发展和网络安全的政策取向出现转向的节点事件。这一时期，美国政府的主导作用明显得到提升，美国网络空间安全受到高度重视，网络空间规制政策开始被更多地采用。2009年至今是美国政策扶持和加强监管的交叉阶段。随着社交媒体、自媒体和网络基础设施在美国乃至全世界的广泛普及，美国全球网络高科技公司的数量也随之快速扩张，加之全球网络社会空间格局也开始逐渐清晰，数字技术对经济社会的巨大影响力开始显现。尤其是以数字技术为基础的大数据、网络通信、人工智能等领域取得突破性进展，使得数字经济在整个全球产业链分工中的引领作用越来越明显和重要。这进一步让美国政府选择加大对网络事务的介入、干预和主导，国家对网络空间安全的管控力度越来越强。美国政府清醒地认识到，国家核心技术的创新能力有赖于有效的数字治理，而有效数字治理的实现在于如何处理数字经济与网络安全的关系。

美国在数字治理方面最突出的亮点就是结合其国家政治传统和数字产业科技发展的龙头地位，不断通过灵活的治理手段、有效的治理机制保持优势地位和先发优势。具体政策举措包括：

第一，在数字经济发展和网络安全治理两方面，政府角色和治理方式相当灵活，交叉运用发展政策和规制政策，扶持和监管交叉并用，不断根据新情况和新形势调整战略重心。近年来，随着网络科技越来越成为经济和贸易的重要引擎，国家主导的作用逐渐增强。

第二，重视法治基础建设，尤其是其富有战略性和灵活执行力的司法监管体系保障了美国数字经济的规范发展和创新活力。美国是世界上数字监管法律最完备、机构最健全、技术最先进的国家之一，早在1977年，美国为处理利用互联网实施的犯罪而颁布了《联邦计算机系统保护法案》。此后，美国国会通过的直接针对互联网的法案多达数十件，包括《儿童互联网保护法》《数字千年版权法》《网络安全研究与发展法》《联邦信息安全管理法》《1996年电信法》《1999年统一计算机信息交易法》。以2001年的"9·11事件"为界线，美国对于网络空间监管的态度开始由松散管理转向加强干预转变。美国强大的数字治理能力依赖于其具有战略性远见和灵活执行力的司法监管体系。2017年5月11日，特朗普总统发布《加强联邦网络和关键基础设施的网络安全》的总统行政令，这一举动被视为特朗普政府网络治理政策的标志，基本形成了由国土安全部和国防部牵头的网络治理格局。

第三，美国重视引入市场和社会机制，以弥补美国政府治理能力的不足。在这方面，类似行业协会的全国首席信息官协会（NASCIO）发挥了非常重要的社会整合功能。[1] 数字治理的某些领域如个人信息保护领域方面，主要通过行业自律模式进行，立法仅仅是为了保证行业自律的正常运转。[2] 在美国，数字治理较为成功的华盛顿州、新泽西州、弗吉尼亚州、密歇根州等的治理经验共同点在于，将网络和数据安全看作是州级重要战略，设置首席信息官（CIO）、首席技术官（CTO）、首席信息安全官（CISO）或首席安全官（CSO）。这种与私营企业、社会组织的合作治理方式，在美国网络安全管理方面取得了较好的效果。

美国数字化发展之所以能够始终保持先发优势，其核心在于美国政府对数字经济、前沿技术创新、高端制造业呵护有加，并采取有效的扶持政策，在战略计划制定方面也具有高度延续性和透明性（表5-1）。近年来，美国聚焦大数据和人工智能领域前沿技术，陆续推出一系列研究计划、战略规划、政策议程等。除在技术创新

---

1 DHS. State Cybersecurity Governance Cross Site Report [R]. Cross Site Report, 2017: 1-2
2 张樊，王绪慧. 美国网络空间治理立法的历程与理念 [J]. 社会主义研究，2015（3）：146-153.

表 5-1　美国数字化发展政策法案和战略计划一览表（1991—2022 年）

年　份	战略规划、法案和行政命令
1991 年	《高性能计算法案》
1993 年	《国家信息基础设施行动计划》
1998 年	《下一代互联网研究法案》
1999 年	《浮现中的数字经济》
2003 年	《数字经济》年度报告
2004 年	《创新美国》战略报告
2009 年	《美国创新战略：推动可持续增长和高质量就业》
2010 年	《链接美国：国家宽带计划》
2011 年	《确保美国先进制造领导地位》《美国创新战略 2011：确保我们的经济增长和繁荣》
2012 年	《先进制造业国家战略计划》《数字政府：构建一个 21 世纪平台以更好地服务美国人民》
2013 年	《获得先进制造本土竞争优势》《加速美国先进制造》
2014 年	《制造业创新网络评估指南》
2015 年	《美国创新战略 2015》
2016 年	《国家人工智能研究和发展战略计划》《为人工智能的未来做好准备》《联邦大数据研发战略计划》《智能制造振兴计划》《国家制造创新网络战略计划》
2018 年	《美国机器智能国家战略报告》《先进制造业美国领导力战略》
2019 年	《人工智能增长研究法案》《人工智能政府法案》
2020 年	《数字战略（2020—2024）》《国家人工智能倡议》《国家云计算任务小组法案》《生成人工智能网络安全法案》《纽约防护法案》等
2021 年	《2021 年战略竞争法案》《2021 美国创新与竞争法案》
2022 年	《芯片和科学法案》等

来源：作者根据网络资料整理

方面推动国家科技战略升级外，美国非常重视科技成果的转化与应用。从 2011 年开始陆续推出《确保美国先进制造领导地位》《先进制造业国家战略计划》《美国创新战略 2011：确保我们的经济增长和繁荣》《美国创新战略 2015》《智能制造振兴计划》《国家制造创新网络战略计划》《先进制造业美国领导力战略》《生成人工智能网络安全法案》《2021 美国创新与竞争法案》《芯片和科学法案》等。美国政府在对数字经济与先进制造业的融合方面具有灵敏而准确的战略判断力，高度重视网络产业的培育和呵护，尤其是意识到大数据资源对于新科技革命和先进制造业的重要价值。需要进一步指出的是，美国政府在扶持政策的治理机制建设上，同样采取了其传统治理方式，政府的宏观规划与企业、社会组织、科研机构、私人机构的协同合作和深刻互动。

英美的共同特点是在国家层面通过立法来确定对数字技术、数字经济与数字安全方面的政策，在地方层面，尤其是城市层面则是具体的行动和案例实践。下面将对著名的智慧城市迪比克，以及全球城市纽约、伦敦的数字化发展进行分析。英美在地方和城市层面的数字化发展与智慧城市治理的核心思路是自下而上推动，这样与国家层面的自上而下的倡议、计划乃至规制就形成了一种"顶层设计"与"基层实践探索"的良性互动格局。这种思路深刻体现了英、美两国关于技术应用于现实并改变社会的基本思路和治理逻辑。

迪比克：市民推动的智慧项目

迪比克市是世界上第一个落地生根的"智慧城市"，位于美国艾奥瓦州，其智慧城市建设最突出的特点是智能技术的运用以及自下而上的需求与科技公司三者的结合。迪比克市被评为"全球十大智慧城市"之一，在 2010 年获得了国际宜居社区金奖。

"可持续发展"作为迪比克市发展的优先策略，是从 2005 年罗伊布奥尔市长上任后初步提上日程的，并且是由社区和公民发起、市议会通过的。2009 年 9 月 17 日，IBM 公司与艾奥瓦州迪比克市宣布了合作计划，旨在使这个拥有 6 万人口的社区成为美国首批"更智能"的可持续发展城市之一，为居住在美国 40% 以上、人口在 20 万及以下的社区创建可持续发展的全球通用模式，以提供诸如能源和水管理以及交通运输等重要服务,减少社区对环境的影响。[1] 现在迪比克市经济不断向多元化发展,在医疗保健、教育、旅游、出版、金融服务等多方面展开全面建设。

迪比克市采用了一系列IBM的新技术以"武装"城市来完全实现数字化,并将城市的水、电、天然气、公共交通、公共服务等所有资源都连接起来,并由此监测、分析和整合各种数据,从而给出城市科学合理的节能建议。具体内容包括如下四个方面:第一,智慧水电。设置专门网站为客户提供水量电量显示,收集用户的水量电量使用数据进行分析,了解水力电力使用情况,降低成本,达到可持续的目标。同时消费者也能够通过门户网站了解他们的水力电力使用相关数据,从而唤醒他们的环保节能意识,参与"可持续迪比克"项目建设。第二,智慧废弃。跟踪废弃物地点的转移和变化,收集相关数据进行分析,可以应用于垃圾分类、循环利用、政策制定。第三,智慧健康。通过"微传感"技术感应和"我做得怎么样"收集数据,并与运动指标进行比较,整理得出使用者的相关数据,再进行健康状况评估,推荐出最优的健康方案。第四,智慧旅游。利用射频技术、智能手机应用程序,收集旅行者的数据,在云计算的环境下进行分析,推算出旅行者的经济状况、出行偏好、出行需求,制订出最优解推送给旅行者,节省他们的选择时间和出行成本。

迪比克政府收集民意需求,将智慧城市建设提升到政府战略层面,提出计划重点,通过智能设备与资源有效整合,由政府和各公司、商会、社区基金会形成的庞大合作体系一起推进,通过项目试点、社区试点,再向全市推广,将互联网应用到市民的生活中去。

迪比克的启发在于如下三点:首先,建立广泛的智慧城市项目的合作网络。"可持续迪比克"项目的合作伙伴包括IBM、迪比克市、东部中央政府间协会、大迪比克发展公司、迪比克地区商会和大迪比克社区基金会,庞大的合作体系保障了这项计划的持续推进。通过试点研究再推向后续实施,先试点再推广也确保了智慧城市计划推进的严谨性。其次,与技术企业合作建立城市云和网络服务系统服务用户家庭。通过使用IBM公司的云计算和网络服务为参与该试验的家庭创建服务,通过使用高级分析、社区参与和云计算,政府官员和公民可以使用实时数据来改变行为方式,达到

---

[1] IBM. IBM and Dubuque, Iowa Partner on Smarter City Initiative [EB/OL]. [2019-12-05]. https://www-03.ibm.com/press/us/en/pressrelease/28420.wss?mhsrc=ibmsearch_a&mhq=Dubuque.

可持续发展的目的。最后，迪比克市将可持续发展计划看作是一个系统，试图通过综合治理来解决生态环境、经济发展和社会文化活力问题。

纽约：为智慧而公平努力

纽约市智慧城市建设一直都走在世界前列，也是美国智慧城市发展的领头羊。纽约智慧城市建设是一个渐进式增量推进过程。最早在1995年，纽约就已经有智能化项目开始推进，至今仍然在系统扩建和技术更新。世纪之交时，纽约提出了"智能城市"计划，2007年，《2007年信息技术战略导向》中进一步指出纽约信息化的总体目标：市政府转型、政府信息安全访问、信息基础设施建设、政府流程再造和快捷服务。2009年10月1日，纽约市政府宣布启动"链接城市"（connected city）行动计划，具体重点内容包括："311"网络版、移动版服务，推进电子健康记录工作，"纽约城市IT基础设施服务行动"计划，电邮系统升级改造，建立"纽约城市商业快递"网站，向低收入群体普及宽带服务，以及建立智能停车系统。2012年，纽约市通过了《开放数据法案》，首次将政府数据大规模开放纳入立法，计划到2018年，除了涉及安全和隐私的数据之外，纽约市政府及其分支机构所拥有的数据实现对公众开放，使用这些数据不需经审批，不受限制。2013年，根据2007年的《纽约城市规划：更绿色更美好的纽约》(Plan NYC: A Greener, Greater New York)和2009年启动的《更绿色更美好的建筑计划》(Greener Greater Buildings Plan)，纽约启动了绿色智慧城市建设。同年，纽约州立大学纳米科学与工程学院（CNSE）购得纽约州奥尔巴尼市中心地标基尔南广场，旨在建立智慧城市技术枢纽。2014年11月17日，纽约启动"链接纽约"（"Link NYC"）项目。2015年4月，纽约市发布了《一个纽约规划：一个繁荣而公平的城市》(One NYC: The Plan for a Strong and Just City)，面向2040年提出了"繁荣发展、公平公正、可持续性、富于弹性"四项愿景。[1]

纽约市智慧城市建设最有特色的地方有三个方面：One NYC计划、纽约智慧公平城市（The Smart and Equitable City）方案和政府主体意识转变。

---

1 王操，李农.上海打造卓越全球城市的路径分析——基于国际智慧城市经验的借鉴[J].城市观察，2017（4）：5-23.

纽约市"智慧城市"建设行动，是《一个纽约规划：一个繁荣而公平的城市》实施路径的一个组成部分，由纽约市技术与创新市长办公室（MOTI）领衔，MOTI提出："对于纽约市来说，最大程度地实现公平，就是城市'智慧'的标志。"One NYC 规划是纽约的蓝图，为应对未来几年的挑战设定了可衡量的目标，包括在未来十年内实现 80 万名纽约人的减贫目标，到 2030 年实现零垃圾填埋，以及消除震后发生的长期无房屋和无工作的流离失所问题。One NYC 规划提出的一系列具体目标和计划还有：到 2040 年，使纽约市拥有 490 万个工作岗位；到 2025 年建造 24 万套新住房，到 2040 年再增加 25 万～30 万套；通过公共交通，纽约市民的平均工作机会增加 25%，即 180 万个岗位；到 2025 年使 80 万名纽约人摆脱贫困；到 2040 年，将过早死亡率降低 25%，同时减少种族/族裔差异；到 2050 年，使城市的温室气体排放量比 2005 年减少 80%；到 2030 年，零废物发送到垃圾填埋场，并使废物处理量比 2005 年减少 90%；到 2030 年，确保纽约市的空气质量在美国所有大城市中最好，减少大多数受影响社区的洪水风险；到 2050 年，避免在未来的冲击事件后长期无房屋和无工作的流离失所问题，降低全市各社区的城市社会脆弱性指数；减少与气候有关的事件造成的年度经济损失。

该计划的核心目标是建立一个更繁荣、更公平、更可持续和更具弹性的纽约市，包括 200 多项新计划，其中有 80 多项具体的新指标和目标，具体可以概括为如下四个构想：第一，不断发展的繁荣城市。纽约市应继续成为世界上最具活力的城市经济，家庭、企业和社区在这里蓬勃发展，将在各个领域增加优质的工作，发展劳动力，改善住房条件，让社区、文化、交通、基础设施、宽带服务繁荣发展。第二，公正公平的城市。纽约市将拥有一个包容、公平的经济，为所有纽约人提供带薪工作和机会，使人们享有尊严和安全，在幼儿成长、社会服务、社区生活、医疗保健、刑事司法改革上都保持公正和效率。第三，可持续城市。One NYC 将确保纽约市是世界上最具可持续性的大城市，并且是应对气候变化的全球领导者，节能减排，减少温室气体排放，实现垃圾零废物，提高空气质量，改善污染土地，提高水源质量，保护公共资源。第四，弹性城市。One NYC 将确保社区、经济和公共服务已准备就绪，可以抵御气候变化和其他 21 世纪威胁的影响，并从中变得更加强大，在社区的建筑物、基础设施、海防等方面都做好预防措施，保障长治久安。[1]

关于纽约智慧公平城市方案,主要包括实现全城连接、指导和扩展智能技术、发展创新经济、确保责任部署四项战略布局:第一,制定各类联网设备及物联网设施的构建原则及战略框架;第二,在全市范围内的新型技术及物联网设施布设行动中承担好协调责任;第三,与学术机构、私营企业等合作,开展创新试点工程;第四,与世界上其他大都市政府、相关组织合作,分享先进的实践经验,传播技术进步的有益影响。

在上述框架之下的具体措施包括:第一,致力于为所有居民和企业提供高速互联网接入。MOTI、纽约市住房管理局和信息技术与电信部开始将免费的高速互联网服务带入成千上万的低收入纽约人的家中。2016 年,纽约市还在 Link NYC 上破土动工,据说这是当时世界上最快的市政 Wi-Fi 网络。迄今为止,成千上万的纽约人和访客已经使用 Wi-Fi 超过 5 000 万次。Link NYC 将纽约老旧的付费电话转变成一个用于城市服务的一体化通信设备网络,其可提供 10 000 个千兆速度的公共 Wi-Fi、电话、充电设备等功能。第二,致力于提升城市公共安全和连接性的智慧交通。纽约市继续试行和扩展智能技术,以改善政府服务、社区连通性和纽约人的生活。为了加强公共安全和交通管理,纽约市投资 300 万美元用于传感器建设,并与美国交通部共同投资 2 000 万美元用于联网车辆试点建设。纽约市政府通过联动 5 个行政区公共空间的社区创新实验室,加强城市与社区的合作,从而充分挖掘社区民众的智慧物联网需求。[2] 第三,推动科技创新与创新型企业的孵化,加强政府采购和政府孵化器的支持。2016 年,纽约市经济发展公司(NYCEDC)推出了 Urban Tech NYC 这一项加速器计划,提供 10 万平方英尺的可负担空间和原型设备,以帮助企业家和创新者应对能源、废物、交通、农业和水。为了帮助政府机构与新型智慧城市解决方案建立联系,MOTI 于 2016 年启动了一系列新的《创新呼吁》。第四,推动负责任的公平的智能城市。纽约市制定了世界上第一套综合指南,以确保负责任和公平地部

---

[1] The Official Website of the City of New York. Mayor de Blasio Releases One New York: The Plan for a Strong and Just City [EB/OL]. [2019-12-22]. https://www1.nyc.gov/office-of-the-mayor/news/257-15/mayor-de-blasio-releases-one-new-york-plan-strong-just-city/#/0.

[2] Zeatop 智慧数据中心. 纽约智慧公平城市 The Smart+ Equitable City [EB/OL]. [2019-12-22]. http://www.sohu.com/a/126317753_585655.

署智能城市技术。[1]

纽约的智慧城市治理的最大亮点还是数据资源开放。纽约市政府主动开放数字资源以鼓励创新，也构建了良好的非政府主体参与环境。政府与 eta NYC、Citizens Union、Dev Bootcamp、Ontodia、Socrata、Sunlight Foundation 等企业或社会组织进行合作，尝试将 4 000 多份数据档案转化成可描述纽约市及其周边地区城市运行趋势的模型，以创建一个更智能高效的城市。这些开放数据合作项目为政府与民间智意的双向交流奠定了基础。纽约开通了相关网站，社区组织可以在该网站操作后获得以邻里社区名字命名的域名，用于创建线上服务中心以实现公众参与、线上活动组织及信息共享等功能。还有市领导与企业、社会组织合作的沟通网站，由 MOTI、纽约市经济发展合作组织、IBM、Gust 及其他纽约市顶级的技术与传媒企业合作共同建立，是纽约市全体创业者和整个技术圈服务的线上中心。政府还创办了"与纽约市政府做生意"项目，为创业者、少数民族、女性主导经营的企业及其他类型中小企业提供指导。[2]

纽约的智慧城市建设的启发是多方面的，其中最重要的是由政府提出更加智慧的战略，促进公众参与城市发展，为市民开发一系列电子服务计划，鼓励非政府主体参与智慧城市建设，再由政府进行协调促进。在建设过程中，MOTI 是主要领导者，市政府其他各部门均是重要的参与者，它们基于自己的主管业务领域、工作特点等提出具体项目及实施计划。在必要时，不同部门之间还会相互配合，贡献技术、资金、政策等形式的支持。政府以协调、引导为主要职责，负责划定行动边界，制定必要的纲领性、原则性框架，协调不同政府机构主体之间的关系，协调公众、企业、各种非营利性组织等主体之间的关系。MOTI 自身积极与外部环境保持沟通与交流，将一切有价值的更新信息及时引进，作出有前瞻性的决策。纽约还鼓励公众参与智慧城市建设。

---

1 The Official Website of the City of New York. New York Named "2016 Best Smart City," NYC To Host 2017 International Conference On Urban Technology At Brooklyn Navy Yard [EB/OL]. [2019-12-22]. https://www1.nyc.gov/office-of-the-mayor/news/909-16/new-york-named-2016-best-smart-city-nyc-host-2017-international-conference-urban.

2 王胤瑜，田大江，李颖玥. 以"智能"实现城市公平——美国纽约的智慧城市创建行动及启示[J]. 智能建筑与智慧城市，2017（12）：28-31.

我们从纽约建设智慧城市的案例中可以得到几点借鉴：第一，纽约的"智慧"建设目的是实现城市公平，并从就业、住房、交通等多方面举措来实现这一目标。城市更新发展最终还是要惠及城市居民，一切数据和连通的背后都要考虑到对居民实际生活的影响，做到以人为本。同时，也要让城市居民参与智慧城市的建设，设身处地地同城市发展步伐一致。第二，城市建设不是政府的独角戏，而是关乎每个城市居民、每个企业、每个社会组织的变化，只有凝聚了多方的力量，才能最大限度地实现资金、技术、政策等各种资源的充分协调配合，加快智慧城市的进度。

伦敦：规划全球智慧城市

作为最具有竞争力的全球城市之一，伦敦希望能够在数字化方面成为世界的领先者，并很早开始全面布局数字化发展战略。

英国政府一如既往地成为伦敦规划全球智慧城市的有力支持者，为伦敦的数字底座和平台治理提供战略引导。2009年，英国发布"数字英国"计划，明确提出将英国打造成世界的"数字之都"，并设定了五大目标：① 升级包括有线网、无线网、宽带网在内的数字网络，使英国拥有能保持其在全球数字通信领域竞争力的基础设施。② 打造良好的数字文化创意产业环境。为英国的数字内容、应用和服务打造充满活力的投资环境，使英国的数字经济能够广泛吸引国内外的投资。③ 鼓励从英国民众角度提供数字内容。针对英国全体公民的兴趣、体验和需求确定内容的质量和规模，特别是提供公正的新闻、评论和分析。④ 确保所有人公平接入。通过打造泛在网（无所不在的网络）和培养公民的数字素养，绝大多数英国公民都可以参与数字经济和数字社会。⑤ 完善政府电子政务建设。开发基础设施、技能，使政府能够广泛地提供在线公共服务和商务界面。[1] 2012年，英国颁布《政府数字化战略》，次年对其进行升级完善，该战略的核心就是把数字化融入政府为公众提供的各种公共服务，使得民众可以使用数字化手段享受更好的公共服务。2014年开始实施《政府数字包容战略》，2015年又启动了"数字政府即平台"计划，均取得了不同程度的成果，使得英国在电子政务方面保持领先。

---

1 刘长传.智慧伦敦：未来智慧城市的范本［J］.金卡工程，2012（9）：38-41.

英国政府通过发起"未来城市"和"物联网"示范城市计划为获选城市提供种子基金,大力推动了英国智慧城市的发展。英国还专门成立了智慧城市发展机构(Future Cities Catapult),确保智慧城市项目的持续开展。

伦敦长期被视为全球最重要的金融城市,就政府如何更好地提供便捷公共服务的计划先后提出"电子伦敦"和"伦敦链接"计划。市民可以通过公共场所相应的免费 Wi-Fi 或其他免费应用程序,体验各种基于地理位置的便利信息和网上服务。虚拟伦敦项目采用 GIS、CAD 和 3D 虚拟技术,将伦敦西区 45 000 座建筑进行模拟,其成果覆盖近 20 平方公里的城区范围,为城市地理信息系统在城市景观设计、交通控制、环境、污染控制、减灾等诸多方面的应用提供新的视角和方法。现阶段比较突出的问题是:如何填补示范项目向全面商用部署过渡过程中的资金缺口。除了这一问题外,在未来的项目开展中还需要增加示范项目中结果的可衡量性;增加具体的商业案例;鼓励英国各城市进行广泛协作和知识共享。

在简要回顾了伦敦的智慧城市发展历程后,我们可以对伦敦在智慧城市建设方面的做法概括为如下三个方面。

第一,促进研究基地、公司与社区的三方合作。通过学校资源和人才,英特尔与帝国理工学院和伦敦大学这两所世界领先的大学合作,在 2012 年启动了可持续互联城市合作研究所,该研究所主要探索技术如何支持和维持城市的发展。它与肖尔迪奇区(Shoreditch)的"科技城"集群合作,利用初创企业的社交媒体专长,识别和分析城市内部的新兴趋势。让当地社区了解他们希望如何生活,并让社区居民参与设计技术创新。这些创新将包括利用嵌入城市基础设施的传感器技术收集的数据和社区共享的数据,使伦敦更加"敏感和适应"。研究所通过这些数据为更可持续的行为建立模型。此外,探索如何在城市中使用固定和移动传感器,以及智能连接车辆,收集天气、排放和交通流量数据,供城市规划者在未来更可持续的城市发展中使用。研究基地为智慧城市的建造提供技术的支持,公司为智慧基础设施的建造提供资金,社区居民及时表达自己的诉求和理想的生活环境,三者相互合作,共同建立一个数字化的、更加智能的伦敦。

第二,物联网技术与垃圾管理系统。伦敦在垃圾桶里装置传感器,当垃圾桶满了的时候,就会给控制中心发出信号。然后垃圾车会按照经过计算的合理路线出发,去清理垃圾桶。技术人员还在开发一套传感器系统，能够识别不同的金属，进行回收利用。除了装置传感器，也有带有液晶显示屏的数字化垃圾回收箱，所有垃圾回收箱与Wi-Fi相连，通过无线信号可以指示居民对垃圾处理分类，同时可以收取天气、气温、时间及股市行情动态等市民日常生活所需要的信息。此外，该类数字化垃圾回收箱还能有效防止恐怖袭击，在一定程度上确保了城市公共空间的有序管理和居民人身安全。实现了垃圾自动化处理，减少在运输过程中的人工，解放了劳动力。

第三，开放城市数据，便于创新，创建多功能一体化的电子政务平台。伦敦数据存储是世界上第一个开放和访问公共数据的平台之一。公共数据的获取创造了新的市场，鼓励了伦敦人对产品和服务的开发。数据存储每个月接收超过3万次访问，创建的交通应用程序超过450个。伦敦市政厅将继续与伦敦各行政区和其他机构合作，释放更多数据，并将识别和展示其使用所产生的价值——支持新商业模式的发展，为伦敦市民创造更好、更划算的服务。2017年出台的《2017年英国数字化战略》正是开放数据理念的一个重要体现。尤其是GOV.UK Verity、GOV.UK Pay、GOV.UK Notify这三大平台的建立，实现了多终端在线同时体验政府公共服务的良好用户体验。

伦敦政府致力于开放数据标准，简化和定制数据集，使用智能手机和平板电脑友好的界面，引入内容和工具，增加伦敦公众、政策制定者和服务提供商之间的互动。值得注意的是，政府在把私有数据集放到数据存储中的同时，应注意保护私人的隐私数据。数据的使用是透明的——以确保数据的使用符合公共利益，通过制定和采用一套标准，让公众参与并了解如何使用这些数据以及知晓数据利用的好处。不论是英国近几年下发的各个战略计划还是伦敦市的各类计划，都体现了英国政府对数据利用和数字政府建设的重视。可以看到的是，城市居民日常出行和生活等各个方面都有了很大的提升，这得益于数据的开放和利用以及同第三方企业的合作；GOV.UK系列三大平台的建立则是专注于数字政府的转型以满足居民日益增长的公共服务需求。美中不足的地方在于，虽然伦敦政府一直在强调数据使用的合法透明化，但是由于互联网的特性，私人数据的安全问题也成了一个目前仍然没有解决的问题。

英国智慧城市指数报告显示，成功的智慧城市项目都包含以下五大要素：获得领导层的重视并制定了愿景、聚焦当地发展重点和优势、重视与当地社区合作、在当地建立广泛的合作伙伴关系，以及充分了解数据革命如何改善服务和推动创新。伦敦的智慧城市建设的启示至少包含如下三个方面：第一，小范围试点，大范围推广。伦敦最开始是试点了一个社区——贝丁顿社区，取得了较大成功。贝丁顿社区是英国最大的低碳可持续发展社区，其建筑构造是基于高能源利用角度考虑的。随后，2009年的"数字英国"则是在全国开展了包括伦敦在内的四个城市试点，而伦敦也在交通、数据公开、绿色可持续等方面取得较大成就。从社区到城市到国家，逐步实现智慧城市建设的普遍化。伦敦的智慧城市建设不是一开始的全方位规划，而是从绿色社区到多方面发展的城市的一个循序渐进的过程。第二，广泛吸收第三方力量，开展第三方合作。在数据开放建设上，伦敦政府率先进行相关数据库的建造，通过对开放数据的有偿使用，获取收益作为下一步智慧城市建设的资本，而企业对开放数据的利用，创新出新的产品来获益并促进自身的发展，也间接促进了智慧城市建设，形成良性循环。第三，培养数字人才，提升个人技能。数字伦敦的建设背后是许许多多的数字人才队伍共同努力的结果。要提升政府工作人员的数字、数据和技术能力及水平，为其提供优质的学习机会和培训渠道，同时也可以在各大高校开设相关学科，鼓励进行相关研究，为智慧城市建设提供技术支持，使得有更好素质的从事政府公共服务的服务人员为城市居民提供更好的服务体验。

| 欧洲大陆：追求公平、安全和绿色 |

欧洲大陆的数字化建设并不是一个迟到的战略选择，而是一项结合欧洲价值观和各国产业结构情况的战略选择。欧洲大陆的数字化战略总体上强调产业数字化、绿色节能、社会保护，并十分注重法治化建设，尤其是数字知识产权保护和数字贸易规制的公平性。由于欧盟有其赖以形成的、独特的价值观纽带，这种基于欧洲共同价值和共同利益的数字化战略与英美世界保持着鲜明的差异，因此本章将英美与欧洲大陆区别开来，着重讨论德国的数字化发展及其智慧城市建设，并对法国和荷兰的智慧城市建设进行简要分析。

以德国为例，德国在数字治理方面采取了扶持与规制并重的政策。概括而言，德国政府通过政策引导和战略计划，引导制造业企业进行战略转型，通过结构性改革推动德国网络信息技术发展，成为欧洲国家中经济发展的一抹亮色。尤其是德国通过培养企业家精神、鼓励中小企业激发自身潜能，塑造了当代欧洲第一强国与德国经济奇迹的神话，这源自德国高层决策者长期稳健、灵活、富有胆识的领导力，其中，施罗德政府的结构性改革尤其可圈可点。[1]

德国的战略选择有其自身一贯传统，即引导德国中小企业追赶网络时代的制造业创新，鼓励中小企业的网络科技创新进而实现跨越式发展。进入2000年以来，德国政府为中小企业创新和制造业转型升级提供了积极扶持发展的政策空间，积极鼓励传统中小企业开辟新的商业领域、巩固和提高国际竞争力。[2] 为弥补德国在网络科技创新上"失去的15年"，德国先后出台《数字德国2015》和《数字化战略2025》。这些发展战略并不为一般德国民众所了解，更类似于一种战略性的指针和引导。2016年9月，德国联邦经济部为实现大型数字化枢纽网络的建设，吸引更多风险投资基金促进中型企业的数字化转型，发布了《数字化行动纲要》。[3] 作为传统制造业大国，德国网络空间发展战略始终围绕着进一步发挥自身制造业优势，更好地将数字计划与传统产业结合起来这一目标，德国先后发布了《德国高科技战略（2006—2009年）》《工业4.0计划》《数字议程（2014—2017年）》《高技术战略2025》等。2017年，德国在欧盟国家中率先通过《德国对外经济条例》第九次修正案，针对非欧盟国家投资者在德国进行的收购制定新的审查规则，规定非欧盟投资者进行25%以上股份收购时，有义务通知德国相关部门。同时，德国高度关注企业技术研发、信息技术企业合作、国际多边和双边合作等。[4]

德国模式的另一个重要特点是通过法律来规范人们在互联网上的行为，素有对网络监管"严苛"的名声。1970—2017年，德国连续制定和发布与网络空间治理相

1　戴维·奥德兹，埃里克·莱曼.德国的七个秘密[M].颜超凡，译.北京：中信出版社，2018：43-44.

2　方师师.互联网助力工业强国：德国网络空间治理报告[R]//互联网与国家治理发展报告（2017），北京：社会科学文献出版社，2018：279.

3　国信安全研究院.2016—2017年度欧盟网络空间安全综述[EB/OL].（2017-11-28）[2019-04-28].http://www.sic.gov.cn/sic/200/91/1128/8647_pc.html.

4　熊光清.互联网治理的国外经验[J].人民论坛，2016（4）：42-43.

关的14条法案,并通过包含网络治理条款的法律法规(表5-2)。[1] 德国法律的主要导向是:提高移动互联网普及性与可用性,保护信息安全,反垄断和鼓励创新,促进电子商务中新技术、交易平台和支付系统的安全与普及。通过完备法治来规制网络空间发展,保护网络空间安全,对于鼓励创新和打击犯罪具有非常重要的基础治理作用,这一点值得学习和借鉴。

表5-2 德国数字治理相关法案

时间	名称
1970年	《德国黑森州数据保护法》
1977年	《德联邦数据保护法(BDSG)》
1996年	《信息2000》
1997年	《信息与通信服务法》《多媒体法》《电子签名法》《德国远程电讯法》《青少年媒体保护——联邦合同》
2002年	《德国联邦数据保护法》
2004年	《电信法》
2009年	《德国联邦数据保护法修订生效》
2015年	《联邦信息技术安全法》
2017年	《社交媒体法案》
2018年	《网络执行法》

来源:方师师.互联网助力工业强国:德国网络空间治理报告[R]//互联网与国家治理发展报告(2017),北京:社会科学文献出版社,2018:280-281.

在治理机制上,德国数字治理体系与日本相似,具有浓厚的法团主义传统,主要依托行业协会和社会组织对网络空间安全和数字经济发展问题进行有效治理。近年来,随着网络安全的重要性日益提高,国家干预程度日渐加深。例如,为应对网络安全威胁,2016年8月成立名为安全领域信息中央办公室的新网络安全部门。这一部门由约400名公务员组成,主要职责是协助德国安全机构应对网络犯罪和恐怖主义,

---

[1] 方师师.互联网助力工业强国:德国网络空间治理报告[R]//互联网与国家治理发展报告(2017),北京:社会科学文献出版社,2018:280-281.

同时还监控恐怖分子的非法活动。2017 年 4 月，德国军方成立欧盟首支名为"网络与信息空间司令部"的网络作战独立部队，与陆海空三军并列共同构成德国联邦国防军体系，主要任务为运营并保护军方自有的各类 IT 基础设施和计算机辅助武器系统，同时亦负责网络威胁监测活动。可以说，与日本、美国一样，德国在数字治理中的国家力量和干预程度越来越强。

德国同样高度重视智慧城市建设，尤其是人工智能技术应用所带来的伦理与隐私保护、数据采集、开放与管理等新问题是其近年来关注的焦点问题。

由于欧洲大陆较早开始意识到绿色可持续性城市的重要性，因此其智慧城市建设主要仍然在于地方层面和绿色节能层面，这充分体现在柏林、巴黎和阿姆斯特丹的智慧城市建设方面。尽管欧洲大陆在超国家层面、国家层面制定了数字经济发展和网络安全方面的法律、战略或倡议，但相对英美而言，其在城市层面应对数字产业及其在数字经济新一轮竞赛中的行动仍然是迟缓的，这或许是因为欧洲大陆还没有充分意识到智慧城市的迭代更新正在加速到来。

柏林：建设生态智慧城市

德国从"二战"以来一直注重生态城市建设。以柏林等为代表的生态城市成为世界绿色城市的代表。柏林的智慧城市建设与生态城市建设相融合，成为欧洲大陆智慧城市建设的典型代表。

总体上看，柏林在智慧城市建设方面十分务实，并十分重视数据开放和合作治理。柏林公共行政部门通过制定《电子政府法》以寻求更快的管理流程，使得市民与公共部门之间的通信数字化，通过制定开放数据战略，发布了一系列数据集，推动企业开发新产品和服务，给予市民更加满意的生活体验。政府负责将涉及智慧城市的各方联系起来为市民提供一站式服务。例如，政府建立公开的数据平台，将柏林 800 多个数据库开放出来，企业可以根据数据库找寻自身所需要的信息来开发产品，盈利的同时给予市民更好的用户与居住体验。2013 年，柏林建立了开放数字治理合作网络，该网络已经发展壮大，包括来自经济和研究领域以及协会和初创企业的 130 多名积极分子，已经成为为州政府、为柏林、为未来做准备的动力和伙伴。在智慧城市建设方面，柏林的特色主要有如下三个方面。

第一，成立智慧城市建设的专门机构——柏林伙伴公司。柏林伙伴公司是柏林政府成立的专门的智慧城市建设的下属机构，是一个经济促进机构，柏林市政府和参与其中的各大私营企业各占一半股份。它与280多位来自商业和科技领域的合作伙伴一起致力于柏林市的发展。它的主要职责就是根据政府发布的规划目标从市场上众多企业的项目中选择最符合柏林实际的将其反馈给政府，政府对该项目核实后进行对应的投资。此外，这一机构为有需要的企业创新项目建有大量的信息数据库和各种开放网络，便于其收集信息和联系各方进行合作。而政府通过专门的机构对项目进行了解，实行资金注入，此外还会有相关政策的支持。专人专事有利于更好地建设智慧城市，可以有效防止"政出多门"。[1]

第二，搭建智能运输系统并提出"2020电动汽车行动计划"。德国交通部曾提出，须在2030年前将电动汽车保有量提升至1 000万辆，并且新增50万辆电动卡车以及30万个充电桩。柏林市政府于2011年3月提出了"2020电动汽车行动计划"，并逐步在柏林建立智能运输系统。在柏林，一些创新企业为汽车行业提供各种远程信息处理，并在柏林开发创新汽车的软件和硬件。目前的智慧交通项目基本涵盖了从私家车到电动汽车共享、企业车队，再到卡车货运、电动自行车的广泛目标。

第三，推广被动式节能住宅。早在1990年，德国就建成了首座被动式住宅，经过20年的探索，已经形成了一整套施工规范和技术。被动式住宅是指不主动为住宅本身提供热能，而是通过超厚的绝缘材料与复合式门窗，将住宅包覆于密闭的外壳中[2]，使得内外的冷热空气隔绝。柏林的"被动式节能住宅"建设在世界上处于领先水平。被动式节能住宅的能源主要源于可再生清洁能源，通过屋顶太阳能装置实现屋内供电，屋内自动通风系统通过从废气中提取热量实现为屋内空气加热的效果。被动式节能住宅是基于低能耗建筑发展起来的，对减少城市建设中二氧化碳排放量、改善生态环境有至关重要的节能作用。随着俄乌冲突所带来的影响进一步扩大，德国能源安全领域的转型或将更进一步。

1　豆丁网.考察报告：德国"智慧城市"建设主要做法和启示［EB/OL］.［2019-12-15］. https://www.docin.com/p-2169495031.html.
2　潍昌绿色建筑科技股份有限公司.德国被动式节能住宅［EB/OL］.［2019-12-16］. https://mp.weixin.qq.com/s/uBFnbT9lxBAcQ6vn5yu4oA.

柏林的智慧城市建设令人印象深刻，由于柏林并不是一个全面型的智慧城市，它的建设焦点与重心主要放在了环保和交通领域。单一方面的建设使得柏林在环保和智能交通方面做得比那些面面俱到的城市更加完好优越。柏林在实践过程中逐步探索出了适合自己的智慧城市的概念和理解，其智慧城市是为了解决实际问题而生，即满足居民需求。在建设过程中，柏林政府将这一原则贯彻始终，从战略的提出到实施过程都较为注重民众的建议和意见，包括提出之前的前期调研，到实施过程中民众建议的收集，以及之后对项目方案的不断修改。政府鼓励居民积极参与，定期通过不同的手段和途径使得城市居民对进行的项目有所了解。因此，智慧城市的建设需要居民建议的收集和认同，要有信息的公开和共享，使得居民获取参与感。

柏林智慧城市建设和运营的启示是广泛地采用 PPP 模式。柏林伙伴公司作为专门的平台，专人负责指挥城市的相关建设，是政府与企业合作的第三方见证，主要采用政企合作的方式即常说的 PPP 模式。在德国智慧城市建设过程中，根据项目主体的不同，主要有两种不同的模式：一种是政府率先提出某一个大目标，通过对其补贴的方式吸引相关企业对其从事相关研究，最终从所有的参与企业中选出合适的合作者。另一种是像德国西门子、宝马等具有强大资本力量的大型企业为了推广本公司的某种产品或服务，自行选择一个或几个城市进行试点，对此感兴趣的城市会积极参加这些企业开展的试点竞赛。柏林属于后一种。在柏林的 PPP 模式智慧城市建设过程中，围绕不同的目标主体，可以有多种不同的资金来源，如欧盟、联邦政府、州政府、市政府以及相关企业。以"2020 电动汽车行动计划"为例，在该计划中，德国联邦政府投入了 8 000 万欧元，柏林州政府投入了 6 000 万欧元，参与企业投入了 6 000 万欧元。由此可见该计划资金来源之丰富，也体现了政府强势推进该计划的决心与动力。

巴黎：打造世界智慧之都

法国的"大巴黎计划"始终作为法国的国家战略是巴黎参与全球数字化竞争的重要支撑力量。巴黎成立城市发展委员会专门实施该计划，期望逐步实现巴黎的可持续性低碳节能发展、交通网络重组以及消除巴黎郊区封闭状态。在实施过程中，由巴黎市长主导、智慧巴黎战略委员会管理，委员会智囊团由各专业专家共同组成。最终目标是到 2030 年，将巴黎打造为"世界之都"。具体方案是通过修建全自动高速铁路和提高塞纳河的航运功能，突破"法兰西岛"地理因素的限制，同时加强发挥塞纳河的运输作用。2010 年，大巴黎公司成立，并提出将可持续发展、交通网络优化、消除巴黎郊区闭塞作为该计划的三大核心目标。随着数字化技术的迭代升级，巴黎正通过应用物联网、云计算等新一代信息技术，让市政设施具备感知、计算、存储和执行能力。具体的做法包括如下五个方面。

第一，城市地下管网的数字治理。长期以来，巴黎在全世界最为著名的并非仅仅是地面建筑的优雅，更重要的是其恢宏的地下管网系统，其中数字化管理扮演了引人注目的角色。巴黎对城市地籍和地下管线进行 GIS 建设，形成一个下水道网络，它包括 2 个由电脑控制的污水压力提升厂、11 个专门用于观测雨季塞纳河水流的河水"涨水站"和安全阀，以及 50 个专门保证排水效果的路边下水道。近几年来，巴黎政府大量使用 GIS 定期观察地下水管道状况、实时跟踪调查管道清洁程度等，并以此建立数据库以便对地下排水系统实施智能化管理，实现从地上环境保护到地下环境治理的加强。

第二，通过跨行业合作推动城市水网建设。这也是巴黎最有特色的模式，在政府架构下的跨行业合作。以电信和水网为例，电信和水网建设在城市建设中是必不可少的一个领域。法国电信公司和威立雅（Veolia）公司则是这两个领域里面的先行者，但是他们并不是单打独斗地各自开展建设，而是合作开发了智能水表项目，得到了较好的反馈。智能水表项目主要是利用传感器对水质进行探测，然后将探测结果送到数据中心进行分析，实时地把分析结果提供给用户，用户通过移动端的相关应用可以查看分析结果。如果水质有问题，报警系统会马上提醒。在项目建设过程中，两家公司充分发挥自己的优势，法国电信公司提供数据传输介入技术，通过有线或无线的方式收集和传输传感器接收的信息，并运用大数据技术分析所采集的数据，再把分析结果提供给终端消费者。而威立雅公司则主要专注于水处理工作。根据客户不同的需求，制定不同形式的数据，用短信等方式将服务推送给用户。而且，法国电信为威立雅公司建立了一个分析平台和一定数量的智能水表，威立雅公司可以使用该平台检查出漏水、偷水等异常情况，实时监测水质污染信息，达到了节省成本的目的，实现双方公司的互利互惠和居民的良好用水体验。我们也可以借鉴这种跨行业合作，进行联名,给予居民以更好的生活体验。

第三,打造可持续城市和绿色节能的智慧建筑。欧洲大陆向来注重绿色节能建筑及相关技术的推广应用,这方面在全世界广为人知,因此不作过多分析。以法国Vincent Callebaut公司为例,建筑集成多种可持续发电技术以实现可持续发展的能源供给。大楼表面加入智能技术,表面可根据阳光对热负荷产生积极影响,由独立的单元格形成感光电化学外壳,利用太阳能为建筑发电,实现智能化利用可持续能源,还可通过"生物阳光",提供照明以及照明所需的能量。[1]

第四,推动智慧交通和低碳出行。巴黎在公共交通领域提出了一系列计划,包括2007年提出的"单车自由行"计划、2011年提出的"Autolib"汽车共享计划等。巴黎是全球首个大规模推行公共电动汽车租赁服务的城市,该车100%使用电能,极大地绿化了环境,减少了二氧化碳的排放。根据规划,到2012年年底将实现巴黎市区到周边近郊市镇全覆盖。

第五,加强数据开放与管理。2011年7月,法国工业部启动开放数据移动终端项目,主要目标是实现公共户数在移动终端的使用与查看,发挥其最大的价值。开放的数据内容包含交通、文化、旅游和环境等各个方面。所有的法国公民和在法国旅游的欧洲公民都可以在个人移动终端使用法国的公共数据。最重要的是,该项目中的所有数据都是免费使用,没有广告,界面简单整洁、操作简单,方便老人、残疾人等使用。巴黎也已经开放了各种数据供公众使用,企业也可以使用该数据不断创新出新的项目,在促进巴黎经济和自身发展的同时,便利市民的居住和生活。此外,法国工业部投资20万欧元,建立了data.gouv.fr网站,相当于"Open Data Proxima Mobile"项目的PC端。网站的数据库由政府专员进行统计和收集,定时更新。市民可随时随地查看政府相关信息。

巴黎智慧城市建设还有一个非常重要的启示,即在建设智慧城市的过程中,建立一个较为完善的执行和参与机制是至关重要的。例如,通过"巴黎电子请愿"(Paris E-pétition),市民可以就某一个议题提出倡议,达到一定数量的签名就可以得到政府相关部门的正式答复,加强了政府与民众的沟通。通过增强市民对城市建设的参与

---

1 荆杨冰子,田大江.智能融合为巴黎注入新的活力[J].智能建筑与智慧城市,2017(3):18-23.

感，发放资金促进企业的研发和创造，巴黎构建了一个从国家到市政府、企业和市民的合作治理网络。

阿姆斯特丹：全面建设绿色智慧城市

阿姆斯特丹是荷兰最大的城市，20世纪八九十年代开始，阿姆斯特丹政府着手进行长远的环境保护战略规划。曾经阿姆斯特丹的环境污染和能源衰竭问题十分严重，因此开始了全面建设绿色智慧城市的探索过程。

阿姆斯特丹于2009年启动"阿姆斯特丹智慧城市"计划，取得了较大进展，被评为"欧洲第二大智慧城市"。"阿姆斯特丹智慧城市"计划的参与者主要由企业、居民、市政府和研究机构等组成，为城市问题提出创新理念和解决方案，通过多达97个的创新项目推动智慧城市建设。2010年，阿姆斯特丹提出《2040年能源战略》，CO_2排放量相比于1990年，到2025年要努力减少40%，到2040年则要减少75%，直到2050年减少80%～90%。阿姆斯特丹政府首先实施了2011—2014年的可持续发展规划，2014年在对现状进行评估的基础上，又于2015年通过了2015—2018年中短期政策措施和行动。2011年，智慧城市计划增加至五大领域：数字监控节能建筑计划、太阳能共享计划、智能游泳池计划、智能家用充电器计划、商务办公区全面使用太阳能的节能计划。

城市的可持续性是阿姆斯特丹构建智慧城市的核心内容，包括可持续性生活、可持续性工作、可持续性交通与可持续性公共空间。阿姆斯特丹智慧城市建设的整体规划包括五大主题：生活、工作、交通、公共基础设施和开放数据。这些项目主要包括：① 试验性地安装使用新型能源管理系统，节能减排；② 为家庭安装智慧电表和能源反馈显示设备，提升居民节能意识；③ 通过资助绿色风力发电、传统风车磨坊等小型能源项目，鼓励绿色能源在居民生活中的使用；④ 让家庭通过智能电网技术分析得出各家电的精细化能耗，据此制定相应的能源使用计划；⑤ 在可持续性工作上阿姆斯特丹提出了智能大厦项目，将大厦能源消耗减少到最低程度，收集大厦相关数据进行分析，科学节能；⑥ 在可持续性交通方面，阿姆斯特丹在73个靠岸电站中配备了154个电源接入口，便于游船与货船充电，利用清洁能源发电取代原先污染较大的柴油发动机；⑦ 在可持续性公共空间建设方面，阿姆斯特丹提出了气候街道（The Climate Street）项目，即利用电动汽车搬运垃圾，货物集中运送再转送到各家商户，街道照明采用节能灯同时深夜无人时灯光自动减弱，使用太阳能环保车站路灯。还有太阳能垃圾箱配备内置垃圾压缩设备，商户安装智慧电表与节能电器连接，智能插座降低或关闭未使用的家用电器和电灯。[1] 所有项目最终都与政府在2014年启动的能源地图项目联系在一起，能源地图以互动地图的形式提供了获取城市各类数据的开放接口，通过能源地图得到最终实现和管理，利用大数据更好地了解城市状况，打破信息孤岛，作出最优决策，推动城市的能源转型。

阿姆斯特丹智慧城市的建设路径是由政府制定指南框架，由政府、企业、市民共同推动合作治理。地方政府是可持续发展的领导者，也是推动投资和创新的最重要的行动者，负责掌舵和划船，推动投资、创新，协调利益相关方，倡议和推动平台合作，强调各方参与对话的模式。阿姆斯特丹所有智慧城市建设都是为了减少二氧化碳排放，控制城市清洁便利。政府为社会各方提供相应的信息和支持，同公共部门和私营企业合作，激励了社会各利益相关方的参与。以此为基础，政府凝聚了全市各利益相关方的共识与努力，提升了市民对城市的认同度和归属感。[2] 总之，阿姆斯特丹智慧城市建设的初心在于解决能源枯竭的问题，因此其特色措施也都围绕"绿色"展开。阿姆斯特丹智慧城市建设的启发是：智慧城市建设本质上是一个多方参与和智慧凝聚的过程，要获得成功，就要发挥好政府的作用。

| 中东欧和独联体：数字化基础潜力较大 |

中东欧国家具有信息通信技术优势，信息化水平整体相对较高。笔者扫描了中东欧和独联体国家在数字化发展和智慧城市建设方面的进展，并重点对俄罗斯的数字治理进行了分析，但由于资料和语言方面的限制，笔者对相关结论保持开放态度。当然，值得关注的部分主要是上述地区和国家的数字化发展潜力。尽管俄罗斯在数字化转型和智慧城市建设方面有雄心壮志，但地缘政治的变化对其影响很大，这是其竞争

---

1 高晓雨，李晓春. 荷兰·阿姆斯特丹——能源管理先行者［J］. 智能建筑与智慧城市，2017（7）：21-25.
2 欧亚. 阿姆斯特丹：绿色城市的可持续发展之道［J］. 前线，2017（4）：74-79.

全球数字经济制高点的最大挑战。

在信息化发展潜力方面,大多数中东欧国家的国土面积和经济规模相对较小,且经济发展速度不快,因此信息化发展潜力都较小,只有拉脱维亚、克罗地亚、保加利亚、罗马尼亚、摩尔多瓦表现出较大潜力。根据2017年联合国国际电信联盟发布的《衡量信息社会报告》,欧洲继续引领全球ICT(信息通信技术)发展。"一带一路"沿线所有的中东欧和独联体国家都位列IDI(信息化发展指数)世界176个主要国家和地区排名的前50%(表5-3)。[1]这表明中东欧和独联体国家之间在数字化发展水平方面差距较小。爱沙尼亚、白俄罗斯、斯洛文尼亚、拉脱维亚、克罗地亚是中东欧地区数字化发展水平最高的国家,在"一带一路"沿线国家中处于领先地位。立陶宛、捷克、斯洛伐克、匈牙利、波兰、保加利亚、塞尔维亚等国的信息化水平也都显著高于世界主要国家和地区的平均水平。除上述国家外,其他中东欧和独联体国家的信息化水平都在平均水平。

表5-3 中东欧和独联体国家IDI世界排名

国　　家	2017年排名	2016年排名
爱沙尼亚	17	14
白俄罗斯	32	32
斯洛文尼亚	33	33
拉脱维亚	35	40
克罗地亚	36	42
立陶宛	41	41
捷克	43	39
斯洛伐克	46	47
匈牙利	48	49
波兰	49	50

---

1. 联合国国际电信联盟. 衡量信息社会报告[R/OL].(2017-11-15)[2021-02-13]. https://www.itu.int/en/ITU-D/Statistics/Pages/publications/mis2017.aspx.

续 表

国　家	2017年排名	2016年排名
保加利亚	50	53
塞尔维亚	55	55
罗马尼亚	58	61
摩尔多瓦	59	63
黑山	61	56
马其顿	69	68
乌克兰	79	78
波斯尼亚和黑塞哥维那	83	81
阿尔巴尼亚	89	89

来源：联合国国际电信联盟．衡量信息社会报告［R/OL］．（2017-11-15）［2021-02-13］．https://www.itu.int/en/ITU-D/Statistics/Pages/publications/mis2017.aspx．

在数据开放方面，根据上海社会科学院和社会科学文献出版社共同发布的《全球信息社会蓝皮书：全球信息社会发展报告（2017）》，中东欧和独联体国家数据开放发展水平差异较小，发展较为均衡，主要处于中等至中等偏上的区间。其中，爱沙尼亚、捷克、波兰、摩尔多瓦、马其顿等中东欧国家发展状况较好。初次加入此次排名的三个新进国家——摩尔多瓦、马其顿和斯洛伐克在数据开放方面的准备度和执行力水平相当，未来发展势头强劲。[1]

在数字基础设施建设方面，中东欧和独联体国家的数字基础设施建设水平高于"一带一路"沿线国家的平均水平，在此方面体现出明显优势。欧洲统计局数据显示，2017年中欧地区国家的互联网渗透率高达86%，东欧地区国家达66%，中东欧地区国家的平均值达76%。其中，中东欧国家中互联网渗透率最高的爱沙尼亚达89%。[2] 较为

---

[1] 上海社会科学院，社会科学文献出版社．全球信息社会蓝皮书：全球信息社会发展报告（2017）［R/OL］．（2017-10-01）［2021-2-13］．https://www.pishu.com.cn/skwx_ps/bookdetail?SiteID=14&ID=9126980．

[2] "一带一路"数字经济发展指数报告（2018）［EB/OL］．（2018-09-20）［2021-02-13］．https://doc.mbalib.com/view/057fc0fe047fff4d6352bb064de7c4ae.html．

强大的数字基础设施建设能力为中东欧和独联体国家数字经济的发展奠定了坚实基础。

在数字产业方面，中东欧和独联体国家与世界其他国家相比，依然存在较大的发展差距。根据上海社科院发布的《全球数字经济竞争力发展报告（2020）》，斯洛伐克、爱沙尼亚、拉脱维亚、捷克、立陶宛等中东欧国家位于数字产业竞争力榜单的最后区间。

在数字创新方面，中东欧和独联体国家创新能力差异较大（表5-4）。[1]根据世界知识产权组织发布的《2020年全球创新指数：谁为创新出资？》，捷克、爱沙尼亚、斯洛文尼亚在中东欧和独联体国家中世界排名最高，分别位居第24位、第25位和第32位。白俄罗斯、波斯尼亚和黑塞哥维那、阿尔巴尼亚位于第64位、第74位和第83位，存在数字创新竞争力不足的突出问题。[1]

表5-4 2020年"一带一路"沿线的中东欧和独联体国家创新指数排名

国　　家	得　　分	排　　名
捷克	48.34	24
爱沙尼亚	48.28	25
斯洛文尼亚	42.91	32
匈牙利	41.53	35
拉脱维亚	41.11	36
保加利亚	39.98	37
波兰	39.95	38
斯洛伐克	39.70	39
立陶宛	39.18	40
克罗地亚	37.27	41
乌克兰	36.32	45
罗马尼亚	35.95	46

1 世界知识产权组织.2020年全球创新指数：谁为创新出资？［EB/OL］.［2023-11-28］.https://www.wipo.int/global_innovation_index/zh/2020/index.html.

续表

国　　家	得　　分	排　　名
黑山	35.39	49
塞尔维亚	34.33	53
马其顿	33.43	57
摩尔多瓦	32.98	59
白俄罗斯	31.27	64
波斯尼亚和黑塞哥维那	28.99	74
阿尔巴尼亚	27.12	83

来源：世界知识产权组织.2020年全球创新指数：谁为创新出资？[EB/OL].[2023-11-28]. https://www.wipo.int/global_innovation_index/zh/2020/index.html.

中东欧和独联体国家大多是新兴经济体，互联网发展趋向成熟，而且各国拥有各自的优势自然资源和数字化产业，开展协同合作的前景广阔。"一带一路"建设为沿线中东欧和独联体国家与中国之间的数字经济合作提供了更多机会。在"16+1"建设、《宁波宣言》发布和第五次中国—中东欧领导人会晤的共同作用下，中国与中东欧和独联体国家已在多领域多方面促成合作，推动多边经济发展，在数字基础设施建设、电子商务、网络治理等各方面取得了优异的成绩。

然而，制约中东欧和独联体国家数字经济发展的最大障碍是复杂的地缘政治环境，日益凸显的恐怖主义、难民等问题，这些问题使得该区域的边境地带长期处于战乱中，基础设施破坏严重。[1]中东欧和独联体国家要想谋求本国数字经济长期稳定发展必须寻求到这些问题的破解之道。

俄罗斯：高度重视数字经济与人工智能

俄罗斯的战略分析眼光是精准且高超的，但俄罗斯的数字化战略受到地缘政治格局的影响。在笔者看来，俄罗斯最为精彩的战略性判断是把智慧城市放到数字经济、城市住房与生态环境的大框架之下开展，这是非常精准且极具战略眼光

1　庄怡蓝，王义桅.发展"一带一路"数字经济的初步思考[J].中国信息安全，2018（3）：35-38.

的做法。

俄罗斯的数字化基础实力雄厚。俄罗斯拥有欧洲最大规模的网民,互联网产业发展迅速,但俄罗斯网络安全形势严峻。根据中国信息通信研究院对俄罗斯数字经济规模的评估,其数字经济总量约 5 000 亿美元[1],根据俄罗斯对其数字经济展望的报告评估,俄罗斯的数字经济增长速度达到年均 12%[2],据俄罗斯安全部门统计,2016 年俄罗斯境内机构遭遇约 7 000 万次网络攻击[3]。针对上述问题,俄罗斯政府采取政府主导、加强监管和大企业扶持的政策,给予本国企业以投融资优惠,并严格限制外资持股比例和市场占有率。

俄罗斯政府发展数字经济的战略规划始于 2008 年国际金融危机之后,在战略规划引导、产业集聚、投融资扶持、人才培育和基础设施建设等方面采取了重点扶持政策。2014 年以来,俄罗斯政府陆续制定《2030 年前俄罗斯联邦科技发展预测》《俄罗斯联邦科学技术战略》《2017—2030 年俄罗斯联邦信息社会发展战略》《2017 年俄罗斯联邦数字经济规划》《2030 年前俄罗斯人工智能国家发展战略》。[4] 俄罗斯政府在推进上述规划所遇到的主要难题是网络通信基础设施硬件制造与先进国家之间有较大差距,同时俄罗斯经济和工业体系严重依赖能源出口而没有有效解决工业制造体系的轻重不平衡问题,这抑制了俄罗斯网络产业和数字经济的长远发展潜力。

俄罗斯高度重视数字治理法律体系建设,并对互联网采取严监管政策(表 5-5)[5,6]。其具体措施有三个方面:第一,建立起了由政府主导、科研及商业机构广泛参与的网络空间监督体系。国家信息安全保护工作由俄联邦安全委员会科学技术理事会下设的信息安全分部领导。俄罗斯联邦安全局、内政部、俄罗斯联邦数字发展与通信及大众传媒部三个部门各司其职,以实现有针对性的数字治理。俄联邦内政部专门

---

1 中国信息通信研究院 .G20 国家数字经济发展研究报告(2018 年)[R/OL].[2019-04-28]. http://www.caict.ac.cn/.
2 Цифровая Россия. новая реальность [EB/OL].(2017-10-01)[2019-04-28].http://www.mckinsey.com/global-locations/europe-andmiddleeast/russia/ru/our-work/mckinsey-digital.
3 国信安全研究院 .2016—2017 年度俄罗斯网络空间安全综述[EB/OL].[2019-04-28]. http://www.sic.gov.cn/news/91/8704.html.
4 张冬杨 .俄罗斯数字经济发展现状浅析[J].俄罗斯研究,2018(2):130-158.
5 张孙旭 .俄罗斯网络空间安全战略发展研究[J].情报杂志,2017,36(12):5-9.
6 李淑华 .俄罗斯加强网络审查状况分析[J].俄罗斯东欧中亚研究,2015(6):64-70.

设立与民间和媒体互动的行政管理部门,以实现对新兴媒体的对接与监控。[1]第二,将信息安全纳入国家安全管理范围,例如,从2006年起连续颁布《俄联邦信息、信息化和信息网络保护法》《俄联邦国家安全构想》《2020年前国家安全战略》等战略规划和法律法规。第三,提高外国资本进入网络产业的限制比例,采取严监管的模式。俄罗斯禁止外国公民和拥有双重国籍的俄罗斯人成为媒体创始人,并将俄罗斯媒体注册资金中的外资股份限制在20%以下。俄罗斯政府将本国一些知名的网络公司、新闻出版社等都纳入了俄罗斯战略性企业名单,表明俄罗斯政府在法律上排除了外国资本取得俄罗斯网络公司控股的可能性。

表5-5 俄罗斯网络空间安全相关法律、法规与政策

时 间	名 称
1991—1999年	《俄罗斯联邦大众传媒法》
2000年	《俄罗斯联邦信息安全学说》
1999—2008年	《俄联邦信息、信息化和信息网络保护法》
2008年	《俄罗斯联邦个人信息法》
2008—2012年	《关于保护儿童免受对其健康和发展有害的信息干扰法》《禁止极端主义网站法案》《网络黑名单法》《知名博主管理法案》
2012年	《关于〈含有禁止在俄罗斯联邦境内传播的信息的互联网网站域名、网页索引及网址的统一名册〉的规定》
2013年	《2020年前国家安全战略》《2020年前俄联邦国际信息安全领域国家政策框架》
2014年	《俄联邦网络安全战略构想(草案)》
2016年	新版《俄罗斯联邦信息安全学说》
2017年	《俄罗斯联邦数字经济规划》
2019年	《2030年前俄罗斯人工智能国家发展战略》

来源:张孙旭.俄罗斯网络空间安全战略发展研究[J].情报杂志,2017,36(12):5-9.
李淑华.俄罗斯加强网络审查状况分析[J].俄罗斯东欧中亚研究,2015(6):64-70.

---

[1] 王路.世界主要国家网络空间治理情况[J].中国信息安全,2013(10):44-47.

总体而言,俄罗斯的数字治理特色鲜明,其突出特征是强监管。强监管的无奈之举产生了两重后果:一方面,外国公司在俄罗斯市场占有率相对不高。例如,外国资本在俄联邦会受到严格的安全审查和反垄断调查。2017 年 6 月,俄罗斯联邦安全局、俄罗斯联邦技术和出口控制局要求欧美科技公司允许政府部门审查其信息安全产品的源代码,包括防火墙、反病毒软件、包含加密功能的软件,在确保无任何"后门"用于网络间谍活动的前提下才批准这些产品进口和销售。[1] 另一方面,俄罗斯强监管政策固然遏制了外资企业的安全风险、鼓励了本国大企业的发展,但也在相当程度上抑制了国内中小科技企业发展的市场活力和数字经济的增长潜力。

俄罗斯一直对发展数字经济、实现数字化转型发展高度重视,并转向东方希望加强与中国的合作。俄罗斯提出了欧亚经济联盟、"转向东方""大欧亚伙伴关系"等战略。俄罗斯参与"一带一路"倡议,中国参与"转向东方""大欧亚伙伴关系"等战略,双方在基础设施建设、贸易往来、数字经济等方面开展合作。但俄罗斯的数字人才总体储备不足。俄罗斯于 2017 年发布《俄罗斯联邦数字经济规划》,计划从完善灵活的数字经济法律法规、培养数字经济的人才、依靠国家自主技术完成信息基建与信息安全、建设数字经济技术、完成国家数字化管理几方面来建设数字经济。由于相关人才储备不足、技术不足导致数字经济发展困难,俄罗斯大学教育未跟上数字经济发展步伐,同时俄罗斯大多数公司市场化明显不够,对数字技术的研发投入不足,这些都不利于数字经济在俄罗斯的发展。受到美欧经济制裁、国际金融危机及全球能源价格持续走低的影响,俄罗斯的经济增长速度不断减小甚至呈下降趋势,这对俄罗斯数字经济发展的总体和长期前景带来挑战。

| 东亚:国家推动的全面数字化 |

东亚各国的整体数字化发展水平位于世界前列,中、日、韩、新四国在基础设施、数字产业、数字治理等方面均远高于世界平均线,国家在其中扮演了十分重要的角色。东亚快速的数字化发展正在改变全球数字经济格局,东亚也成为数字时代全球

---

[1] 国信安全研究院.2016—2017 年度欧盟网络空间安全综述[EB/OL].(2017-11-28)[2019-04-28]. http://www.sic.gov.cn/sic/200/91/1128/8647_pc.html.

最具竞争力的区域。

近十年来，随着中国数字产业的快速崛起，中国数字经济发展迅速。根据中国信息通信研究院 2020 年 7 月发布的《中国数字经济发展白皮书（2020）》，中国数字经济已经进入"四化"协同发展的新阶段，即数字产业化稳步发展、产业数字化深入推进、数字化治理能力提升、数据价值化加速推进。关于中国数字化发展与智慧城市建设，笔者将在第六章详细论述，本章主要聚焦东亚其他三国的数字化发展与智慧城市治理。

日本：建设安全、节能和智慧的国家

进入数字时代，日本高度重视数字化发展，全面系统地提出了数字化的国家发展战略。在数字化发展过程中，日本非常重视智慧城市建设，且起步很早，定位也非常清楚。随着时间的推移与全球数字经济竞争的加剧，日本的数字化发展与智慧城市建设必将结合得更加紧密，同时日本的智慧城市迭代升级也将加速到来。

与美国不同，日本数字治理从开始就非常注重政策引导和法律保障。日本数字治理模式的最大特色是规划引导发展、法律保障安全和大企业推动。总体上看，日本政府高度重视数字经济的发展，同时强调对网络安全的管理。

从发展政策思路上看，日本政府在制定产业扶持政策、支持科学技术创新方面具有悠久的传统，日本经济决策机构能够不断根据世界潮流变化和日本经济情况升级产业创新战略，推动高端制造业的转型升级，占领世界工业制造领域的制高点。日本的科学技术战略规划机构则常年搜集各种情报资讯，与日本企业、大学共同推进人才培养和人才供给体系建设，尤其是积极培育数字化人才。例如，日本政府先后出台了《E-Japan 计划》《I-Japan 计划》、"超智能社会建设"、《集成创新战略》《综合创新战略》等科技和制造业战略。

从网络安全治理思路上看，日本的智慧城市建设主要有四个重要特色：第一，注重法治建设。1965—2014 年，日本制定并颁布了大量网络空间安全保护法律法令，如《内阁秘书处组织令》（1965 年第 219 号内阁令）、《禁止未经授权进入的法令》（1999 年第 128 号法）、《电子签证和认证业务法》（2000 年第 102 号法）、《高级信息和电信网络社会基本法（IT 基本法）》（2000 年第 144 号法）、《网络安全基

本法》（平成104号法第104号）以及《网络安全战略总部法令》（平成20号内阁命令）等。[1] 第二，日本的网络安全治理是以内阁官房作为领导中心，治理模式采取了法团主义模式，由各政府职能机构、非政府组织、企业和专家学者等利益团体共同参与，形成日本特色的网络空间治理体系。[2] 内阁官房下设的内阁网络安全中心是日本制定网络安全政策方针、统筹各部门网络安全政策、制定相应国家战略的重要部门。[3] 2000年2月，日本内阁设立了由首相直接牵头的IT战略本部，同时在内阁秘书处设立了信息安全措施促进办公室，以便对公共和私营企业的信息安全措施进行规划、计划和全面调整。2014年11月，日本国会通过《网络安全基本法》，设立网络安全战略总部，内阁官方信息中心升级为内阁网络安全中心（NISC）。内阁网络安全中心下设基本战略小组、国际战略小组、政府机构综合措施小组、信息管理小组、重要基础设施小组以及案件处理分析小组，每个小组都有清晰明确的职责分工。第三，日本政府对于整个互联网治理的干预较少，大部分网络治理活动是由互联网行业等非政府组织牵头，如手机内容审查运营监管机构、日本网络安全协会（JNSA）、日本通信技术协会等。[4] 在相关政策制定过程中，政策制定者（网络技术协会、政府当局、技术标准化团体）、利益相关者（通信工作者、企业以及消费者等）、专家组（法律专家、学术专家、技术专家等）等团体之间形成了典型的法团主义治理机制。例如，在互联网治理论坛上通过举手表决、形成意见书、搜集意见等形式，相关利益团体对网络空间安全管理政策提出建议。第四，日本民间的网络治理机构在信息审查、安全防御和人才培养等方面都发挥了重要的作用。例如，日本数据通信协会在负责审查信息通信网络安全的同时，也承担人才培育项目。[5]

除了数字化发展与治理外，日本智慧城市建设也起步较早。从概念来看，20世纪70年代，日本开始着手研究节能设备，20世纪90年代开始大力推广GIS技术在

---

[1] 日本信息安全相关法律法规，参见 https://www.nisc.go.jp/law/index.html。
[2] 谭玉珊，任玮.日本加快完善网络空间管理体系［J］.中国信息安全，2015（3）：104-107.
[3] 宋凯，蒋旭栋.浅析日本网络安全战略演变与机制［J］.华东科技，2017（7）：45-47.
[4] 2001年5月，日本网络安全协会被批准为特定的非营利组织，致力于维护和提高网络社会的信息安全水平，提高日本社会的信息安全意识。
[5] 张向宏，卢坦，耿贵宁.日本信息安全产业发展及对我国的启示［J］.保密科学技术，2013（2）：39-44+1.

城市建设和城市管理中的应用。2003年，日本建立了统合型GIS平台，旨在通过建立完备的国土基础设施检测、环境监测及灾害监测等系统收集各种传感器数据并实现空间数据的共享。2005年，日本首次提出了新时代社会系统的尝试，成立了NEDO协会，并建设100%电能自给的自然能源政府博物馆，这被视为日本智慧城市的雏形。2009年之后，"未来城市"建设成了日本城市发展的一个新趋势。2011年日本东部大地震之后，因为核发电站的事故带来的巨大灾害，日本对自然能源利用与智慧城市建设的需求更为迫切。

从数字化和智慧城市的结合角度看，数字化发展与智慧城市建设并行，并高度互补、互相促进。20世纪90年代后期，日本政府开始积极采取措施加速数字化进程，目标是进一步发展信息网络，扩大信息网络的应用，丰富网络信息内容，建成世界高水平的互联网络。政府还成立了建设高度信息网络社会的战略总部"T总部"，负责审议并实施信息化的重点计划，并为此推出了"E-Japan"（电子日本）计划并于2001年3月29日批准实施，该计划包括：全面推进高速和超高速网络建设、强化教育信息化及信息化人才培养、丰富网络信息内容、推动信息化政府及信息化自治团体建设和加强国际化建设。此外力争通过IPv6的普及和人才培养，为亚洲乃至世界的IT革命发展作出贡献。2004年12月，日本参照韩国"U-Korea"（链接韩国）提出了"U-Japan"（链接日本）战略计划，力图实现所有人与人、物与物、人与物之间的连接，其内容包括：泛在网络的基础设施建设、ICT应用的高度化和网络环境优化。2015年，"I-Japan"（信息日本）战略是继"E-Japan""U-Japan"之后提出的新战略，核心要义是实现现代信息通信技术的易用性，破除阻碍其使用的各种障碍，确保信息安全，并最终通过现代信息通信技术完成向经济社会的全面渗透，借此打造一个全新的信息化的日本。

综合日本的数字化发展与智慧城市建设的路径，日本在数字化方面的战略是高度清晰且定位清楚的，那就是注重国际竞争、技术迭代升级，尤其注重能源安全和智慧社区建设。2011年，在日本大地震及海啸后，为了使能源系统、社区不易遭遇自然灾害的破坏和影响，灾后便于重建社区，日本增强了对上述两个方面的政策力度。为了更好地了解日本数字化发展、智慧城市建设的具体政策落地情况，笔者将重点讨论这两个方面的建设情况。

第一，智慧能源是数字经济和智慧城市建设的根基。日本希望用智慧能源系统统合电力、煤气、天然气等能源供给系统，利用家庭太阳能等可再生能源，实现能源利用的高效化。尤其是分层城市、区域、厂区、楼宇、家庭等多个能源单元，分级多层次一体化管理，既有统一配置和管理，又能够在发生灾害时保障能源独立供应，不至于出现大面积能源连锁损害风险（图5-1）。[1]

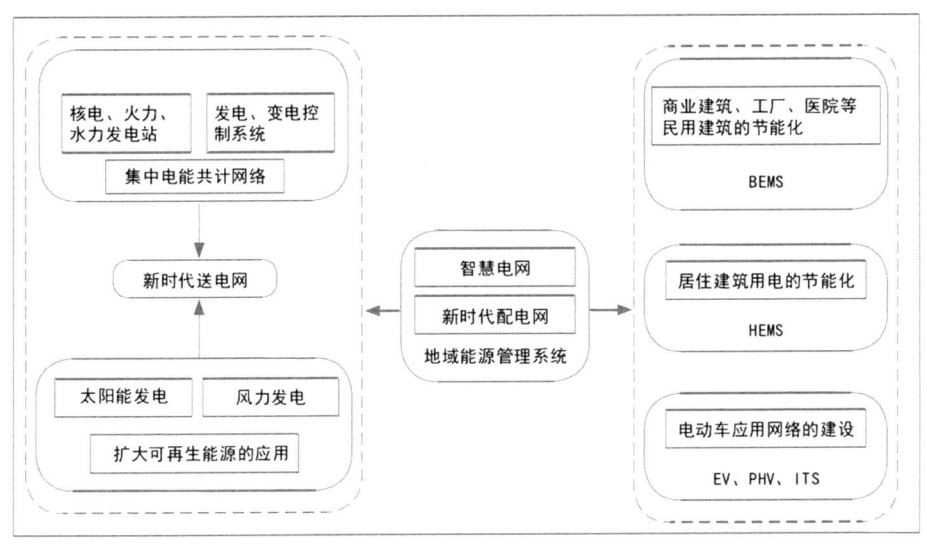

图 5-1 智慧电网建设框架

来源：沈振江，李苗裔，林心怡，等.日本智慧城市建设案例与经验[J].规划师，2017，33（5）：26-32.

第二，智慧社区建设是智慧城市建设的基本单元。日本智慧社区建设从基础设施建设起步，政府通过政策引导企业投入，将现代化技术、设备应用其中，发展互联网产业，提高社会服务能力，比如藤泽生态城（Fujisawa SST）是日本智慧社区的一个典型案例。藤泽生态城是神奈川县藤泽市会同松下电器从2008年就开始联合打造的智慧社区概念。后来，由藤泽市政府牵头，19家公司共同组成协商会完成了从概念到整体计划的制定，于2014年开工建设，其规划人口仅3 000人。藤泽生态城考虑了灾害应急、绿色节能、生活服务等方面的需求，把信息技术充分应用在了社区建设的过程之中。

1　沈振江，李苗裔，林心怡，等.日本智慧城市建设案例与经验[J].规划师，2017，33（5）：26-32.

总体上看，日本的智慧城市建设路径是从智慧社区建设开始，从基础设施的智能化做起，通过政府的政策支持及企业的资金投入，将现代化通信技术、传感技术等应用于城市设施的更新，并通过这种以"底层建设"为先导的方式推动智慧城市设施的更新，发展互联网产业，提高社会服务，最终促进数字经济的系统性发展。在推进机制上，日本智慧城市建设发挥企业的优势，以开发商与技术商联合，政府引导的模式推进：政府设立试点城市，依靠市场推动，然后政府的社会服务是在市场运行至一定程度后才介入，其扮演的角色主要是推动者和协调者，负责进行总体规划并确定发展智慧城市的重点区域和重点项目，具体操作交付企业，充分利用企业拥有的先进技术和管理经验。例如，日本政府调动三井不动产、松下、日立等开发商与技术商联合共同实施，以能源、基建、城市安全为核心关注点，注意整合多家企业发挥综合作用，并利用市场的力量形成合力，推动政府改善智慧城市管理。

首尔：建设以人为本的物联城市

韩国数字经济基础发展良好，发展迅速，很早就开始智慧城市建设，并大力支持数字创新，竞争全球数字经济的制高点。

国家在韩国数字化发展过程中扮演了十分重要的角色。2004年，在全球信息产业新一轮竞争趋势下，韩国政府提出"U-Korea"（链接韩国）战略并于2006年3月确定"U-Korea"总体政策规划。同时，韩国率先发起"U-City"计划，在生态环保、制度规范、基础设施、产业发展方面率先进行试点建设，落地总体政策规划。2014年5月，韩国出台了《物联网基本规划》，提出促进物联网产业参与者相互合作、推动物联网开放创新、开发与扩大物联网服务及实施企业支援四个战略。2020年韩国宣布，到2025年，以数字化、绿色化、稳就业为导向，拟投入近76万亿韩元来建设大数据平台、5G、人工智能基础设施，推动数字化发展。

各地方和城市的参与推动了韩国数字化发展的落地。在韩国顶层设计框架内，首尔、釜山及仁川等众多城市参与其中，希望通过推广普及信息通信技术，建设一个绿色数字化的新型智慧城市。

2011年6月，首尔市政府发布了"智慧首尔2015"计划，该计划主要体现"以人为本"理念，强调"人人享受智慧生活"，具体有如下三个方面：第一，加强ICT

基础设施建设，部署宽带网络实现城市全覆盖，为用户安装智能电表实现能源管理、建立社区信息平台反映居民日常诉求等；第二，整合城市管理架构，对各智慧子系统进行整合，使相互之间的协同更为高效；第三，逐步扩大智慧设备使用范围，使城市中各种人群都能够享受到相应的智慧应用服务。2016年，首尔获得"全球智慧城市奖"。

首尔在数字化和智慧城市建设方面主要有三方面的内容：第一，数字政府建设。根据用户个人需求通过智能手机和平板电脑等移动设备提供公共服务预订，包括民事申请程序、移动安全服务、实时紧急消息传递和其他公共服务等在内。鼓励公民以各种方式参与城市事务，把同政府交流变成人们日常生活中一种必不可少的社交活动，建立更加便民的服务型政府。第二，信息安全保障。随着智能设备被广泛地应用于市民的日常生活中，信息安全至关重要。首尔市建立了智能响应系统，以有效响应网络攻击事件，设立网络安全中心，并和其他国家加强网络安全合作，加强与包括日本、中国和美国在内的相关机构、国家情报机构、公共行政和安全部门等合作。第三，在建设智慧城市的过程中，强调公私伙伴关系的重要性。建立安全服务框架，扩展智能首尔安全服务，监测社会弱势群体的位置并进行救援。

首尔数字化和智慧城市建设经验具有启发性，主要在两个方面：第一，重视顶层设计。数字时代，技术迭代更快，更加需要政府对建设规划的系统调控，具有整体架构观念并及时进行调整。第二，重视人本理念。一个城市的发展，其最初的出发点和最终的落脚点都应该是城市居民的高幸福感。首尔各个特色项目不仅是智能技术的运用，也关注城市与居民之间的互动。

新加坡：打造全球城市和智慧国家

新加坡在数字创新和数字治理方面具有很高的竞争力，处于全球领先水平。新加坡在2006年开始"智慧国2015计划"，提出将新加坡打造成一个全球化的城市、智能化的国家。得益于智慧国家建设，新加坡连续五年被列为全球经商最便利的地方。2014年，新加坡进一步提出"智慧国2025"，计划在全国范围内建设智慧城市，这有可能是全球第一个智慧国家。在2017年的全球智慧城市表现指数报告中，新加坡居于排行榜第1名，在智慧城市的建设上，新加坡的很多做法值得借鉴。

新加坡很早就布局发展信息产业，开启智慧城市建设。1981年，新加坡开始推行为期五年的"国家电脑化计划"，增设了国家电脑局这个新部门，发展IT产业，培养IT人才。1986年，新加坡制定"全国资讯科技蓝图"，成立研发部门专门研发新IT技术，并以此将政府和工业部门连接起来，设立了很多国家级行业特定网络。1992年，新加坡制定"IT2000：新加坡·智慧岛"计划。1994年年初，新加坡在全岛铺设了宽带网络，成为全球第一个在全国范围内铺设宽带基础设施的国家。1996年，新加坡设立了新加坡综合网项目，包括在学校里大规模部署IT，利用网络连接所有图书馆、无纸化建筑施工图审批系统、电子商务安全基础设施等。2000年4月，新加坡制定"资讯通信21世纪蓝图"，目标是进化为"信息化之都"。新加坡资讯通信发展管理局（IDA）于2000年4月全面开放新加坡的电信市场，将新加坡与全球的电信网络连接起来，并着重把信息化技术用于电子商务和电子社会，同时实施"电子政务行动计划"。2003年，新加坡确立了最新的"全联新加坡"蓝图，旨在把新加坡建成全球的信息化强国。新加坡完全开放了电信市场，发展具有强大出口能力的电信企业，将重点放在宽带多媒体、无线技术、网络和电子商务的软件和服务，从而将新加坡发展成为全球主要的信息化技术枢纽。2006年，新加坡推出了为期十年的"智慧国2015计划"，旨在建设超高速、普适性、智能化、可信赖的资讯通信基础设施，发展具有全球竞争力的资讯通信产业，培养具有全球竞争力的资讯通信人才资源，并引导关键经济领域、政府和社会的转型。2014年，新加坡提出的"智慧国2025"是全球首个智慧国家蓝图、是智慧城市升级版，强调数据共享，提出要建设覆盖全岛的数据收集、连接和分析基础设施平台，根据所获数据预测公民需求以提供更好的公共服务。

纵观新加坡的数字化发展与智慧国家建设，新加坡政府的远见和雄心最为重要，其最大亮点也在数字政府建设。20世纪80年代初，新加坡就试图通过电脑化为各级公务员配备电脑并对其进行信息化培训，建立了覆盖23个部门的计算机互联网络来促进政府部门之间的数据共享和政企间的数据交换。20世纪90年代，随着国家计算机与IT计划的实施，政府开始基于互联网为公民提供服务，在多媒体网络信息服务平台为公民提供全天在线服务。21世纪初，新加坡政府陆续出台了电子政务行动计划以打造网络化的政府，实现数字化业务系统的部门全覆盖。在"智慧国2015计划"期间，数字政府建设进度加快，实现了"多个部门、一个政府"的目标。2014年出台的"智慧国2025计划"中，新加坡旨在使用科学技术为民众创造更加舒适且充满意义的生活，利用互联网、物联网、数据分析和通信技术，提升民众生活质量，增加商业机会，促进种族团结。通过推动建立全国性数据连接、收集、分析的操作系统并通过对大数据的处理和分析，准确预测公民需求，优化公共服务供给，使公民享受到更加及时和优质的公共服务。[1]在"智慧国2025"建设进程中，政府致力于打造全国性的传感网络，开展了"超链接建筑"工程，旨在让不同建筑之间实现数据链接与共享，汇集各类社会活动数据，用于政府决策。此外，新加坡还在进行"虚拟新加坡"建设，目的是打造一个汇集所有物联网传感器的大型城市数据模型，并在3D基础上升级，再通过手机App查看具体情况。

新加坡数字政府的特色有四方面，即政府信息化特派专员管理运行制度，"多个部门、一个政府"，公民参政议政的网络数字平台，以及推进"大数据开放"和"物联网"建设。首先，新加坡政府在新加坡资讯通信发展管理局(IDA)、首席信息官(CIO)、政府首席资讯办公室(GCIO)这三大权威机构的基础上建立了"政府信息化特派专员制度"，采取集中指导和分权执行相结合的信息化管理运作模式。其次，新加坡将政府内部进行整合与合作，强化资源整合利用，提高行政效率。新加坡资讯通信发展管理局推出一站式移动服务平台，建立完整的政务服务体系，以政府门户网站为核心站点协调配合其他的具体部门进行"打包服务"。[2]这个平台包含1600个以上的服务栏目，涵盖范围广阔。再次，新加坡政府通过数字政府建设推进公民参政议政，用新技术为公民提供了一个透明的平台，鼓励民众积极参与政务，以满足公民需求为导向，提高政府政务网站的服务水平。这个平台设有政务、市民、企业、外国人等访问板块，也成立了民意反馈组织，开放电子信箱，征集公民对政府的意见，来改进自己的工作。新加坡还专注于打造公民参政议政的政策论坛，以便于公民在各类热点问题上及时了解相关情况并提出自己的看法，为政府制定政策提供参考。新加坡政府还

---

[1] 胡税根，杨竞楠.新加坡数字政府建设的实践与经验借鉴[J].治理研究，2019，35（6）：53-59.

[2] 沈霄，王国华.基于整体性政府视角的新加坡"智慧国"建设研究[J].情报杂志，2018，37（11）：69-75.

在官方网站开通智能助手"Ask Jamie",让公民的疑问得到实时解答。最后,新加坡重视数据平台的开发与管理。其政府大多部门、机构的过半数据都是开放的,政府技术局负责统筹整合各公共部门的资源,推动数字政府建设战略。

新加坡的智慧城市建设是在政府主导下强化资源整合,实现城市综合信息共享和网络融合的过程。在不同阶段,政府发挥了不同程度的作用,引导信息化在各个领域的应用,建立统一的信息化管理体制。新加坡的特色在于对数字政府的建设,数字化、信息化能够给政府行政效率带来质的飞跃,政府数据的开放、政府内部资源的整合极大地提高了城市管理水平。新加坡的"大数据治国"给了居民更多的机会和更广阔的平台来参与城市建设管理,也为政府在科技时代转型提供了思路。从历史经验看,新加坡与欧洲大陆不同,其智慧城市建设的重点不仅在于绿色节能,更在于数字政府建设,这一点具有较大的借鉴价值。

| 中亚与南亚:拥抱数字革命 |

中亚地区的数字经济发展整体成熟度不高,各国在四个数字化考察维度中具备一定的相对优势,其主要问题为数字基础设施薄弱,数字产业发展明显滞后于经济、政策和营商等数字发展环境的普遍现象。

作为中亚经济发展质量最高的国家,哈萨克斯坦一直都是数字革命的重要参与者。虽然目前仍存在数字经济国民参与度不高、市场环境不透明等问题,但哈萨克斯坦一直将数字经济、企业创新作为国家重点发展战略,其拥抱数字化的决心在中亚地区中具有带头示范作用。2013 年,哈萨克斯坦批准了《信息化的哈萨克斯坦——2020 国家纲要》,确定了发展信息社会的四个关键领域。2017 年,哈萨克斯坦总统努尔苏丹·纳扎尔巴耶夫发起"数字哈萨克斯坦"计划,并正式发布《哈萨克斯坦"第三个现代化建设":全球竞争力》年度国情咨文,将数字经济明确定义为第三个现代化的建设重心,涵盖数字经济和数字政府等多个议程,并大力扶持企业创新。目前,哈萨克斯坦政府已成功孵化近两百个数字化创新项目,并在电子商务的普及、数字化人才的培育等方面取得了战略性成果。其得益于哈萨克斯坦政府的长年政策布局和动态战略调整,在全面数字化战略中逐步提升政府的响应能力和有效性,逐步改善营商环境和公民生活质量。

中亚国家虽然数字化的起点并不相同，但也同样展现出拥抱数字经济的决心。吉尔吉斯斯坦于2017年制定数字化规划，前期聚焦数字政府治理场景，后期着力于绿色数字化基础设施建设以及产业环境的培育。塔吉克斯坦于2016年推出《塔吉克斯坦共和国2030年前国家发展战略》，将互联网、通信技术设施建设作为国家重点战略，现阶段通信服务的覆盖率已提升至95%以上。土库曼斯坦于2018年12月签署《土库曼斯坦2019—2025年数字经济发展构想》，政府投资与政策支持双管齐下，完善数字产业创新环境。乌兹别克斯坦于2018年7月签署《乌兹别克斯坦共和国发展数字经济的措施》，推动数字政府建设、外资营商环境建设、基础设施建设等，推动政府、经济的数字化转型。阿富汗虽然技术设施薄弱，但其依旧在过去15年内持续推动通信基础设施的普及，继续建设"数字走廊"。综合比较中亚各国发展数字经济的发展历程、发展环境和阶段性成果，可以看到哈萨克斯坦目前数字经济建设起步最早、成熟度最高，吉尔吉斯斯坦、塔吉克斯坦、土库曼斯坦和乌兹别克斯坦仍处于早期建设阶段，阿富汗则聚焦上一代通信基础设施建设，仍处于起点。

在数字经济的监管上，中亚国家普遍依靠国家垄断，例如，哈萨克斯坦赋予国家安全部门特权并控制头部通信运营商，吉尔吉斯斯坦通过投资并购控制国内通信行业等。[1] 其采取国家垄断和强监管的原因一方面在于其数字化战略的特殊性，前期重点战略基本围绕数字政府、电子政务，其业务本身具有较高的安全和战略意义；另一方面在于中亚各国市场环境并不成熟。当然，政府监管同样是一把"双刃剑"，如果政府监管过严、监管过程不透明，那么同样会导致数字经济建设的效率降低，数字经济战略的落地效果大幅缩水。

南亚地区的数字经济发展水平较为落后，比较突出的问题有数字基础设施建设滞后、数字经济结构不合理、数字化普及程度整体不高、信息安全亟须增强等。根据上海社科院发布的《全球数字经济竞争力发展报告（2020）》，从数字产业、数字创新、数字设施、数字治理四个方面来衡量，南亚地区的7个"一带一路"沿线国家中只有印度发展水平较高，排名为全球第22位，其中数字产业得分41.27、数字创新

---

1 肖斌.数字经济在中亚国家的发展：基于产业环境的分析[J].欧亚经济，2020（1）：38-52+125+127.

得分 28.53、数字设施得分 13.94、数字治理得分 53.15，总得分 34.22。[1] 究其原因，与南亚地区的地理位置和地缘政治密不可分。在地理位置上，南亚地区深处次大陆腹地，山地范围大，是继非洲之后全球最贫困的地区之一。在地缘政治上，由于政治和宗教分歧、印巴冲突、政局不稳致使南亚七国的数字创新人才匮乏、信息化基础设施滞后、数字经济发展资金短缺、数字化发展受阻。华为公司发布的《2020年全球联接指数——量化数字经济进程》根据 ICT（信息通信技术）投资、成熟度和经济发展水平将世界各国从低到高分为起步者、加速者和领跑者三类。起步者中包括印度、巴基斯坦和孟加拉国。[2]

虽然南亚国家在数字经济发展方面仍需努力，但这并不意味着它们就是数字经济的"荒漠"。根植于国情的特色发展模式，成为这些国家数字经济发展的有效支撑。例如，孟加拉国致力于发展服务低收入人群的数字普惠金融，巴基斯坦采用 B2B、B2C 电商模式。在中国"一带一路"影响力的辐射下，随着未来南亚各国数字基础设施普及度和完善度的提高，年轻且有活力的南亚地区成为全球数字经济发展的"后浪"并非没有可能。

印度：通过五年规划推动数字化发展

印度是南亚七国中数字经济发展水平较高的国家。为谋求数字经济的发展，印度于 2006 年 5 月颁布了旨在推进实现电子政务在线服务的全国性网络——《国家电子政务计划》。2011 年，印度制定了旨在实现通信服务全国覆盖、电信网络国产化和国家光纤网络工程完工的《印度电信产业五年计划（2012—2017）》和《印度光纤网络计划》。2013 年，印度高等教育委员会发布了《印度高等教育信息化：2030 年愿景规划》，促进了该国教育教学领域的重大变革。2015 年，印度提出了要在全国建立 100 个智慧城市的建议。同年，印度提出"数字印度"，任务包括：加速宽带建设，实现宽带网络城乡全覆盖；推进移动互联网建设，实现移动网络覆盖无盲区；加

---

1 上海社科院.全球数字经济竞争力发展报告（2020）[R/OL].（2020-12-01）[2021-02-10]. https://www.pishu.com.cn/skwx_ps/initDatabaseDetail?siteId=14&contentId=12287261&contentType=literature&type.

2 中国华为公司.2020 全球联接指数——量化数字经济进程[EB/OL].（2021-01-28）[2021-02-10]. https://www.huawei.com/minisite/gci/cn/methodology.html.

快电子制造业规模化发展步伐；增加 IT 就业岗位等。[1] 此后印度将数字经济的发展聚焦于电子政务、宽带接入及提高公民数字能力和数字素养上。截至 2018 年上半年，印度成为全球增长最快的移动应用市场和全球第三大互联网市场。此外，印度还大力发展信息化和数字化高端制造业振兴印度经济，旨在实现"印度制造"等目标。2018 年发布的《国家数字通讯政策》以及 2020 年由美国 Google 公司宣布设立的印度数字化基金大大促进了印度数字经济的发展。虽然目前印度的数字基础建设依然较为落后，信息化发展指数（IDI）低于世界平均水平，具体表现为移动宽带和智能手机渗透率有待提高。但是，印度非常重视培养数字化人才。每年计算机专业的毕业生数量庞大，仅次于中国，这为印度培养了众多数据科学家和机器学习专家，该国 AI 人才数量已从 2018 年的 4 万人增加至 2019 年的 7.2 万人。在这些科技人才的大力推动下，身份识别项目和面向执法机构的新人脸识别数据库等国家级项目顺利推进。[2] 这使得印度具备了较强的数字创新能力，表现出了较强的数字创新优势。

印度近年来经济发展迅速，在政策扶持与资本投资的协助下大力推进数字化转型，增势迅猛。印度政府正在不断完善数字化服务，期望通过数字经济来发展印度经济，但在印度的数字化发展中，城乡地区及语言文化之间存在差距，网络安全问题频发。在印度的一线城市，智能手机、互联网的普及程度很高，而偏远的农村地区，网络基础设施极其落后，难以使用电子网络。截至 2019 年，印度农村人口占总人口的 66%，农村地区互联网密度为 25.3%；印度城市人口占总人口的 34%，城市地区互联网密度为 97.9%。语言文化方面，印度有 22 种官方语言。"数字印度"是以英文为推行媒介，而英文使用者仅占印度总人口的 10%。同时由于文化宗教原因，在相对不发达的地区，印度女性会被限制使用移动互联网设备。

地缘政治影响印度数字化发展的战略选择。2020 年 6 月 30 日，印度信息技术部以维护国家安全为由宣布禁用 59 种中国应用，涵盖各类用户和用途。印度还提出

---

[1] 亢升，杨晓茹. 数字丝绸之路建设与中印数字经济合作审思［J］. 印度洋经济体研究，2020（4）：121-135+159-160.

[2] 中国华为公司. 2020 全球联接指数——量化数字经济进程［EB/OL］.（2021-01-28）［2021-02-10］. https://www.huawei.com/minisite/gci/cn/methodology.html.

"季风计划""香料之路"等政策。印度对中国的贸易活动进行单方面限制对数字经济合作发展构成消极影响。根据商务部数据显示：2016 年，中国大陆共遭遇的 119 起贸易救济调查案件中，来自印度的立案数量是最多的，为 21 件，占比 17.65%；2017 年，中国产品共遭遇来自印度发起的 16 起贸易救济调查，涉案金额 29 亿美元，占全部涉案金额的 26.4%。

总体看，印度的市场经济其实并不规范和完善，营商环境同样影响其数字经济的长期发展。加之印度存在较为坚固的经济民族主义、资源民族主义思想，印度国内右翼势力发动的"抵制中国货"运动等政治、宗教、社会因素影响着印度长期经济发展的稳定性。尤其值得注意的是，印度的知识产权保护风险较高，这方面也会对印度的数字经济发展产生负面影响。

| 西亚北非：加速推进数字化发展 |

西亚北非各国之间的数字经济发展存在巨大差距。2018 年全球数字经济指数 150 个样本国家排名中，西亚北非地区排名较高的是阿联酋、以色列，排名均位于全球前列，而排名后三位的分别是伊朗、也门、叙利亚，数字经济发展滞后。国际著名咨询公司麦肯锡 2016 年的研究显示，中东各国"数字鸿沟"（0.44）远高于欧洲国家指数（0.29）。[1]

西亚北非地区虽然数字化发展差距较大，但充满潜力。麦肯锡的相关报告表明，到 2025 年，中东地区的统一数字市场将有 1.6 亿潜在数字用户，每年对 GDP 贡献可以达到 3.8%，约 950 亿美元。[1] 以色列虽然在科技创新和智慧城市建设方面处于领先地位，但其他中东国家也相继把数字化发展列入国家计划，并高度重视数字基础设施建设。例如，2016 年 4 月，沙特正式发布了"沙特阿拉伯 2030 愿景"和"国家转型计划"，基础设施、数字产业、数字科技投资等是重点发展领域。巴林将金融

---

1 McKinsey & Company. Digital Middle East: Transforming the Region into a Leading Digital Economy [EB/OL]. (2016-12-01) [2021-02-08]. https://www.mckinsey.com/featured-insights/middle-east-and-africa/digital-middle-east-transforming-the-region-into-a-leading-digital-economy.

科技作为数字化转型的重点，为保持本国数字经济在中东地区的竞争优势，制定了云优先（Cloud First）、数据主权法等系列政策法规，通过政府部门数字化转型以及改善数字经济领域的营商环境，促进数字经济发展。[1]需要指出的是，海合会国家在互联网渗透率、智能手机普及率等方面遥遥领先，2019年卡塔尔和阿联酋互联网渗透率达99%和98%，而也门仅有25%，远低于该区域的其他国家。[2]

迪拜：冲击全球智慧城市的加速者

阿联酋是西亚北非地区数字经济发展最为快速的国家。阿联酋早在2001年便开展了数字政府项目，提出"智慧阿布扎比"和"智慧迪拜"计划，将智慧城市建设作为国家发展的重要战略。根据阿拉伯货币基金组织（AMF）发布的报告，目前在阿拉伯国家115个主要城市中共有24个智慧城市，约占主要城市总数的21%。其中，阿联酋国内智慧城市占主要城市比重达50%，排在阿拉伯国家之首。[3]2017年，阿联酋互联网普及率已达99%，社交媒体渗透率均达99%。华为《2020年全球联接指数——量化数字经济进程》白皮书分析了79个国家的数字化发展历程，阿联酋位于加速者行列第1名，虽然与领跑国家的差距依然较大，但是已经远超除中国、西班牙以外的其他加速国家。

2014年，阿联酋首都迪拜提出"智慧迪拜"计划，致力于到2021年把迪拜建设成为全球领先的智慧城市。2015年5月迪拜政府执行委员会对外公布"迪拜2021规划"，旨在将迪拜打造成为"宜商宜居的国际大都市及世界经济中心"。同年10月，政府启动数据法，旨在建立一个全面的数据系统，以管理城市数据的收集和交换。智慧迪拜办事处与迪拜最高立法委员会也共同合作出台了一系列关于数据开放的政策，计划在2021年之前向公众和私营企业开放大量数据。迪拜的智慧城市建设主要聚焦到五大板块：人工智能、区块链、智能出行、智能基础设施和可持续发展，其

---

1 孙伟敬.沙漠岛国要成世界级数据中心,底气何在？[N/OL].[2021-02-13].http://news.idcquan.com/gjzx/166993.shtm.

2 PSB. ArabYouthSurvey [EB/OL].[2021-02-08].http://arabyouthsurvey.com/about_th_survey.Html.

3 中华人民共和国商务部.阿联酋智慧城市处于地区领先位置[EB/OL].[2021-02-10].http://www.mofcom.gov.cn/article/i/jyjl/k/201908/20190802893678.shtml.

主要目标是希望借助大数据、区块链、人工智能等技术使政府对消费者（G2C）和政府对政府（G2G）的服务效率大大提升。

迪拜加速推进智慧城市的迭代升级，主要有四个方面的发展战略：区块链战略、全球智慧城市网络战略、智能交通系统建设、智能警务系统建设。

第一，迪拜于 2016 年启动了区块链战略，其目标是提升政府效率、产业创新以及知识创新，并为此成立了智慧迪拜政府机构（SDGE）和迪拜数据局（DDE）。迪拜的区块链战略主要核心在于：网络治理、网络运营和区块链基础能力。智慧迪拜办公室（SDO）所担任的角色是政府区块链网络概念的批准人，可以指派网络运营商。在众多智慧城市中，将区块链作为建设重点的城市少之又少，这与迪拜的经济实力有关。虽然，目前迪拜的相关建设仍然处于起步阶段，但政府政策和相关措施已经投入实施，并且已经推出了两个区块链金融的试点项目。[1]

第二，迪拜充分认识到全球数据平台的重要性，倡议建立智慧城市的全球网络。通过建立智慧城市全球网络，可以将所有智慧城市连接起来，从而最大限度提升数字化效能，为其他地方的智慧城市建设提供全球平台。该平台可就建立未来的智慧城市的最佳机制、如何建立智慧城市等交换意见想法，所有正在建设和将要建设的智慧城市都可以在该平台上交流经验。

第三，完整的智慧交通系统。迪拜目前致力于各种自动化交通工具的使用，希望到 2030 年 25% 的迪拜道路运输实现无人驾驶。迪拜道路交通管理局向特斯拉购买了自动驾驶汽车，陆续实现了全自动化驾驶。在公共交通领域，迪拜推进自动驾驶通勤小巴系统，与荷兰自动驾驶和公交管理科技公司合作连接主城区和蓝水岛。在空中运输领域，迪拜采用了中国公司研制的"亿航 184"机型——能够载客的无人驾驶飞机，该项目仍然在测试当中，目的是为中短途提供更好的体验。从陆地到天空的自动驾驶已经投入运营或测试，迪拜推动实现整个交通领域的智能化与自动化。这样，即使在深夜，各种公共交通的畅通运行也将变得可能，公共出行时间限制也将被消除。

第四，建立智能警务系统。2016 年，迪拜警方展示了机器人警察，并在 2017

---

[1] 冉伟.深度｜迪拜：全球前沿科技的应用中心[J].大数据时代，2017（1）：34-40.

年 5 月使用了第 1 名机器人警察，该机器人警察可以对 20 米范围内的人进行人脸识别，有电子触摸屏和麦克风，民众可以向它举报相关案件和缴纳罚款等。此外，迪拜还研发出了一种预测犯罪案件的软件。它可以对警方的数据进行学习、分析并锁定可能出现犯罪的人群，进而预测出可能的、将要发生的犯罪事件和地点。该软件的出现极大地帮助了相关警方对犯罪行为的打击力度和速度，有助于及时制止犯罪行为，同时对警方破案有极大的帮助。

显然，迪拜智慧城市建设虽然起步较晚，但是后来居上，尤其是在科技发展方面取得了较大的成就。迪拜后来居上的建设历程说明，建设智慧城市需要强大的经济基础。迪拜为智慧城市开发和应用提供了充足的资金支持。此外，迪拜的智慧城市战略为私营企业带来了更多的机会，一定程度上提升了经济环境的创造性和创新的可持续性。迪拜的经济基础给予其深远和锐利的战略眼光，看到了在全球数字经济竞争中智慧城市迭代升级的重要性，对"智慧城市群系"的理解更比其他国家或城市领先一步。

| 撒哈拉以南非洲：新基建与新希望 |

全球数字化为非洲带来了新的希望。近年来，非洲数字经济发展迅速，极具发展潜力。电子商务、智能手机市场发展迅速，但非洲大多数国家数字化发展的基础薄弱，一方面需要大力加强新型基础设施建设，另一方面需要加强区域合作治理。

在世界经济升级的关键时刻，非洲各国在数字经济发展和本国工业化建设方面进行了有益的积极探索。数字经济已经成为非洲发展潜力巨大的领域。在移动通信网络方面，非洲网络用户数量迅速增加。据全球移动通信系统协会（GSMA）发布的《撒哈拉以南非洲 2019 年数字经济报告》显示，至 2018 年年底，撒哈拉以南非洲移动通信用户 4.56 亿、移动网络用户达 2.39 亿。在移动支付方面，"M-Pesa"如今已发展成为非洲主流移动支付平台。据全球移动通信系统协会数据显示，2017 年全球每日移动支付交易额为 10 亿美元，全球有 6.9 亿移动支付注册用户，而撒哈拉以南非洲移动支付用户占全球比重达 49.1%。在电子商务方面，电商 Jumia 在非洲 14 个国家有业务发展，并获得了非洲"阿里巴巴"的美称，于 2019 年 4 月在美国纽交所上市，募资超过 2 亿美元。在智能手机市场方面，非洲智能手机用户增长迅速。根据全球移动通信系统（GSM）的数据，截至 2017 年年底，撒哈拉以南非洲智能手机的用户达到 2.5 亿，约占该地区手机使用总人口的 1/3。

中国的数字丝路建设推动了非洲的数字化发展。"一带一路"倡议与非盟的《2063 年议程》在数字经济方面具有广泛的契合点。截至 2018 年 9 月，中国已与 37 个非洲国家签署共建"一带一路"政府间谅解备忘录，中国还与埃及等国家联合推出了《"一带一路"数字经济国际合作倡议》。2018 年 9 月，中非合作论坛北京峰会提出，"一带一路"倡议同联合国 2030 年可持续发展议程、非盟《2063 年议程》和非洲各国发展战略紧密对接。

然而，非洲数字经济发展仍面临巨大挑战。第一，数字基础设施落后。2018 年年末，非洲 4G 网络覆盖率仅为 7%，低于全球平均水平 44%。3G 和 2G 仍是非洲国家主要使用的移动通信技术。非洲各国的数字基础设施建设滞后，仍有近 3 亿非洲人生活在距光纤或宽带连接处 50 公里外的地方。第二，数字技术不够完善。非洲数字技术应用仅仅停留在消费端，未形成一个从生产端到消费端的闭环结构，这不利于经济的可持续发展。此外，非洲信息通信的安全体制和信用体制不健全，技术不完善，导致了消费者更加倾向于线下消费。第三，人才储备不足。非洲民众普遍受教育水平低，而非洲发展数字经济，进行数字转型需要大量数字方面的人才来推动数字创新。第四，区域协同管理困难。非洲各国之间的发展水平、语言文化、政治制度、宗教信仰差异明显且突出，国家治理和国家间合作治理的难度较大。第五，法律法规不够健全。非洲各国的法律法规不够健全导致了对市场的监管比较困难，没办法对投资者的合理利益进行保护，因而可能导致对非洲的投资风险上升。

| 全球比较及其发现 |

数字时代，随着人工智能技术的加速演进，新一轮全球数字化发展竞赛已经在全球范围内展开。不论是发达国家、发展中国家，还是欠发展国家，都希望结合本国国情抓住世界经济升级和技术革命带来的机会，实现国家经济发展与竞争力的提升。因此，一场全球范围的国家竞争在数字化发展领域开展起来，并对智慧城市的升级和治理产生了不可估量的影响。最为明显的例子是新加坡和迪拜，它们在打造全球智慧城市方面的实践已经证明笔者所提出的 2.0 版全球化智慧城市群的重要性和战略价值。因此，智慧城市治理本身也将反过来促进数字化发展，并带来科技创新、生态环境、城市吸引力等方面的迭代升级。这方面俄罗斯的战略思考和眼光是独到的，俄罗斯在数字经济与生态环境的大框架中建设智慧城市的战略选择可谓是抓住了数字革命实施的空间基础——有影响力的战略要地。

尽管数字化、信息化已经开展半个世纪，智慧城市的建设也已经展开几十年，处于不同发展阶段的不同国家在数字化发展方面展现出了不同的风格特色，但共同点是国家力量的介入和加强。英美世界希望保持全球数字经济的领导者地位，持续强化科技创新和产业政策，国家力量正在加强。欧洲大陆的数字化追求欧洲价值的表达，强调公平、安全和绿色的数字化与智慧城市建设。中东欧和独联体国家虽然高度重视数字经济发展，数字化基础潜力较大，但目前由于国家规模和地域政治不稳定而受到影响。东亚国家则基于本国传统依托国家力量推动全面的数字化转型，中日韩新均在不同程度地强调打造全面数字化社会和国家的重要性。中亚南亚国家虽然数字基础薄弱，但依然决心拥抱数字革命，印度力图通过五年规划发展数字产业，并决心打造 100 个智慧城市。西亚北非的大多数国家力图加速推进数字化发展，其中阿联酋、巴林提出建设全球智慧城市或数字金融城市的计划。撒哈拉以南非洲也力图在这一轮技术革命中能够抓住快速发展的机会和趋势，借助数字市场的蓬勃发展迎接新的发展希望。

通过进一步考察九个智慧城市案例，并对这些案例进行比较分析，除了国家的巨大影响之外，这些典型案例均十分重视顶层设计与合作治理（表 5-6）。每个城市都根据自身的特色从不同落脚点出发量体裁衣进行顶层设计和规划，强调智慧城市建设的系统性与完整性。此外，智慧城市的建设一定是多角色参与的，包括政府、企业、社会组织及城市居民。政府通常起到引导、领航作用，再由其他方的力量进行协作共赢，组织居民广泛参与。美国的迪比克智慧城市建设是这样的一个典型例子。再如，新加坡智慧城市是政府主导、企业参与运营和维护的合作治理模式。智慧城市建设不可能是政府一头热，要动员广泛的社会力量参与进来，各施所长，互补促进。

表 5-6　各国智慧城市建设对比

城　市	目标特色	建设路径	运营模式
迪比克	市民推动智慧项目	自下而上	企业为主推进
纽约	智慧而公平的城市	自下而上	企业为主推进
伦敦	规划全球智慧城市	自下而上	企业为主推进
柏林	建设生态智慧城市	上下结合	PPP 模式
巴黎	打造世界智慧之都	上下结合	PPP 模式
阿姆斯特丹	全面建设绿色智慧城市	上下结合	PPP 模式
新加坡	打造全球智慧城市	上下结合	政府主导、企业推进
迪拜	建设全球智慧城市	政府主导	政府主导、跨国合作推进
首尔	建设以人为本的智慧城市	政府主导	政府主导、企业推进

来源：作者自制

值得注意的还有，由于数字技术在几十年的发展过程中不断迭代升级，智慧城市建设的顶层设计和合作模式也要不断调整并分阶段进行。一个城市在建设过程中会遇到各种各样的问题，一开始的规划和顶层设计可能并不能够在新条件下十全十美，这就需要政府根据建设的具体情况去及时调整规划，使得智慧城市建设更加合理有效。

运营模式要符合所在国的国情，同时也要考虑城市的发展阶段和财力、能力，要因地制宜、因事制宜。现有的运营模式不外乎五种：① 政府投资建设维护。在这种模式下，政府拥有较强的自主权，多用于非营利、公益性公共服务或市政服务。② 政府投资、运营商委托运营。这是政府与企业协作关系的一种模式。③ 政府与运营商共同投资，借助运营商信息、网络等产品和技术优势，在减少政府投资的同时促进企业发展。④ 由政府牵头、运营商投资建设与运营。这种模式多用于营利性部分的建设与运营。⑤ 政府提供基础设施，运营商进行投资建设并运营。这种模式完全体现了市场发展规律，政府不承担投资与风险。[1] 我们从各国智慧城市的比较中可以

---

1 罗梓超，吕志坚. 亚洲智慧城市建设研究及对北京的借鉴［J］. 城市管理与科技，2015，17（5）：80-83.

发现：在英美国家，企业的作用更大一些；在欧洲大陆，政府和行业协会的力量较大，更加注重社会价值和生态价值；在东亚国家，国家的作用更大一些，但也十分重视企业和市场的参与。

最后，全球数字化及其智慧城市建设的战略和实践表明，未来数字化发展的国家间竞争，智慧城市将扮演重要的战略地点角色，但这种战略地点是人工智能等新兴技术广泛应用并推动智慧城市迭代升级后才能形成的。作为战略"制高点"的新型智慧城市必须拥有更为广泛的全球性连接功能，并在全球数据的开放和信息化处理方面拥有更大的竞争优势。因此，新型智慧城市或者说 2.0 版智慧城市建设的一大特征就是全球数据的集中和利用。长期以来，智慧城市受到两种维度的局限，第一是将智慧城市的内涵当作信息技术在城市范围内的应用和扩展，将智慧城市建设视为大型信息化项目的集合，使智慧城市规划不可避免地以信息化供给为导向[1]；第二，智慧城市的建设主体主要是科技公司，缺少社会、国家等主体的参与，没有反映智慧城市最终的服务对象——市民社会的需求与国家的需求。实际上，全球数字化发展的浪潮已经并将逐步改变这两点，随着市民社会的广泛参与、国家的竞争及其参与，2.0 版的智慧城市将崛起，并建立在一个全面数字化的社会或国家的基础之上。

本章要点

1. 对于绝大多数城市而言，建设一个足够智慧的城市，就是一个了不起的成就。
2. 美国在数字治理方面最突出的亮点就是结合其国家政治传统和数字产业科技发展的龙头地位，不断通过灵活的治理手段、有效的治理机制保持优势地位和先发优势。
3. 纽约的智慧城市治理的最大亮点还是数据资源开放。
4. 数字伦敦建设的背后是许许多多的数字人才队伍共同努力的结果。
5. 欧洲大陆的数字化战略总体上强调产业数字化、绿色节能、社会保护，并十分注重法治化建设，尤其是数字知识产权保护和数字贸易规制的公平性。
6. 柏林的智慧城市建设与生态城市建设相融合，成为欧洲大陆智慧城市建设的典型代表。
7. 在笔者看来，俄罗斯最为精彩的战略性判断是把智慧城市放到数字经济、城市住房与生态环境的大框架之下开展，这是非常精准且极具战略眼光的做法。

---

1 楚天骄. 伦敦智慧城市建设经验及其对上海的启示［J］.世界地理研究，2019，28（4）：76-84.

8. 综合日本的数字化发展与智慧城市建设的发展路径，日本在数字化方面的战略是高度清晰且定位清楚的，那就是注重国际竞争、技术迭代升级，尤其注重能源安全和智慧社区建设。
9. 纵观新加坡的数字化发展与智慧国家建设，新加坡政府的远见和雄心最为重要，其最大亮点也在数字政府建设。
10. 迪拜加速推进智慧城市的迭代升级，主要有四个方面的发展战略：区块链战略、全球智慧城市网络战略、智能交通系统建设、智能警务系统建设。

第六章 打造数字国家：中国智慧城市发展与数字治理

> 从数字化到智能化再到智慧化，让城市更聪明一些、更智慧一些，是推动城市治理体系和治理能力现代化的必由之路。
>
> ——习近平

> 节点是向外发力，而不是对内依附。
>
> ——诸大建

> 释放数据和分析的力量将推动官僚主义时代的瓦解。
>
> ——史蒂芬·戈德史密斯（Stephen Goldsmith）和苏珊·克劳福德（Susan Crawoford）

通过第五章的分析，我们更能够看清楚世界各国推动数字化发展的战略决心和发展路径，并能够初步总结其共同点与差异之处。我们不难发现，国家引领的关键作用对于中国智慧城市发展和建设至关重要。在国家层面，我们将回顾总结中国智慧城市建设的历程、新探索和未来理念；在地方层面，我们将挑选六座优秀城市加以重点分析，并进行简要的比较，以寻找共同点与差异之处，提炼对未来发展有益的经验和教训。最后，对全球数字经济竞争中的中国智慧城市的迭代升级及其战略路径进行反思和简要讨论，并在第七章就"升维竞争之道"提出新的思考。

| 国家引领的新型智慧城市建设 |

改革开放以来，中国大规模、快速的城市化推动中国城市发展巨变，中国百万以上人口的城市在 2017 年超过 100 座，形成了京津冀、长三角、粤港澳三大城市区域，并成为全球产业链分工体系上的重要枢纽。一个城市中国已然形成。

城市是文明的标志，国家现代化首先是城市现代化。数字时代，以大数据、云计算、区块链和人工智能为主要标志的技术创新正驱动着中国数字化发展与城市治理走向新的发展阶段。习近平总书记指出，"推进国家治理体系和治理能力现代化，必须抓好城市治理体系和治理能力现代化"。

作为一个新兴发展中大国，中国的城市发展和治理所面临的挑战更加复杂艰巨。尽管技术创新并不能完全解决中国这样一个幅员辽阔的国家所面临的高度复杂的城市问题，但是却提供了一个难得的契机让中国城市治理能够转型成为更具回应性、韧性、参与性的数字化治理模式，从而尽快适应和主动应对新技术革命给城市治理所带来的各种挑战。中国并不是最早提出智慧城市的国家，却是智慧城市发展最为迅速的国家。一方面是源自中国近年来在相关技术领域大幅度投入，整个社会形成了高度共识；另一方面更关键的是国家的参与和大力支持。中国政府高效的决策体制所发挥的重要作用极其关键。

面对中国复杂的内外部环境，中国的数字经济发展、智慧城市建设、数字政府建设、智能社会治理探索等陆续开展。在各方推动下，中国的数字化发展与智慧城市建设愈发走向融合，从硬件设施建设走向了软件服务优化，从"数据组网"走向了

"政府重塑"，从政府和企业合作走向了多方合作治理。回顾三十余年的中国智慧城市建设探索，中国各地方政府、各层级城市管理者们取得了相当丰富的经验，尤其是面向未来的智慧城市治理新理念和新思路也正在形成和酝酿之中，这些新的进展都指向了一个非常明确的政策意图即重塑政府及其治理能力，从而在激烈的全球竞争中取得优势。

中国智慧城市建设的主要历程

20世纪90年代，为了解决美国城市郊区化过程中的城市蔓延所带来的低效、污染和耗能问题，一些美国学者和政治家提出了智慧城市的管理理念，希望通过高科技来解决城市的生态环保问题。随着环境保护和绿色发展理念的兴起，智慧城市与精明增长的理念引起了中国学者和政府领导者的注意。从那时开始，中国政府推动的研究项目或政策议程就以"先试点、后推广"的方式陆续推出，比如浙江省嘉兴市就是中国早期智慧城市建设的试点城市之一。随后，"智慧建筑""智慧社区""电子政府""信息化管理"等概念以"文件"的形式进入了政府的决策和执行过程之中。尽管这些前期工作并未取得如近十年这般迅猛的发展成效，但上述工作在概念推广、共识凝聚、积累经验方面起到了非常基础的作用。

1998年，美国副总统戈尔提出了"智慧地球"的概念，畅想一个能解决人类所面临的生态环境问题的数字化世界。2008年，美国IBM公司提出了"智慧地球"和"智慧城市"的概念，实际上是提出了能够商用化的智慧项目设计。经过多年的实践，智慧城市项目为IBM公司带来了不菲的利润收入。从戈尔提出的智慧地球概念开始，这一概念实际上已经和此前旨在解决城市蔓延问题的"智慧"概念有着较大的不同，其更加重视的是通过技术创新来解决城市和社区的可持续发展需求。但从国内外的实践情况看，单纯依靠技术很难解决复杂的城市难题或者只能部分地解决部分富裕社区或富裕人士的需求。

随着科技创新迭代的加速，以大数据、云计算、人工智能技术为标志的新一代技术创新浪潮，推动数字经济成为世界经济转型升级寻找新动能的关键领域。正是在技术创新的巨大影响力和国家间的激烈竞争形势面前，中国政府领导层意识到大数据驱动的数字化发展与智慧城市治理将是未来时代重塑政府、引领经济转型升级的国家战略选择。因此，原本由地方政府试点、企业和社会力量推动的模式逐渐转换为国家产业扶持和全面系统引领治理变革的模式。随之而来的是中国智慧城市建设开始迅速推进，回顾中国智慧城市发展历程，可分为如下四个阶段。

第一阶段，20世纪90年代中期至2012年的试点探索阶段。早在20世纪90年代，中国就曾通过试点方式建设智慧城市，主要是在服务型政府、生态节能、智慧社区等方面尝试推进政府电子化和信息化改革。2010年，国务院启动了以城市为基准的信息化试点示范工作，并在2012年重新提出了具有综合性内涵的"智慧城市建设"的概念规划。2010年以来，中国主要是以云计算、移动设备和应用（App）、3G通信技术为主要手段和媒介，搭建各种运营管理系统，完成城市各个管理系统的信息化，分领域推进数字化、网络化的技术改造。其中，政务电子化、管理自动化是重点内容，目的在于进一步提高办公效率，提高产业、行业的数字化、网络化水平。

第二阶段，2012年至2015年的试点探索阶段。从2013年开始，住建部公布了首批国家智慧城市试点名单，包含90个城市。到2015年，国家智慧城市试点累计接近300个。在这一阶段，智慧城市部际协调工作有序展开，各行各业以物联网为抓手探索局部联动共享是这一阶段的主要特征，其主要目标仍然是共同推进基础设施智能化、宽带化、移动化。其中，政府以"互联网+城市场景"的"场景"连接为主，推动实现基本公共服务不受物理空间制约、城镇化加速发展的总体目标。在这一阶段，智慧城市建设已经步入规范发展的轨道，北京、上海、广州、深圳、杭州等超大型城市也开始将智慧城市建设列入了政府资助的重点研究课题范围，智慧城市综合发展建设日益受到关注与重视。

第三阶段，2016年至2020年加速推进阶段。2016年，"十三五"规划明确将"新型智慧城市"建设作为国家发展战略。政府提出将新型智慧城市的发展理念、建设思路、实施路径、运行模式、技术手段进行全方位的迭代升级，要求各地进入"以人为本、成效导向、统筹集约、协同创新"的新阶段。这一阶段，除了政府主导外，企业、科研机构、社会组织等也参与了建设，通过推动应用5G通信技术和数字政府建设，城市治理快速敏捷响应的目标得以实现。

第四个阶段是2020年至今，美国开启对华贸易战和科技战，外部环境的加剧让中国更进一步意识到数字时代的大国竞争不只在于军事实力方面，更在于经济、科技等综合实力的支撑，尤其在数字经济快速发展、人工智能技术突飞猛进的形势下，全面数字化战略显得更为紧要。因此，中国开始加强系统性的数字治理战略，一些发达省份的地方政府提出数字改革、数字革命、数字化转型等概念。例如，2021年北京提出了建设全球首个数字经济标杆城市的规划方案。在此意义上，中国的智慧城市建设实际上面临着新的发展需求和新的治理挑战，也正在进入新一轮的发展阶段。

中国新型智慧城市建设的三个特征

从之前三个阶段的实践情况来看，中国新型智慧城市建设的最突出特征是：在通用人工智能技术广泛应用的基础上，实现政府治理水平、公共服务供给水平、生态环保节能水平、基本公共安全保障水平的全面提升。综合各地方政府的实践和探索，其特征目前主要集中在如下三个方面。

首先，通过建设数字政府提升城市领导力。在实践中，各地通过数据整合建设数字政府管理体系，推动政府治理向线上线下一体化、平台化的方向发展，推动跨部门、跨区域、跨层级的业务协同，从而更好地实现碎片化的行政整合。这方面主要通过建设城市大数据分析平台来实现，国家建立专门负责数据采集和分析的行政机构，帮助地方政府整合碎片化的数据系统。此外，政府对城市进行网格化管理，通过网格数据采集、智能分析等手段，及时发现风险，及时预警，并及时解决安全问题。例如，武汉市政府与深圳腾讯公司共同打造"We City"技术平台即政务数据管理平台，进而推动数字政务普及发展，辅助城市决策。

其次，建立快速响应、更具包容性的城市公共服务供给体系。一方面，推动医疗、教育、出行、娱乐等多领域的智能化基础设施建设，扩大市民获取公共服务的渠道，增加数据采集的路径。另一方面，随着城市数据和市民终端设备智能化的升级，居民多样化的需求可以被预测和精准分析。城市治理由被动供给服务向主动分析服务需求转变。这样能够更好地满足居民对普惠、便捷的公共服务的基本诉求，让每一个公民都能够直接地、便捷地、可持续地拥有城市生活的幸福感。在这方面，重庆市的智慧城市建设是一个典型例子，它提出要以生态环境、卫生服务、医疗保健、社会保障为重点领域，通过新型智慧城市建设以提高市民的健康水平、生活质量和幸福指数，这些措施提高了普通民众对新型智慧城市建设的"口碑"。有些城市探索运用新技术在绿色建筑、绿色交通体系、绿色能源等领域推动城市工业转型发展，从而改善城市生态环境。例如，沈阳市政府通过与 IBM 公司、东北大学联合成立了联合研究所，加强了对智慧城市生态节能和环境可持续发展方面的研究。

最后，通过多元共治实现智慧城市的可持续运营。在新型智慧城市治理实践中，多元协同治理是各地广泛采取的运营模式。政府借助智能技术，调动公众、企业、社会组织的参与积极性，一方面可以促进数据的不断生成，另一方面也避免政府自身的劣势，发挥企业和社会组织的优势，建立一套可以长期持续运营的基本治理模式。在这方面，杭州市是一个典型案例。杭州市政府出台了规范性文件，提出了政企合作的基本规范和原则，要求适度引入资本，适度运用金融手段，在体现政府主导地位的前提下，尽量充分发挥市场机制在数据资源使用和配置中的决定性作用，从而激活城市发展的数据资源。与之类似，深圳的 ICT 基础设施建设也采取了政府制定规则和规范、技术和数据资源市场化运营、居民参与和监督的智慧城市运营模式。

中国新型智慧城市建设的未来理念

与国外智慧城市建设走过的道路一样，中国新型智慧城市建设也是在长期发展基础上逐渐形成并通过各地方政府的试点建设和政策创新而得以完善的。中国新型智慧城市建设最为重要的目标始终围绕着平台、服务、安全、协同、参与等关键词而展开。这些目标如何实现？这就涉及中国的新型智慧城市建设的未来理念。显然，在数字化发展的国际战略竞争背景下，数据驱动与管理驱动更好地融合从而促进科技创新、产业升级、环境宜居的实现是智慧城市迭代升级的未来理念。

数据驱动有赖于基础设施的系统性建设。智慧感知体系和算法技术的升级可以让城市可见可感知，这就对智慧城市治理提出了更高要求。因此，智慧城市的治理需要更多的"管理驱动"，即一方面建立起感知层、传输路径、运算平台的体系，另一方面建立与各个层次相对接的管理层级体系，最终构建起一个快速响应的城市治理体系。只有建立一个有机循环的、高效运转的可持续综合城市管理系统，才有可能真正助力于产业转型升级和公共服务的均衡配置。在保障数据安全的基础上，完善智慧基础设施建设，重塑城市核心领导力和政府管理体系，形成一个"双轮驱动"的智慧城市建设是下一步可期的"新理念"。这种新理念的最终目标不再只是解决自身问题，而是要参与新一轮的全球数字经济竞争，并在这一过程中寻求解决自身的问题，从而实现智慧城市向 2.0 版迭代。

中国智慧城市发展与数字治理：案例比较

下文对中国十余年来的智慧城市建设实践进行案例比较，从而提炼总结中国典型智慧城市建设的地方经验与教训。我们采取清华大学杜明芳研究员的分析思路，将中国智慧城市划分为若干梯队：第一梯队以北京、上海、深圳、广州等一线城市为典型代表；第二梯队以天津、重庆、南京、杭州等直辖市或省会城市为典型代表；第三梯队以武汉、青岛、无锡、济南、宁波、嘉兴等快速发展城市为典型代表；第四梯队以徐州、合肥、贵阳、昆明、长沙等区域中心城市为典型代表；第五梯队以西安、桂林、洛阳、银川等增长型城市为典型代表。但第五梯队的智慧城市发展进程比较缓慢，借鉴意义相对较小，故本章从前四个梯队中分别选取深圳、上海、杭州、宁波、嘉兴、合肥进行比较。

深圳：数据驱动科技城

深圳是一座年轻而充满朝气的高科技城市。根据中国社会科学院信息化研究中心联合北京国脉公司发布的《第八届（2018）中国智慧城市发展水平评估报告》，深圳智慧城市发展水平指数为 76.3，位居全国第一。[1] 2021 年，深圳提出打造国家新型智慧城市标杆市，建成国际领先的智慧深圳，深圳是中国最有可能真正实现这一目标的科技之城。深圳的城市精神就是改革开放、创新发展，依托独特的经济发展和科技创新优势，深圳的智慧城市建设能够实现新突破。深圳的智慧城市发展主要分为三个阶段。

第一，"十二五"期间，深圳以夯实智慧城市基础设施为重点。"十二五"初期，深圳市在第五次党代会上提出建设"智慧深圳"的目标，形成了《智慧深圳规划纲要（2011—2020 年）》，提出"在全国率先建成信息通信技术基础设施环境国际

---

[1] 中国新闻网．深圳：建一流智慧城市 走社会治理新路［N/OL］．(2019-09-18) [2019-12-08]. http://www.chinanews.com/sh/2019/09-18/8959053.shtml.

领先、城市管理运营与民生服务质量明显提高、产业结构与创新能力优化发展的智慧型现代化城市"的发展目标。2013年，深圳市政府出台《智慧深圳建设实施方案（2013—2015年）》，以落实"智慧深圳"规划，提高深圳信息化水平。具体而言，深圳"十二五"期间重点实现政务信息系统建设的"五个统一"，即统一的党政机关网络、统一的"政务云计算"基础设施、统一的安全和应用支撑平台、统一的基础信息资源库和统一的电子公共服务门户，推动集约化建设，提高业务协同能力。同时完善信息安全保障体系，培育战略性新兴产业集群发展。

第二，"十三五"期间深圳重点发展信息惠民应用和服务体系。深圳市的"十三五"规划将智慧交通、智慧医疗、智慧环保、智慧教育、智慧社区纳入惠民重点领域，随后发布《深圳市建设信息惠民国家试点城市工作方案（2015—2016年）》，打造全市统一的电子公共服务体系，充分发挥信息化对保障和改善民生的支撑和引领作用，深化社保、医疗、教育、养老、就业、社区服务等民生领域信息惠民应用。此外，深圳市发布《新型智慧城市建设工作方案（2016—2020年）》，继续深化智慧城市建设，着力建设公共服务、社会治理、信息经济、城市环境、基础设施和信息安全等方面。2018年，《深圳市新型智慧城市建设总体方案》明确提出到2020年实现"六个一"的目标："一图全面感知、一号走遍深圳、一键可知全局、一体运行联动、一站创新创业、一屏智享生活。"统筹规划建设包括党政机关网络、政务云平台、共性应用支撑平台、大数据中心和基础信息资源库等在内的统一信息化支撑体系。

第三，在"十四五"期间，深圳提出加快新型智慧城市抢占竞争制高点的发展战略。2020年，深圳市政府携手华为宣布共建"鹏城智能体"，打造"具有深度学习能力的鹏城智能体"。2021年，深圳市政府发布了《深圳市人民政府关于加快智慧城市和数字政府建设的若干意见》，明确提出到2025年成为全球新型智慧城市标杆和"数字中国"城市典范。深圳的智慧城市建设起步早、信息化程度较高，在信息基础设施建设、推进智慧政务、高科技产业培育方面走在中国的发展前沿。此次面向全球的竞争体现了深圳的勇气和战略决心。

回顾深圳的数字化发展与智慧城市建设历程，有三个方面的特色值得注意：首先，较早布局新一代信息通信基础设施。从"十二五"初期，深圳市就陆续提出加快建设国际领先智慧城市信息基础设施，并在2016年制定《深圳市2016年加快推进信息基础设施建设实施方案》，加大信息基础设施建设力度，建成国际一流的信息基础设施，成为"一带一路"的重要信息通信节点和重要的国际信息港，建成全程全时的公共服务信息化体系。其次，推动数据驱动的城市管理与决策水平提升，建设数字政府。在全国数字政府建设浪潮中，深圳也提出了自己的数字政府计划，总体思路是促进政务服务的一体化。2016年，深圳市印发《深圳市推进互联网＋政务服务暨一门式一网式政府服务模式改革实施方案》，结合深圳实际，全力推进深圳政务服务"八个一"建设，即"一码管理、一门集中、一窗受理、一网通办、一号连通、一证申办、一库共享、一体运行"。2017年，深圳市政府发布《深圳市2017年推进"互联网＋政务服务"改革工作计划要点》，要求建立政府大数据中心，进一步完善全市统一的人口、法人、房屋、地理空间等公共基础信息资源库，以及网上办事、商事主体、综合监管、公共信用、电子证照等主题信息库。2019年，深圳已经基本建成了全市统一的信息资源共享体系，包括管理制度、信息资源库、信息共享平台和监督考核机制。统一的应用支撑平台包括信息资源共享交换平台、统一身份认证平台、政府网站生成平台、安全管理平台等，为"互联网＋政务服务"等应用提供了数据支撑。[1]最后，搭建"织网工程"，打造智慧社区。深圳的"织网工程"是在云计算、物联网和大数据技术等新一代信息技术支持下对社区管理与服务的创新。具体而言，"织网工程"就是把各部门关于服务、管理的信息资源编织到一个大数据库中，以大数据为交换平台，进行数据比对核实，实现资源共享和数据挖掘应用，最终达到信息资源动态管理、互联互通、共建共享，重新构造政务流程，提升公共服务效能和城市管理精细化程度的政府创新工程。[2]

作为改革开放的排头兵，深圳拥有新型智慧城市建设的战略眼光、科技优势和经济实力。总体来看，可以从深圳数字化发展和智慧城市建设中得到以下启示：第一，布局数字产业化，扶持产业数字化，构建智慧产业体系。智慧产业体系是智慧城市发展的核心，深圳通过多种高新技术产业的集成发展，提高创新发展水平，使其成为中

---

[1] 张宇，许宏鼎.深圳新型智慧城市建设成效、经验及其对成都的启示[J].成都行政学院学报，2018（6）：82-85.

[2] 张丽，韩亚栋.网格化治理："织网工程"和创新动因[J].求索，2018（3）：54-60.

国数字产业领跑者。[1] 华为、中兴、腾讯、百度等互联网企业在物联网、云计算、人工智能、大数据等智慧城市应用领域创新发展并形成产业链，推进深圳"互联网+"与产业融合发展。深圳前海智慧城市示范区的智慧产业覆盖人工智能、云计算、信息服务等第二、三产业，成为智慧产业发展及智慧城市建设的试验田。[2] 智慧产业的发展为深圳智慧城市建设提供新理念、新技术，提升了城市智慧化效率。第二，设立智慧城市建设集团，推动智慧城市建设。深圳市国资委于2019年8月设立深圳智慧城市集团，作为一个智慧科技平台公司，其主要任务是助力深圳智慧城市、数字政府建设和区域性国资国企综合改革，并承接部分政府职能，统筹推进相关工作。深圳智慧城市集团随后与"腾讯"公司签署战略合作协议，共同推进智慧城市建设。[3] 这种模式与德国柏林的智慧城市建设模式有所类似。第三，在智慧城市建设过程中，深圳十分重视顶层设计，发挥市场机制的优势作用，从而推动深圳智慧城市的迭代升级。早期深圳市政府注重信息基础设施建设，如今则更加重视大数据的驱动作用，并进一步提出参与全球数字经济竞争的新设想。对于深圳而言，随着智慧城市建设进程深入，如何进一步打破"数据壁垒"，如何以进一步设施数据驱动战略，如何在智慧交通、智慧安防、智慧医疗、信息经济等方面实现进一步的数字化转型，是有待深圳也包括国内其他城市破解的新问题。

上海：城市数字化转型

上海，作为中国国际化程度最高的大都市、经济中心和城市管理的示范城市，一直是中国城市发展与治理的前沿代表。在数字时代，上海提出了经济、生活和治理全面数字化转型的战略目标。从笔者的实地调研来看，上海在数字化发展与智慧城市建设方面经过多年积累，快速进步，其中政府发挥了举足轻重的统筹引领作用。上海的数字化转型依托上海三十余年的快速发展和治理水平的加速优化，其在城市发展与

---

1 王强.智慧城市创新发展的模式与路径：基于国际比较的视角[J].重庆城市管理职业学院学报，2019（3）：40.

2 杨龙.加快促进深圳智慧产业发展 抢占智慧城市发展战略高地[N].深圳特区报，2018-05-08（C02）.

3 腾讯网.腾讯与深圳智慧城市集团达成战略合作，助力深圳智慧城市建设[N/OL].（2019-11-22）[2019-12-08].https://tech.qq.com/a/20191122/008713.htm.

治理方面取得的成就主要是广义社会维度变化带来的，而并非单纯是由数字化和信息化带来的，但技术维度变化显然促进了上海的城市发展与治理。

20世纪90年代中期，上海抓住全球信息化发展的契机，启动了城市的数字化建设。上海数字化建设为上海智慧城市建设的起步打下了良好基础，同时也是上海智慧城市建设侧重于数字化的重要原因。举办世界博览会是上海正式提出智慧城市建设的起点。"世博会"展示并采用了物联网、云计算、智能电网、智能交通、智能卡、智能食品以及集约式信息化运营中心系统平台技术，"世博园区"也俨然成为智慧城市的缩影。[1] 上海智慧城市建设以此为分水岭，进入了加速发展的新阶段。上海为成功举办"世博会"，加快了市政工程改造进度，全面推进信息网络基础建设，信息技术逐步应用到社会各领域，为上海的城市数字化转型打下了基础。

2011年，上海市政府抓住全球智慧城市建设的新契机，在"十二五"规划中提出了创建面向未来的智慧城市的具体任务："大力实施信息化领先发展和带动战略，构建实时、便捷的信息感知体系，提升网络宽带化和应用智能水平，推动信息技术与城市发展全面深入融合，建设以数字化、网络化、智能化为主要特征的智慧城市。"[2] 此外，上海市还发布了《上海市推进智慧城市建设2011—2013年行动计划》，提出"着力打造符合智慧城市建设需求和趋势的信息基础设施体系、信息感知和智能应用体系、新一代信息技术产业体系，以及区域信息安全保障体系"。2012年，上海市相关政府部门成立了智慧城市建设的研究机构，发布国际智慧城市发展研究成果报告——《智慧城市上海发展报告（2012）》。浦东新区成为上海智慧城市建设的重点示范区。浦东新区提出"智慧引领模式变革"的工作思路，在《智慧浦东建设纲要——浦东新区国民经济和社会信息化"十二五"规划》中提出"3935战役"，致力于紧抓基础设施建设、应用体系建设和智慧产业发展，智慧浦东发展为浦东数字化转型奠定了基础。

随着数字经济的快速发展，上海提出在"十四五"期间加速推进城市数字化转型。2019年以来，上海市以"互联网+政务服务"改革为牛鼻子，推进"一网通办、一网统管"，建立市大数据中心，加快政府及相关企事业单位数据的连通、交换、

---

1 贝文馨."智慧城市"核心内涵研究——以上海"智慧城市"建设为中心[D].上海：上海师范大学，2017：52.
2 段虹.智慧城市建设及评价体系研究——以上海为例[D].上海：上海交通大学，2014：23.

开放和利用[1]，通过推进新型智慧城市建设为上海实现从"门户"城市向创新型"综合"城市跃升提供重要推手和支撑[2]。在政府主导下，上海在数字经济产业集成发展、"城市大脑"建设、基层治理数字化转型、新型基础设施建设、数字家园建设等方面全面提速。

　　回顾上海长达三十余年的城市数字化转型，上海的案例特色是鲜明的，至少有如下三个方面值得高度关注：第一，关注科技前沿和国际城市建设动态，以信息化建设为起步，大力发展信息技术产业，不断推动数字信息产业转型升级。上海市发布的《上海市推进智慧城市建设2011—2013年行动计划》指出，新一代信息技术产业成为智慧城市发展的有力支撑。上海将以企业为主，重点实施云计算、物联网、TD-LTE、高端软件、集成电路、下一代网络、车联网、信息服务八个专项。[3]根据新技术的潜在应用方向，该计划提出要在2020年实现信息技术应用的"泛在化、融合化、智敏化"，初步形成了经济、治理、生活三方面融合的数字化转型思路。从世界范围内看，这一思路可以说是具有前瞻眼光。第二，试点先行，不断总结经验形成带动效应。这也是中国政策创新和执行过程的普遍特色。上海市选择具有区域特色或发展热点的地区进行智慧城市应用示范，充分发挥上海市在软、硬件和人才资源方面的优势，积极争取国家相关政策先行先试，在世博地区、虹桥商务区和有条件的郊区（如闵行、宝山）组织开展智慧城市的试点示范区（园区、街、镇）建设，探索新型建设推广模式。[4]第三，发挥企业、大学、国际机构等多方力量和优势，合作推动智慧城市发展和治理。2010年，上海推出《上海推进云计算产业发展行动方案（2010—2012年）》，为上海"智慧城市"建设所需要的云计算提供了非常优秀的基础条件。IBM将顶尖的云计算技术与中国实际充分结合，在智慧技术基础上充分支持了上海的智慧城市建设。[5]上海市政府在构建智慧城市的过程中，融合了咨询机构、

1　戴振华，丁绪武.上海"智慧城市"建设的成效、问题及对策建议［J］.经济研究导刊，2019（22）：131-132+139.

2　楚天骄.借鉴国际经验，建设面向未来的智慧城市——"十四五"期间上海智慧城市建设目标和思路研究［J］.科学发展，2019（9）：25-31.

3　天雨.上海发布智慧城市建设行动计划［J］.中国新通信，2011，13（18）：24-27.

4　徐国强.上海建设智慧城市的路径探索［J］.上海城市规划，2012（3）：122-126.

5　张永民，杜忠潮.我国智慧城市建设的现状及思考［J］.中国信息界，2011（2）：28-32.

研究院所和合作供应商等多方资源。目前，上海市智慧城市建设正逐步由面上推广转变为向行业领域纵深推进。上海市着力加快互联网、大数据、人工智能与实体经济融合，发挥数字化在经济社会发展全局中的引领和带动作用。[1]

上海市在数字化转型过程中的启示至少有两个方面：第一，重视高科技前沿产业布局，以信息基础设施升级为驱动力，逐步推动智慧城市建设，全面推进数字化转型。以基础设施升级为驱动力，即通过嵌入信息技术，完善城市基础设施，为接入智慧应用、发展智慧产业奠定技术基础。在上海市智慧城市建设的不同阶段，政府及时出台相关政策支持引领下一阶段的智慧城市发展。同时选择具有区域特色或发展热点的地区来进行智慧城市应用示范以总结经验，形成带动效应。第二，建设服务型、平台性政府，通过数字政府建设重塑城市治理，包括智慧社区、医疗、交通、环境保护等公共服务类的数字应用软件得到相当程度的普及，很大程度上改善了行政和公共服务递送的便利性。通过"城市大脑"和智慧社区试点建设，上海的城市管理体系变得更加数字化。尽管在这方面还存在着数字鸿沟、信息孤岛、治理碎片化等问题，但从长期看，这些问题将进一步得到解决。正如本·格林（Ben Green）在《足够智慧的城市：恰当技术与城市未来》（*The Smart Enough City: Taking Off Our Tech Goggles and Reclaiming the Future of Cities*）一书中所表达的那样，智慧城市不是目的，目的是解决问题。对上海的城市治理而言，数字技术与治理的融合因为有了服务型政府导向的改革而变得令人期待。在此意义上，上海下一步数字化发展的核心理念就应该是"人民城市"与"全球城市"的融合。上海是中国参与全球数字经济竞争的战略地点，应该积极开拓全球数据底座和智慧大脑建设，正如同济大学诸大建教授所指出的："节点是向外发力，而不是对内依附。"上海的发展应面向大海，拥抱智慧城市2.0！

杭州："城市大脑"与整体智治

浙江省在全省范围内推动数字化改革，明确提出了"整体智治"的理念，把握住了数字时代数字经济与数字治理两条主线，在全国范围内看，浙江的数字化发展走

---

1 陆森，刘岩，辛竹.《2018上海智慧城市发展水平评估报告》解析［J］.上海信息化，2019（5）：48-52.

在了前列。杭州作为浙江省会,同时又是全球最大的移动支付之城,以电子商务、物联网、云计算、大数据、信息系统集成等为核心产品和服务内容的信息产业蓬勃发展,杭州新型智慧城市建设具有独特优势,近年来发展迅速。在此背景下,杭州市不仅突出强调了数字治理的重要性,而且把建设"城市大脑"作为数字经济与数字治理系统集成的突破口,可以说是抓住了关键。当前,杭州以交通领域为突破口建设"城市大脑",通过把城市的产业、交通、能源、供水、民生服务等基础设施全部数据化,计算机可以对整个城市的全局实时分析,自动调配公共资源。

杭州的数字化发展与智慧城市建设总体上分成三个阶段:第一,2015年之前,以经济发展为载体,建设智慧创新杭州。2012年4月,中国工程院确立包含杭州在内的"中国智慧城市"试点城市名单,随后杭州市政府制定《"智慧杭州"建设总体规划(2012—2015)》,明确提出"构建智慧创新城市、打造东方品质之城、建设幸福和谐杭州"的智慧城市建设目标。2014年,杭州国际城市学研究中心在《以智慧城市经济为载体,推动杭州智慧城市建设》中提出要"以智慧城市建设为载体,大力推进杭州第四次产业革命",要建设智慧城市2.0版,一手抓产业的智慧化,一手抓智慧的产业化,大力发展智慧城市经济,实现城市2.0版带动经济2.0版升级。[1] 2015年,杭州制定《信息经济智慧应用总体规划》,规划建设智慧公共服务能力,覆盖智慧治理、民生服务、环境保护三部分内容。第二,2017—2022年,"十三五"期间着力发展"数字杭州",推进"城市大脑"建设。2017年的《"数字杭州"发展规划》扩大了智慧城市的范围,强调民生服务环境营造,覆盖领域包括智慧教育、医疗、社保、社区、扶贫、体育、文化、旅游、农业、气象等多个方面,强调城市精细治理,覆盖领域包括智慧交通、警务、城管、市场监管、安监、检务、党建、审计、环保、信用。2018年《全面推进"三化融合"打造全国数字经济第一城行动计划》(以下简称《行动计划》)首次提出"城市大脑"概念,将"城市大脑"打造成为城市数字化治理的核心基础设施,推动数据向"城市大脑"汇聚,深化"城市大脑"在各行业各领域的部署和应用。《行动计划》提出,"城市大脑"交通治理要在2019年实现主城区全覆盖,城管、医疗、房管、安监、市场监管等系统在2020年建设完成并

---

1 朱文晶,阮重晖,李明超.杭州智慧城市建设与智慧经济发展路径研究——基于系统集成的视角[J].城市观察,2015(2):115-123.

投入运行，2022年治安防控系统基本建成，城管、医疗、房管、安监、市场监管等系统实现全市覆盖。随后的《杭州市城市数据大脑规划》具体规划"城市大脑"建设，提出建设并完善城市数据大脑交通系统和社会治安相关系统，要完成城市数据大脑在各行业的系统建设，并将其投入实际运行。

以上设想是笔者从相关资料文献中提炼出来的，但毫无疑问，杭州与深圳、上海在数字化转型发展方面有着明显的不同，即高度强调"城市大脑"建设，把数据底座作为最重要的基础性工作。笔者认为，这是抓住本轮数字经济发展推动新型智慧城市建设的关键。尽管相对于上海、深圳这样的一线城市来说，杭州推进智慧城市建设的时间稍晚，但是杭州的互联网经济发达，信息基础设施完善，智慧城市应用处于全国领先。总体来看，杭州还有三个方面的特色值得关注：第一，注重智慧民生建设。为了让市民真正享受智慧城市带来的便利生活，杭州市政府与支付宝携手共建智慧民生应用。杭州城市居民通过支付宝平台可以享受50多项政务和生活服务，包括智慧出行、智慧医疗、智慧旅游等。杭州的公共交通实现全面互联网化，无论是自行车，还是公交、地铁、网约车，都可以通过手机便捷体验。"支付宝"城市服务平台也可以实现违章、事故缴罚、考试报名、教育缴费等服务。杭州多家医院入驻支付宝"未来医院"，提供手机内挂号、缴费、查报告的全流程服务。外来游客可以对杭州的景点、住宿、交通、餐饮、购物、娱乐进行快速查询。[1] 第二，推动"城市大脑"建设。按照2016年"城市大脑"建设计划，"城市大脑"把城市的交通、能源、供水等基础设施全部数据化，连接城市各个单元的数据资源，并连通"城市大脑"的超大规模计算平台、数据采集系统、数据交换中心、开放算法平台、数据应用平台五大系统进行运转，对整个城市进行全局实时分析，自动调配公共资源。杭州"城市大脑"智慧城市建设计划的目标是让数据帮助城市作决策，将杭州打造成一座能够自我调节、与人互动的城市[2]，从而实现习近平总书记在浙江考察时所提出的"让城市更聪明一些、更智慧一些"的目标。第三，着力打造互联网特色小镇，助推杭州经济发展和创新。2014年，特色小镇于浙江兴起，而在浙江各地区中又以杭州市最具成效。2015年，

---

[1] 蚂蚁金服集团研究院，互联网+百人会.新空间·新生活·新治理——中国新型智慧城市·蚂蚁模式白皮书（2016）(节选)[J].杭州科技，2017（4）：36.

[2] 陆健，严红枫.杭州："智慧城市"让生活更美好[J].当代党员，2018（2）：28-29.

浙江省发布《关于加快特色小镇规划建设的指导意见》，提出特色小镇主要聚焦信息经济、环保、健康、旅游、时尚、金融、高端制造七大产业，坚持政府引导、企业主体、市场化运作的运行方式。2016年，《关于加快特色小镇规划建设的实施意见》明确特色小镇必须要有特定的产业定位，可以是当地特色和具有优势的细分产业，比如制造类、研发类、文化创意类等，同时还需要兼具生活、旅游等功能，鼓励以社会资本为主投资建设特色小镇。杭州特色小镇的发展紧扣智慧城市的脉搏，促进云计算、人工智能、大数据等信息技术在城市管理、交通、医疗、养老等民生领域的应用，从而推动大众创业和万众创新，成为杭州经济发展和创新的新引擎。

杭州在建设新型智慧城市方面的启发是多方面的，其中至少如下三点令人印象深刻：第一，重视城市的重要作用，利用"城市大脑"推动经济、社会、治理创新。杭州通过推进新型智慧城市建设，加速了数字经济的快速发展，实现了整体创新、创业能力的大幅提升。据《2017中国城市创新力排行榜》显示，杭州在"中国最具创新力的新一线城市"中居于首位，位列全国19座一线城市和新一线城市第5位。众多科技创新公司诸如阿里巴巴、网易、京东、百度、腾讯、华为等在杭州设立全球培训中心、计算机研发中心，将杭州视作未来之城。[1]第二，杭州重视政府有形之手与市场无形之手的作用，通过汇聚多方力量实现合作治理。杭州的智慧城市建设注重于提升本土企业的核心竞争力，大批企业加入智慧城市建设的队伍，与杭州市政府携手共建。海康威视为杭州地铁提供监控系统，还成功布局三大物联网安监系统领域。以银江股份有限公司为主起草的《城市交通信息采集与存储国家标准》使交通信息的处理、发布更加规范和有序，同时银江股份有限公司在智慧城市重点领域取得迅速发展，为政府提供智慧城市建设方案。[2]浙江大学、杭州电子科技大学、浙江工业大学等省部署高校和科研院校参与建设，为杭州的智慧城市建设提供智力和人才支撑。第三，建设智慧城市以"城市大脑"为突破口。杭州的智慧城市建设目标是"构建智慧创新城市、打造东方品质之城、建设幸福和谐杭州"。为了实现此目标，杭州市政府先后出台"数字杭州"和"城市大脑"规划，构建了感知层、网络层、平台层和应用

---

1 浙江省咨询委战略发展部.全力打造杭州国际智慧之都 加快建设国家信息经济示范区[J].决策咨询，2018（3）：20.
2 王夏斐.杭州"智慧城市"建设再提速[J].今日浙江，2014（11）：22-25.

层四个层次的智慧城市建设总体架构。感知层采集移动终端、智能卡、视频等信息，在网络层构建通信网、互联网、物联网、广电网，通过搭建公共服务平台、电子政务平台、数据中心等平台为用户提供交通、医疗等智慧应用。

宁波：顶层设计与智能产业

笔者曾带领社会实践团队调研宁波的市场经济发展，参访宁波的智能制造、淘宝村、物流配送，对宁波的发展印象深刻。作为中国最重要的港口城市，宁波的数字化发展形成了自己的模式。在全国的数字化浪潮中，宁波提出"数据驱动、业务协同、产业融合、应用升级、信息安全"的发展思路，在网络基础设施建设、政务大数据发展、综合智慧应用和产业融合创新发展方面取得成效。[1] 自 2011 年以来，宁波市在新型智慧城市建设中抢占机遇，形成"宁波模式"，成为中国智慧城市示范城市。

宁波的数字化发展主要分为两大阶段。第一，在"十二五"期间，宁波较早地提出要夯实数字基础设施，重点发展数字化智慧化产业。在《加快创建智慧城市行动纲要（2011—2015）》中，宁波提出的主要目标是推进智慧应用体系建设、智慧产业基地建设、智慧基础设施建设、居民信息应用能力建设和智慧城市发展环境建设。2012 年，为加快智慧城市建设的步伐，在《2012 年宁波市加快创建智慧城市行动计划》中提出，加快推进信息网络基础工程和信息安全基础工程，推进政府云计算中心和基础信息共享工程建设，推进面向城市管理与服务的智慧应用工程、面向产业发展的智慧应用工程，推进智慧产业基地培育工程等。2015 年，宁波市政府在《关于加快发展信息经济的实施意见》中提出"智慧城市建设先行区"的目标，推动物联网、云计算、大数据等信息技术在城市治理、民生服务等领域普及应用，引领示范全国智慧城市建设。第二，在"十三五"期间，宁波提出大数据与智慧城市建设协同发展的思路。2016 年，为进一步推进宁波市大数据发展，宁波市政府实施《关于推进大数据发展的实施意见》，制定政府大数据集成、共享和开放的相关制度和标准，形成全市政务数据共享和开放政策体系，优化行政管理流程，实施 PPP、BOT 等多种发展模式，推动大数据在多个行业应用。《宁波市智慧城市发展"十三五"规划》明确提

---

1 叶春华.智慧城市建设的"宁波实践"[J].宁波通讯，2018（21）：56-57.

出，宁波将构建以城市大数据发展为核心，以智慧产业融合发展为引擎，涵盖城市规划、社会治理、民生服务、文化教育、生态环境等领域的新型智慧城市发展体系框架。2019年，宁波市发布"数字宁波""最多跑一次"和"5G"应用的数字化发展规划，大力发展数字经济，建设宁波智慧港、数字政务体系、智慧治理体系、信息惠民体系，构建具有宁波特色的"四横四纵"政府数字化转型体系，推广5G技术的应用范围，实现智慧城市应用体系的升级。

从宁波市政府出台的智慧城市政策规划来看，在智慧产业、大数据应用、协同发展、智慧应用系统建设方面，宁波市形成了自身独特的建设特色。具体有如下三个方面：第一，依托区位优势，发展智慧物流产业。宁波是一个历史悠久的港口城市，宁波港是中国最重要的港口之一，物流基数庞大，对于发展智慧物流产业具有得天独厚的优势。通过完善集装箱码头生产管理等系统，整合各种信息数据资源，宁波提出要建设港口数据中心和信息交换平台，利用物联网技术搭建宁波的口岸物联网智能平台、口岸应急联合指挥监控中心，从而提高宁波港物流的自动化、可视化、可控化、智能化水平。[1]第二，盘活数据资源，建设"城市大脑"，促进城市的智能运营。近年来，宁波市着力发展大数据，在建立智慧城市运营中心后，2018年9月宁波在智能经济与社会创新高层论坛上向全国发布"CityGo城市大脑"。"CityGo城市大脑"是"智慧城市的系统之系统，通过汇聚城市的算力、数据、算法和知识等，将其封装为智能体，进而再创新和重组，形成业务更丰富、功能更强大的城市智能体群，以便对城市运行进行综合感知、思考判定、预测推演、决策指挥等，辅助城市领导者、管理者、服务者和市民进行科学规划、智能决策、精准管理以及预知执行，实现城市资源要素的最优化配置"。[2]第三，建设智慧民生应用体系。宁波围绕"就医难、出行难、就学难"等社会问题，在智慧城市建设中加快智慧民生应用体系的建设，编织了一张覆盖"住、行、医、学、商"的智慧民生大网。在智慧交通方面，通过建设"宁波通"平台，为市民提供出行路线规划、出行方式对接、客运购票、停车等20多项服务。[3]

---

1 杨健，焦勇兵，刘伟.宁波智慧物流建设的机理分析——基于管理学理论视角[J].物流技术，2012，31（13）：377-379.
2 刘怡然.CityGo城市大脑：让城市"聪明"的宁波智慧[J].宁波通讯，2018（20）：54-59.
3 本刊编辑部.宁波新型智慧城市[J].中国信息化，2017（1）：38.

在智慧医疗方面，宁波的"云医院通"开通网上医院、在线咨询、远程医疗、分时段预约服务等，提升了患者的就医效率。[1] 在智慧教育方面，整合空中课堂、终身学习和数字化阅读三大应用，打造统一的智慧教育学习平台，搭建统一资源中心，实现优质教育资源共建共享。[2]

2019年，宁波已经完成网络城市布局，提供免费无线网络全覆盖服务。同时宁波积极发展民生应用，其智慧城市建设的"民生"领域覆盖了健康、交通、教育、政务服务等多方面。例如，政务服务App就实现了各部门之间的资源共享和互联互通，宁波市政府通过搭建这样一个汇集交通、城管、环境、水利、公安等部门资源的大平台，成功解决了"信息孤岛"的问题。[3] 2019年，宁波市政府发布《宁波市5G应用和产业化实施方案》，推动5G技术在港口、工厂和交通工具上应用，重点聚焦智慧城管、智慧健康、智慧文旅、智慧教育和智慧农业五个方面。[4]

从宁波市智慧城市建设过程中我们可以得到两方面启示：第一，推动产业智能化与智慧城市联动发展。2016年，宁波正式成为全国首个"中国制造2025"试点示范城市，提出大力发展智能经济的战略举措。目前宁波已形成以集成电路、传感器、智能芯片等核心产业为主的智能产业体系，建成中国（宁波）"芯港"小镇、慈溪智能家电小镇、余姚机器人小镇等特色小镇，以此积极培育特色化智能产业。[5] 宁波市政府出台的《宁波市智能经济中长期发展规划（2016—2025年）》提出重点发展智能制造、智能城市、智能港航三大领域，构建五大智能城市生态体系，包括新一代智能（信息）技术、智能装备及产品、智能应用系统解决方案、智能服务平台、"海陆空"网络体系，提出实施智能工厂建设计划、智能港口建设计划、传统制造业智能化改造计划等重点任务。由于智能产业的发展需要建立各种智能服务平台，结果势必催生智慧服务应用体系，从而实现智能产业与智慧应用联动发展。第二，政府制定顶层设计框架、企业和市民参与、自上而下整体推进的新型智慧城市建设方式。宁波从"城市

---

1 邢黎闻.新型智慧城市建设看宁波[J].信息化建设，2017（9）：36-37.
2 陈桂龙.宁波：打造智慧城市创新亮点[J].中国建设信息化，2016（21）：36-37.
3 葛雯斐.甬现智慧宁波智慧城市建设探索[J].信息化建设，2016（10）：33.
4 中国宁波网.解读《宁波市5G应用和产业化实施方案》[EB/OL].（2019-07-17）[2019-12-10].http://news.cnnb.com.cn/system/2019/07/17/030068817.shtml.
5 宋炳林，易鹤.以智能产业为核心升级"宁波制造"[N].宁波日报，2016-08-22（14）.

整体"出发规划智慧城市建设,由政府主导制定相关政策和参与决策,通过设立专门的组织领导机制和专家咨询委员会,成立智慧城市规划发展研究院等,在各个县区开展试点,自上而下地推进覆盖全市的智慧建设。[1] 宁波形成了以城市大数据发展为核心,智能产业与智慧应用联动发展的主要路径。

嘉兴:新型智慧城市的标杆市

嘉兴早在20世纪90年代就开始了电子政府的试点改革,其智慧城市建设也一直位于全国前列。2013年,嘉兴市就被工业和信息化部列为30个中欧绿色智慧城市试点之一,正式开始推进智慧城市建设。在2014年,嘉兴构建了国家、省、市、县四级平台互联互通的应用架构,形成了全市地理信息共享平台齐头并进的良好局面。2015年,嘉兴与中电科、华为、腾讯等知名企业合作,形成了政府、企业、社会共创新的良好局面。同年,依托嘉兴智慧城市建设初具规模且蓬勃发展,且拥有较为完善的信息基础设施,世界互联网大会在乌镇召开,嘉兴获得了中央网络信息化办公室批准的全国三线城市中唯一的"新型智慧城市标杆市"。为推动试点城市的特色化发展,嘉兴市经济和信息化委员会同中国电子科技集团公司共同起草了《嘉兴市新型智慧城市建设2016年—2018年行动计划》,提出了"一个中心、三大支撑、七大行动、75个重大专项"的具体计划[2],以推动全市智慧化发展品质的不断提升。在2018年中国政府信息化大会上,浙江省嘉兴市凭借新型智慧城市建设成果一举夺得三项大奖。

当前,嘉兴已建成包含平台层、设施层和应用层在内的建成时空信息云平台,该平台在整合城市功能性基础设施和信息基础设施的基础上,通过云计算和大数据,融合物联网、人工智能、5G、区块链等新兴技术,提升基础设施的智能化水平和对城市的支撑能力,更好地感知城市主体,提供优质服务,从不同侧面发现、预测和解决城市发展中的不同难题。该平台广泛应用于五大城市场景:产业经济体系(智慧制造)、惠民服务体系(智慧民生)、政府治理体系(政府内部构架)、基础设施体系(智慧交通)和资源环境体系(智慧能源)。此外,嘉兴市在其"十三五"规划的

---

1 孙谦.从国际视野看宁波的智慧城市建设[J].宁波通讯,2014(19):28-31.
2 网易新闻.嘉兴新型智慧城市建设带来的三个问号[N/OL].(2016-07-21)[2020-08-05]. http://help.3g.163.com/16/0721/03/BSFH4SGF00964LML.html.

基础上，出台《嘉兴市"智慧城市"发展规划（2011—2015年）》《新型智慧城市建设2016年—2018年行动计划》《嘉兴新型智慧城市标杆市建设顶层设计》等一系列政策，从政策层面全面建设新型智慧城市。

从特色经验方面看，嘉兴市在分析自身情况和特点的基础上，提出了数据驱动和管理驱动的双轮驱动模式，为数字经济与数字治理的融合打下了基础。具体有如下三个方面：第一，通过数据和管理双轮驱动打造平台型数字政府。嘉兴市依托市政务云平台、城市综合信息服务平台，建立网络互通中心、应用承载中心、信息共享中心，推进政府部门数据互联互通与业务协同，提升社会治理科学决策能力和政务服务精细化水平。同时，以智能城市大数据平台为依托，通过AI赋能"智能技术"与"城市场景"的深度融合，实现对城市运行状态的多元化认知，全方位提升城市管理的效能。第二，坚持以人为本，促进"政府—市场—个人"三元参与的建设机制。"政府—市场—个人"三结合是嘉兴推动智慧城市建设，推进社会治理现代化的主要手段，强调社会组织、企业和个人的参与。嘉兴市以政府为主导，依托嘉兴市商业、技术、资本、人力优势提供具有比较优势的资源，加强不同领域企业间、政府和企业之间的跨界合作，以跨界融合引领产业与社会发展前沿，形成基于信息互联互通、开放共享的经济社会运行新模式。同时，嘉兴市还打造了覆盖健康、教育、社保、社区等领域的服务资源体系，降低群众服务办事线下跑路和线上服务的"成本"，提升群众获得感和体验感，满足群众日益增长的对美好城市生活的需要。第三，注重智慧城市的数字产业发展，实现高质量发展。嘉兴市以"互联网+"、云计算、大数据、人工智能等信息产业为契机，打造涵盖智慧民生、智慧制造、智慧交通、智慧能源等多领域的发展格局，并把数字产业与民生服务结合起来，作为嘉兴市推进的重点工程。[1]在智能制造领域，嘉兴市重新规划产业布局，提出"一城一核多功能区"[2]，构建产业配套能力服务体系，支撑传统产业的转型升级；通过智慧交通建设，嘉兴已实现交通资源的初步汇聚，并将致力于打造集约统筹的基础设施；嘉兴智慧能源建设则通过推

---

[1] 张永民. 嘉兴：新型智慧城市新标杆[J]. 中国建设信息化，2017（17）：54-56.
[2] 嘉兴市人民政府. 嘉兴市人民政府办公室关于印发嘉兴市"互联网+"行动（2016—2018年）实施意见的通知[EB/OL].（2016-02-17）[2020-08-04]. http://www.jiaxing.gov.cn/art/2016/2/17/art_1228946718_27365712.html.

广"绿色能源",打造绿色低碳、安全高效的现代能源生态系统,同时以城市能源大数据共享平台为核心,打造"海宁模式",开展综合低碳城市服务与应用。[1]

嘉兴作为中小城市数字化发展和智慧城市建设的典型,在推广其经验方面具有更大的价值。笔者认为,数据共享和共治是嘉兴打造新型智慧城市建设的关键经验。经过多年的发展,嘉兴智慧城市已经初步完成数据共享和整合,形成独具特色的发展模式,依托"互联网+",在"政府—市场—个人"机制上,逐步形成了涵盖智慧民生、智能制造、智慧交通、智慧能源、智慧治理五个维度的综合性、系统性智慧城市治理模式。当前,国内智慧城市建设多集中于大型一线城市,而嘉兴市是少数建设周期长、建设经验丰富的中小型城市,也是中小型城市中唯一的"新型智慧城市标杆市"。[2] 从中不难看出嘉兴在全国智慧城市建设与布局中的重要作用,即嘉兴的成功实践将为内陆中小城市的智慧城市建设提供值得借鉴的宝贵经验。

当然,嘉兴智慧城市的建设仍面临诸多挑战,这些挑战反映了其他智慧城市也存在的一些共性问题:公共服务水平区域间差异较大、智慧交通系统检测平台信息不够精准、信息综合利用率较低、数据未能全面汇聚共享、智慧能源制度和标准体系还不完善等。未来,嘉兴市需要更有针对性地进行"城市大脑"体系构建,利用城市级的数据资源体系,构建数据资源库,加之技术应用的支撑,构建智能城市信息模型。针对每一个领域的突出问题,嘉兴市需要对症下药,补齐城市产业发展所需的要素,构建产业配套能力服务体系。同时,利用智能化手段,增强智能教育、智能健康、智能社区服务等社会公共服务能力,从而满足人们对社会公共服务的需求,真正做到"吸引到人,留得住人",为智能城市可持续发展提供人才动力。

合肥:数字融合城市发展

合肥是一座快速发展的新兴工业城市。合肥一度因为政府风险投资式的发展而蜚声世界——合肥大胆进入新能源产业,承接产业转移,实现融合发展。数字时代,合肥能够把握住数字化发展所带来的新契机。合肥智慧城市建设的关键词

---

1 海宁市政府.海宁市支持"能效引领"全域能源综合改革试点工作的若干政策意见[EB/OL].(2018-09-27)[2020-08-04].http://www.haining.gov.cn/art/2018/11/8/art_1562809_17.html.
2 张永民.嘉兴:新型智慧城市新标杆[J].中国建设信息化,2017(17):54-56.

是数字底座、"城市大脑"与战略性新兴产业。从区域发展上看,安徽省作为中部六省之一,其发展对中部崛起的影响显然不容小觑,而合肥市作为安徽的省会城市,其智慧城市建设可以很好地反映中部地区智慧化水平的总体趋势,具有很强的代表性。

合肥的数字化发展经历了两个阶段:第一,"十二五"期间加强基础设施建设,为智慧城市的建设奠定基础。合肥在智慧城市建设方面认识高、起步早、效果较好。2011年,"智慧合肥"被写入《合肥市"十二五"规划纲要》。当时合肥市政府决定以网络宽带化和应用智能化水平为核心,加快推进信息技术与城市发展全面深入融合,建设以数字化、网络化、智能化为主要特征的智慧合肥。为此,2011年12月,合肥市政府与中国联通安徽省分公司签订"无缝宽带城市"战略合作框架协议。协议约定,"十二五"期间,安徽联通将在合肥投资40亿元打造"无缝宽带城市",助推"智慧合肥"建设。2012年12月,合肥启动"智慧城市"试点示范申报。随后,合肥不断加码扶持和发展战略性新兴产业。2013年8月,合肥成功入选国家"智慧城市"试点城市。[1]第二,"十三五"期间合肥市的数字化、网络化和智能化水平显著提升、发展迅速。《合肥市"十三五"规划纲要》中提出,要以信息安全和标准体系建设为先导,以智慧基础设施建设和智慧应用推广普及为抓手,提高城市发展质量和人民生活的幸福感。2018年5月,合肥被选为智慧城市国际标准的试点城市。合肥市的天网项目和第一阶段数字城市管理项目已经完成并投入使用,信用平台工程和智能交通工程的建设正在加快,并将很快发挥作用。[2]合肥市政府在《关于打造创新高地,加快创新型城市建设的实施意见》中进一步提出了合肥未来在建设智慧城市过程中的奋斗目标,即全面开展"科技8521的行动计划"。这一宏伟目标主要是在2020年形成一种符合合肥智慧城市发展的城市创新体系,使合肥成为国际国内知名的智慧城市,能够与区域性特大城市以及现代化新兴中心城市的建设相适应,不断打造建设"智慧合肥"。[3]

---

1 贺小花.合肥:努力打造特色智慧城市样板[J].中国公共安全,2014(7):70-72+74+76+78-79.
2 左梦婷,鲍建华,赵文琪,等.智慧城市发展水平评价研究——以合肥市为例[J].山西农经,2019(6):16-17.
3 李才华,吴玉梅.智慧城市建设模式研究——以安徽合肥为考察视角[J].西部学刊,2016(2):75-77.

合肥对打造新型智慧城市的雄心壮志源于合肥的工业基础与区位优势，其具体的特色举措有如下三个方面：第一，改善城市基础设施建设。合肥市建立了比较完善的实体基础设施，城市交通从平面跨入了立体时代。"十二五"期间，合肥市大力投入水、气、热等市政基础设施建设，使得合肥公共设施服务能力显著提升，接近国内先进水平。合肥市的文化、教育、体育、卫生等公益性公共设施数量均有所增加，服务能力增强，辐射半径更合理。"十二五"期末，合肥市启动了地下管廊和海绵城市建设，全面完成城市地下管线普查工作。在信息化建设方面，合肥市已实现了主城区免费无线局域网全覆盖。第二，高度重视高新技术产业领域的创新创业。合肥市在智慧城市建设过程中一直高度重视智能制造、产业数字化和智能化，是国内的先行者。根据《安徽省人民政府关于加快建设战略性新兴产业集聚发展基地的意见》精神，合肥提出着力打造一批高新技术产业聚集发展基地，引领示范带动全市高新技术产业发展的后劲和活力。高新技术是新兴战略性产业极为重要的组成部分，也是合肥经济增长的重要动力。第三，注重引进科技人才。2016年召开的合肥市高层次人才工作会议，强调人才是合肥未来发展的关键，要进一步完善吸引中高层人才的政策举措。[1]合肥拥有中国科学技术大学、合肥工业大学等54所高校及中科院合肥物质科学研究院、中国电科第38所等九家知名科研机构，是名副其实的科教之城。截至2019年，全市建有省部级重点实验室150个、国家大科学工程5个、院士81名、"海外高层次人才引进计划"引进195人及各类科技人员60多万人。合肥市大力发展创新平台建设，从早期的中科大先研院、合工大智能制造技术研究院到中科院合肥技术创新工程院、合肥科技创新公共服务平台，这些都为合肥市创新发展奠定了扎实的平台基础。[2]

中国社科院《中国城市创新竞争力发展报告（2018）》对合肥市的综合实力、产业特色、优势劣势进行了分析和解读，并将合肥市的综合实力排名定为全国第24名。合肥在城市管理、发展及治理等方面引人注目，为"智慧合肥"建设奠定了坚实的基础。[3]合肥市的数字化、网络化和智能化城市水平得到了显著提升，信用平台工

---

1 张薇.合肥智慧型城市创建研究［D］.合肥：安徽大学，2016：25-26.
2 谷惠牧.基于TOPSIS法的智慧城市发展水平评价研究［D］.合肥：安徽建筑大学，2018：25.
3 高伟谦.智慧合肥建设存在问题及对策研究［D］.合肥：安徽大学，2019：12.

程和智能交通工程的建设正在加快并将很快投入使用。[1]

合肥的新型智慧城市建设的启示是：第一，提前布局，打好基础。在经济转型升级背景下，合肥要想实现快速发展就需要加速改造传统产业、大力发展高新技术产业。合肥高新区被列入智慧城市试点名单，成为合肥建设智慧城市最有力的一个着手点。高新区智慧化的建设能够带动整个合肥市智慧城市的建设，最终实现整个城市每个单元的无缝连接和协同共享。第二，建设智慧城市的政企合作。2011年7月，安徽合肥电信与合肥市政府签订了"宽带城市，智慧合肥"的协议，签约的成功宣告合肥电信将利用自身的优势，协助政府建成一个覆盖庐州南北、汇集合肥全城的优质信息网络。合肥电信还具有合肥市出口加工区"智慧园区"项目的承建资格，包括整个园区的基础信息化管网建设、安防系统建设、"云数据中心"建设等。[2] 第三，2014年合肥市相关政府部门、高新企业、科研机构、高等院校及从事智慧城市相关工作的专家、学者自愿成立合肥智慧城市创新产业联盟。联盟的宗旨是，在充分整合资源的基础上，通过产、学、研、用的合作和研究成果的共享，带动智慧城市产业核心竞争力的提升和产业链的完善。[3]

六城比较分析

纵观以上六个城市的智慧城市发展情况，可归纳总结出以下三个最为关键的共同点（表6-1）：第一，国家发挥引领作用。笔者从大量智慧城市建设的历程中发现，国家的五年规划扮演了极其重要的角色。作为阶段性考核和调整的一种治理工具，五年规划成为新型智慧城市建设的顶层框架，这也是中国城市区别于国外智慧城市建设的鲜明特点。第二，与自身的特点相结合。城市之间差异性很大，每个城市都有自己的特点，不能用一个统一的标准来建设智慧城市，每一个城市的建设路径不可复制，但并非不能借鉴学习。以上六城均立足于自身发展的实际情况，充分利用本市资源条件，走出了适合自己的智慧城市发展之路。第三，产业先导、市场机制、科技优势是建设

---

1 左梦婷，鲍建华，赵文琪，等.智慧城市发展水平评价研究——以合肥市为例［J］.山西农经，2019（6）：16-17.
2 蔡弘，于梦寒.智慧城市研究——以合肥为例［J］.浙江万里学院学报，2014，27（4）：16-21.
3 中华人民共和国科学技术部.安徽合肥成立智慧城市创新产业联盟［EB/OL］.（2014-12-15）［2019-12-14］.http://www.most.gov.cn/dfkj/ah/zxdt/201412/t20141212_116963.html.

新型智慧城市的基础。在确保应有的财政投入基础上，将财政资金作为智慧城市建设基金的种子基金，广泛吸引社会资金参与，建立和完善基金进入和退出机制，实现基金持续、滚动发展是一种值得借鉴的模式，同时企业投资建立城市运营实体，深度开发公共信息资源，发掘商业价值，为智慧城市建设提供长期稳定的资金支撑。[1]

表6-1 中国智慧城市发展情况的六城比较

城市	战略愿景	建设特色	运营模式
上海	城市数字化转型	（1）首个城市光网 （2）以服务为导向 （3）突出试点示范 （4）汇集多方资源	政府主导的数字化发展
深圳	数据驱动的全球科技城	（1）"宽带中国"示范城市 （2）政府引导+企业投资的模式 （3）"织网工程" （4）构建智慧产业体系 （5）设立深圳智慧城市集团	政府与企业合作、大数据驱动
杭州	整体智治的未来城	（1）积极发展智慧民生应用 （2）重视多元参与 （3）推动"城市大脑"建设 （4）着力打造特色小镇	政企联合运营
宁波	全球智能产业高地	（1）发展智慧物流产业 （2）打造"城市大脑" （3）着力建设智慧民生应用 （4）智能产业与智慧应用联动发展	从"城市整体"出发规划
合肥	数字融合的高科技城市	（1）基础设施建设 （2）高新技术产业创新创业 （3）智慧人才建设	政府主导、企业协助
嘉兴	新型智慧城市的标杆市	（1）数据和管理双轮驱动 （2）"政府—市场—个人"协调发展 （3）智慧城市产业发展	"政府—市场—个人"三结合

来源：作者自制

---

[1] 徐元善.协同治理："智慧城市"构建的目标及其实现路径——以徐州市为例[J].唯实·现代管理，2015（5）：30-31.

中国在新型智慧城市建设方面的最大优势是一直坚持产业优先政策。与美国着力发展数字产业、欧洲强调产业数字化不同，中国可以把产业数字化与数字产业化结合起来，而这一切的前提是产业优先的城市发展政策。除了这个最大的共同点之外，可以发现以上六个城市在智慧城市战略愿景、建设特色、运营模式方面各具特色，其中值得关注的是：第一，在笔者所列举的六座城市中，浙江占据三席，且对新型智慧城市建设的理解与笔者所提出的全球数字经济竞争视野下的建设思路最为接近，即数据底座与智慧大脑建设是重中之重。也就是说，浙江更加注重"整体智治"，拥有鲜明特色，抓住了关键。第二，深圳和上海，作为著名的国际金融城和科技城，在面向全球竞争时考虑到了全球数据流动问题，这是二者的特色，也是值得鼓励的地方。第三，合肥作为新兴工业城市发展迅速，重视新兴战略性科技产业、重视科教人才的吸引是其鲜明特色，可见合肥雄心勃勃。

尽管笔者只选取了六座城市作为典型案例，但并不表示中国其他大多数城市的智慧城市建设没有或缺乏可取之处。限于精力和篇幅，笔者只能选取最为典型和具有借鉴意义的代表城市来分析。对于中国绝大多数努力实现数字化发展的智慧城市建设而言，中国的整体建设水平在全世界范围内仍然处于第二梯队，努力的空间很大。中国大力推动的数字化发展是一个契机，旨在让智慧城市重新成为推动产业和城市创新发展的高地。在此意义上，适时停下来反思中国当前的智慧城市治理则更加关键和重要。

打造数字国家：建设"数字中国"及其思考

2017年，习近平总书记明确提出"加快建设数字中国"。"十四五"规划和2035年远景目标纲要明确提出加快数字化发展、建设数字中国的战略目标。数字中国的内涵是包容性和系统性的，包括数字经济、数字社会、数字政府以及各个领域的数字化转型，强调整体驱动生产方式、生活方式和治理方式变革。如果说"数字中国建设"是将中国升级打造为信息社会，那么新型智慧城市建设就是这个国家信息系统的关键网络节点与关键网络层次。因此，打造数字国家实际上就是在前期新型智慧城市建设的基础上提出的更大规模、更高层次、更多要素整合的数字化战略目标。

打造数字国家的战略是基于数字大国竞争而提出的。因为全球数字经济的竞争中，数字资源的重要性如同石油，而数字资源的来源、获取和控制则不仅是国家权力的新基础，还是国家间竞争的核心资源。因此，当数据的规模和质量成为竞争目标，全面的数字化发展转型就会迟早成为国家的战略选择。从现实情况看，国家的引领贯穿于中国智慧城市发展与治理变革的全过程。从智慧城市试点到数字化发展转型，从新型智慧城市建设到数字中国建设，中国的数字化发展与智慧城市建设互相融合，最终走向了整个国家与社会层面的系统性数字化发展。以上面六座城市为代表，中国的新型智慧城市建设主要注重的是高科技产业、数据底座建设、"城市大脑"建设、数字政府建设、信息安全与数字化的公共服务供给等经济社会发展领域，总体上看是一种综合性、系统性的数字化发展模式。

作为数字中国建设的核心支点，新型智慧城市建设在中国全面铺开。截至2021年，尽管没有权威统计数字，中国各个地方政府明确提出建设智慧城市的数量累计超过700多座。然而，并不是每一座中国城市都适合建设智慧城市，更不是每一座城市都应该或者能够成为全球智慧城市2.0。对于大多数城市而言，建设足够智慧的城市即可，目标是解决城市发展中的问题，而不是让"智慧"的展示功能大于实用功能。但对于那些重要的节点城市，拥有高科技与数字经济实力的城市，如果要担负起重要的网络战略节点功能，参与全球竞争，就应该把目标放得更加高远。

总体而言，当前新型智慧城市建设也存在诸多问题与挑战：第一，数字化只是起步，真正的智慧城市建设是技术与社会双重维度的有效互动，也就是不仅要应用技术解决问题，还要从社会学角度思考和解决问题。解决问题是第一位的，而不是只在表面上应用技术。当前中国智慧城市建设离实现真正的"智慧"仍有相当的距离，如何应用技术解决具体的城市问题，需要技术与治理的深度融合，尤其是市民的广泛参与，没有市民参与就无法真正对接需求，没有搞清楚服务的对象，最后大概率会以浪费公帑收场。第二，技术伦理和风险应对方面仍处于初步阶段，随着人工智能技术的迭代升级与普遍应用，解决数字信息的安全、规范使用等问题越来越重要，对不断快速迭代创新的新技术加以治理和安全管控，防患于未然，避免出现数据泄露、侵犯隐私以及其他技术风险，这些都需要加强法治和道德对相关问题的约束。第三，如何解决智能化自动化所带来的就业替代问题，这是关乎智慧城市建设兴衰成败的关键。诚然，没有人能够清楚地预测新型智慧城市发展所带来的就业岗位的结构性变化，但如果大面积的就业替代出现，那么至少类似"全民基本收入"计划的社会保障工程或许就是一种兜底的选择。这方面的社会学研究才是值得高度重视的研究。第三，打破数据壁垒，建立数字治理的顶层设计、基本框架、交易规则，建立流动和开放的全球数据底座，这是目标，同时也让我们在与之相比较的过程中看到差距。这方面，中国城市的数字治理能力和水平均有巨大的提高空间。

为了解决这些问题，要努力提高智慧城市治理的四个能力，即顶层设计能力、创新驱动的发展能力、法治和德治能力、平台体系共建共享能力。第一，顶层设计能力。智慧城市建设是一个长期发展的过程，只是将新型智慧城市建设纳入城市发展整体规划中是远远不够的，还需要构建集智慧交通、智慧治理、智慧民生、智慧医疗、智慧养老、智慧社保、智慧安监等智慧工程于一体的整体规划。智慧城市建设是一项典型的系统工程，需要设立专门机构、聘请专业人才、进行专业的系统性分析，只有搭好顶层设计架构，才能适应快速迭代的技术变迁和治理需求。第二，创新驱动的发展能力。创新是智慧城市的发展源泉。新型智慧城市建设的关键是数字产业化与产业数字化，其关键是对接高科技产业链，提升城市的科技硬实力。关于这方面的铺垫，笔者在第四章专门论述过什么是智慧城市2.0及其真正的来源——高科技城市。当然，对于中国绝大多数试点智慧城市而言，实现智慧城市1.0版，即引入高科技公司解决民生诉求、实现生态节能型城市的建设已经是足够且难能可贵的了。第三，法治和德治能力。从法治的角度看，网络和数据安全立法，对新技术应用所涉及的国家安全、个人隐私、自由权属、利益分配等问题加以规制，需要全社会形成讨论共识。从德治的角度看，智慧城市治理涉及伦理道德层面的问题，包括就业、保障、人的尊严等方面的内容，更需要全社会讨论形成共识。第四，平台体系共建共享能力。在大数据时代，各个城市都存在海量数据，但是以往由于信息技术、体制机制等的限制，虽然城市内部之间各个部门的信息加以整合最终能够实现互联共通，但是城市之间的数据壁垒依然存在，这就需要构建一个全国公共基础数据库，加强数据之间的流动，实现全国信息资源集约布局、互联互通和业务协同。此外，政企合作、多方出资、积极推进多元化投资模式是推进智慧城市的有效手段。例如，关于PPP模式的相关政策，各地政府陆续发布具有地方特色的指导意见，开展了颇具当地特色的智慧城市PPP

建设项目。但从目前的推广成果来看，各级政府对 PPP 建设热情高涨，社会资本则显得相对冷静，参与建设智慧城市的意愿不高。智慧城市建设本质上需要企业、社会的参与，单独靠政府是很难长期持续推进的。

本章要点

1. 数字时代，以大数据、云计算、区块链和人工智能为主要标志的技术创新正驱动着中国数字化发展与城市治理走向新的发展阶段。
2. 中国并不是最早提出智慧城市的国家，却是智慧城市发展最为迅速的国家。
3. 随着环境保护和绿色发展理念的兴起，智慧城市与精明增长的理念就引起了中国学者和政府领导者的注意。
4. 正是在技术创新的巨大影响力和国家间的激烈竞争形势面前，中国政府领导层意识到大数据驱动的数字化发展与智慧城市治理将是未来时代重塑政府、引领经济转型升级的国家战略选择。
5. 中国新型智慧城市建设的最突出特征是：在通用人工智能技术广泛应用的基础上，实现政府治理水平、公共服务供给水平、生态环保节能水平、基本公共安全保障水平的全面提升。
6. 2021 年，深圳提出打造国家新型智慧城市标杆市、建成国际领先的智慧深圳，深圳是中国最有可能真正实现这一目标的科技之城。
7. 对上海的城市治理而言，数字技术与治理的融合因为有了服务型政府导向的改革而变得令人期待。
8. 浙江省在全省范围内推动数字化改革，明确提出了"整体智治"的理念，把握住了数字时代数字经济与数字治理两条主线，在全国范围内看，浙江的数字化发展走在了前列。
9. 嘉兴作为中小城市数字化发展和智慧城市建设的典型，在推广其经验方面具有更大的价值。
10. 合肥智慧城市建设的关键词是数字底座、"城市大脑"与打造战略性新兴产业。

第七章 升维竞争：智慧城市 2.0 的顶层设计与场景建设

> 歌者用力场触角拿起二向箔，漫不经心地把它掷向弹星者。
>
> ——刘慈欣

> 代码就是力量。
>
> ——杰米·萨斯坎德（Jamie Susskind）

> 在这种情况下，每个国家都必须为这种可能性做准备，这又意味着它必须尽全力超过其他国家。
>
> ——爱因斯坦（Albert Einstein）

中国最为著名的科幻作家刘慈欣在他的经典作品《三体》中描写了这样一个情节：宇宙高等级文明运用"降维打击"将太阳系轻而易举地二维化，从而使整个太阳系坍缩为一幅厚度为零的图画，令人震撼的同时也不免使人联想到现实。刘慈欣的"降维打击"实在太过于形象，以至超出文学进入商业领域，被理解为一种通过改变商业生态环境而让对手无法对抗的商业攻击策略，成为一种对现实世界具有全球影响力的"科幻标识概念"。笔者将其理念运用到政治领域，反其道而行之，将弱势一方的竞争战略概括为"升维竞争"，意指在数字国家与智慧城市治理之中，弱势一方主动塑造数字生态环境，在传统治理维度之中通过整体式的数字化转型实现传统治理的"数字化升维"，从而赢得数字时代的国家竞争。本章以"升维竞争"为基本思路进一步讨论智慧城市 2.0 的顶层设计与建设路径。

| 智慧城市 2.0 的顶层设计：
大数据智能统计学赋能城市治理 |

智慧城市 2.0 与 1.0 的最大差别在于"算力"。这种高水平"算力"至少来自如下三个层次：第一，超级计算机系统，也就是通常意义上的"城市大脑"，能够处理海量数据并形成可供理解和认知的信息结构，这是智慧城市 2.0 的核心所在；第二，超高速通信系统，也就是当前由于美国制裁华为公司而广为认知的 5G 通信网络，其不断迭代的核心目的是大载量、低延时和高灵敏度，从而提升数据的传输质量；第三，泛在的物联网系统，也就是万物互联的数字化生态系统，这是海量数据生产的技术基础，也是智慧城市 2.0 的支撑底座。

显然，智慧城市 2.0 的顶层设计在逻辑上就是实现以上三点的无缝衔接，把万物互联的数字底座、高速传输的通信传感系统、具有超级"算力"的"城市大脑"相结合形成一个覆盖所有物理空间、生物空间与数字空间的多维合一的数字城市生态体系。正是由于这种核心的技术逻辑，智慧城市 2.0 的本质就是高水平的大数据智能统计学与高水平的城市治理能力的深度结合。一个城市能够在多大程度上实现智慧城市 2.0 的目标要求，就取决于这个城市能够在多大程度上掌握这种大数据智能统计学，并且将之与自身的治理能力相结合，从而增强其解决城市问题的能力。这一个过程的本质实际上就是信息技术、统计数学赋能城市治理的过程。

从"升维竞争"角度看,建设智慧城市2.0的第一步是"新型基础设施"建设,其中的关键是"城市大脑"建设。从狭义上看,新型基础设施主要是支撑智慧城市建设的硬件物质基础;从广义上看,新型基础设施建设还包括城市治理的"软件"组织体系支撑。目前,政策领域仅仅将其理解为硬件建设,而忽视软件建设,实际上是对智慧城市2.0运行的核心机理不了解的缘故。当然,尤其值得注意的是,新基建不过是传统1.0版的升级所需,而支撑一个城市有效运行的现代基础设施包括产业、能源、交通、社会与风险防控等多个重要维度,这些基础设施甚至是更重要的。例如,如果没有电力系统的支持,"超级算力"是无法实现的,因为"超级算力"的运行、存储都需要耗费大量电力资源。

新基建:打造智慧城市坚实基础

基础设施是社会发展经济、民生等诸多领域所必需的、具有大众服务性的基础工程和设施。狭义的基础设施包括交通、能源、通信、水利,广义的基础设施则涵盖了医疗、科技、教育等领域。

中国这些年极其重视基础设施发展,中国已经成为基础设施存量世界第一的国家。丰硕的基建成果是中国迅速成长为全球第二大经济体的坚实基础。进入新时代,智慧城市的发展不只需要铁路、煤矿、发电站,还需要5G、大数据中心、人工智能、工业互联网、新能源汽车充电桩、城市轨道交通特高压输电等典型的新一代基础设施。2020年,中国13省市已公布的新基建投资额达到25.6亿元。[1]

新基建直接运用于智慧城市,就是"城市大脑",即"城市大脑"是将各类与智慧城市建设相关的新基建设施合于一体的复合型基础设施。[2] 新基建的"新"除了体现在技术上,还应体现在参与主体、投资领域和治理方式之上。参与主体的"新"是指过去的基础建设主要以国企为主,但在新基建的过程中,私营企业应发挥更大作用。投资领域的"新"是指传统的基建投资领域需要不断优化升级,例如,信号基站

---

1 国泰君安证券研究.国泰君安丨图解"新基建"产业链全貌[N/OL].(2020-04-13)[2020-09-21]. http://finance.sina.com.cn/stock/relnews/hk/2020-04-13/doc-iirczymi5986634.shtml.

2 柳进军.建设城市大脑是新基建发展的重要抓手[J].中关村,2020(6):84.

从 4G 升级为 5G，汽车充能点增加新能源汽车充电桩，教育从线下教育扩展到线上远程教育。治理方式的"新"是指政府在治理中应当更加灵活地面对新兴技术可能带来的难以预料的风险与发展方向。以往过于强硬的惩罚措施会在一定程度上抑制企业的活力，政府应采用"四两拨千斤"的方式对企业进行监管，在起到监督作用的同时充分尊重拥有技术的企业，最终促进新基建各领域的发展。

"城市大脑"：设计智慧城市完整架构

建设"城市大脑"有三个层次。"城市大脑"的架构由设施层、平台层与应用层构成，智慧城市的完整架构由此展开。第一，设施层是智慧城市的功能性基础设施和信息基础设施的总和，包括城市道路、地下管网、建筑集群、信息网络等基础设施，能够支撑信息沟通、服务传递，对于居民便捷生活具有重要意义。第二，平台层是智慧城市运行的核心要件，负责精准管理和监测城市运行的全过程。它是以云计算、大数据为基础，融合物联网、人工智能、5G、区块链等新兴技术的数字基础平台，不但能够提升基础设施的智能化水平和对城市的支撑能力，还能在惠民服务、能源环境、产业经济、城市治理等领域发挥整合作用，提升业务领域的智能化水平。第三，应用层是数据生产与消费终端，面向市民、企业和政府三类主体，通过新兴技术的融合创新，突出对融合后多源大数据的智能统计分析，从不同侧面发现、预测和解决城市发展中的不同难题。

首先，设施层的建设要实现实时智能感知。随着新一代信息技术的发展，未来智慧城市基础设施将由"云网"协同实现城市事件、部件的动态监管。城市供能体系将由传统的分布式供能向智能化供能网络转变。通过物联网、GIS、BIM 和 CIM 等技术构建全方位立体化的城市设施感知体系，城市设施动态数据实时上传到城市"专有云"，通过云计算、人工智能等技术进行分析，对城市基础设施进行实时调整，实现城市基础设施网络的自我感知和自我调整。例如，通过传感器对城市基础设施用能程度进行感知，上传云端分析城市用能情况，建立用能分析模型，调整功能重点。通过对基础设施使用程度的精准测算，能够实现按需供给，减少非必需情况下的能源浪费和人力浪费，提高能源使用率。再如，通过安装于各用能终端的传感器，获取用户的需求信息，对用户的平日习惯进行智能化感知，并通过人工智能，自动生成偏好设置，定期向用户发送信息，提高客户体验，最终实现支持系统动态化，精准运维强化安全，实现道路能源网络监管、供能调度的智能化。此外，通过人工智能、物联网技术感知基础设施状态，传送云端进行统一分析管理，并向相关检修设备或维护维修团队发送针对性指示，实现基础设施检修无间断，在不影响城市运转的情况下实现城市基础设施网络的高效运转。

其次，应用层建设有五大应用场景体系。第一，智能制造。产业发展是城市可持续发展的基础，有了产业的良性发展，才能有充足的资金投入进行城市建设，才能实现基础设施、惠民服务、城市环境等多个方面一体化升级。如果城市不断扩容，城市的正常生活秩序必须得到保证，产业问题必须得到解决。第二，智慧能源。城市需要构建节约资源和保护环境的空间分布、产业结构、生产方式等，实现人与自然和谐共处。应将科技创新融入城市环境保护和资源利用的方方面面，通过打造绿色低碳循环经济发展的经济体系，实现政府为主导、企业为主体、社会组织和公众共同参与的资源环境监管体系和防护体系，在绿色交通、绿色建筑等多方面取得长效进步。第三，智慧交通。城市的交通设施、能源设施、地下管网、建筑集群等是城市发展的奠基石，需要应用数字技术，采用多维度传感装置和智能控制设备，时刻感知城市设施的运行状态，为城市的动态控制、优化升级打下基础。同时，云计算、物联网、5G等日益成熟的智能基础设施逐渐成为城市重要的基础设施，方便其利用技术优势提供便捷服务。第四，智慧民生。伴随城市化发展，人口趋向大城市集聚，给城市公共服务体系带来挑战。医疗、教育、社区等领域的服务资源亟待扩充，只有提升服务能力，才能不断改善市民生活的幸福感和满足感。建立便民信息平台需要在智能技术支撑下整合分散的服务资源，提升服务质量和服务效率以及降低成本。第五，风险治理。高风险社会给城市治理带来更多的不确定性。城市交通、城市治安等领域都面临较大压力，通过智能化的风险社会治理确保智慧城市安全运行是重中之重。简言之，应用层的五大场景体系建设，也就是本章所提出的数字化"升维竞争"的关键，也是大数据智能统计学赋能城市治理的五大核心领域。按照产业、能源、交通、民生、风险治理顺序，智慧城市2.0的迭代建设之路其实有着重要性排序。

最后，平台层的建设包括应用中台、城市数据中台、AI中台的建设。第一，应用中台。应用中台是平台层最重要的组成部分，对于加速城市应用开发落地具有关键意义。应用中台针对旧有的应用功能与体验欠缺的弱点进行改进，对于原来没有而居民具有新诉求的领域开设更多适用的功能。在应用中台里，应用支撑平台是基础，为应用中台的整体运行提供应用接入、技术支撑和业务支撑功能。应用中台同时具备应用运营平台和应用开发测试平台，加速应用开发上线，方便应用运营维护，开发一系列小程序、移动 App 等为服务平台提供优质服务。第二，城市数据中台。城市数据中台是平台层的核心要件，能够提高城市数据使用和治理效率。数据中台不但吸纳来自各级政府、事业单位等行政业务和对外服务的政府数据，还接纳政府外的互联网、物联网、数据机构等提供的数据。数据中台以数据支撑平台为基础，发挥数据处理、数据运营和数据服务的功能。同时，数据采集平台和数据治理平台在其中也发挥了重大作用，对于实现多方数据汇聚、数据的高效使用和治理不可或缺。数据中台从数据提供方确认需求并进行需求管理，获得原始数据之后进一步进行数据梳理整合，按照部门资源、公共基础和业务领域三块编制数据目录，有利于扩大数据开放程度，实现数据共享，推动数据应用蓬勃发展，让数据红利融入事项办理的全过程。第三，AI 中台。AI 对于城市人机高效协同具有重大推进作用，有利于在人机互动的有效机制下提升城市信息化和智能化水平。AI 中台以接入中心为基础，通过应用平台下算法中心、AI 原子能力中心和 AI 工作室三大模块加快高效运转，提高应用智能化效率，降低智能化成本。算法中心在算法模型上架构部署，搭建机器学习框架，负责算法服务发布和标注任务管理；AI 原子能力中心提供最基本通用的 AI 算力，结合高频场景提供基本场景型 AI 能力，如人脸识别、语音识别、知识图谱等；AI 工作室提供 AI 组件管理、AI 模板编排、AI 任务管理与任务调动等功能，主要通过组件管理，将所有接入的服务转化为能够被业务编排所使用的原子组件，然后将各原子组件与应用业务逻辑快速组合连接，形成能够直接为应用层所调用的各项服务。另外，AI 管理中心和 AI 运营中心提供服务支撑，在管理和运营方面提供便捷服务并加强管理。

智慧城市 2.0 顶层设计要注意"三主体"与"二准则"。智慧城市的建设，离不开对智慧化等核心理念的理解，以及新基建、"城市大脑"等必要设施条件，也离不开使这些理念、设施功效最大化的"助燃剂"——参与主体及其运用准则。政府、居民、企业是参与智慧城市的三大主体：政府的主要职能是把握智慧城市的大方向、与企业合作参与智慧城市各项建设；居民是智慧城市的服务对象，通过提出意见、监督等方式参与智慧城市建设；而企业则是服务的直接提供者。三者贯穿了智慧城市运行的方方面面，三者对新兴技术的态度决定了智慧城市能多大程度发挥智慧化的效能。多方主体要发挥智慧城市的最大效能，应当遵守两个准则：一是实际运用而非形式运用，二是灵活运用而非机械运用。实际运用的含义是在城市的各项活动中打破传统模式，充分考虑智慧设施的作用。如果"城市大脑"在实际的政府决策过程、企业生产过程、居民生活过程中并没有受到重视，而是沦为城市信息化建设的"政绩工程"，只是媒体报道时或上级检查时的一件"展品"，那么纯粹是劳民伤财；又或是在超出自身固有条件的情况下机械追求"智慧化"的结果，那么对智慧手段的重视很可能会造成新的不公平。以防疫工作中起到了很大积极作用的健康码为例，如果防疫期间一味推行"唯健康码"的管控方式，没有健康码就不能进入菜市场、超市等生活必需地，就会造成数字弱势群体无法正常生活，原本应当有利于民的智慧治理反而给最需要帮助的弱势群体带来了新的不公平。因此，发挥智慧城市最大效能的要求之二是灵活运用，不能以"智慧"为目的，要以"智慧"为手段，"人"才是智慧城市的目的。

下文将从五大应用场景包括产业场景、能源场景、交通场景、民生场景和风险场景来详细分析智慧城市2.0的迭代建设路径。

| 产业场景：全球链接的智能产业 |

智能产业场景是智慧城市建设的首要场景。随着5G通信、云计算、大数据、物联网、人工智能等信息技术的迅速发展，世界各主要工业国家围绕智能制造出台了一系列政策规划。2016年工信部和财政部发布了《智能制造发展规划（2016—2020年）》，2019年的政府工作报告中首次提出了"智能+"概念，此后中国政府将智能制造确定为国家经济发展新动力的重要发展方向。党的二十大报告强调，"坚持把发展经济的着力点放在实体经济上，推进新型工业化，加快建设制造强国""推动制造业高端化、智能化、绿色化发展"。以智能制造为突破口，探寻中国特色的工业智能化路径，利用科技革命的机会实现弯道超车是中国政府大力推动智能制造的战略考虑。综合考虑智能制造与智慧城市的关系、智能制造的概念原理、国内外智能制造的发展状况，笔者认为实现全球链接的智能制造是赢得产业革命机会的关键选择。

智能制造与智慧城市的关系

城市因产业而兴旺，产业因城市而壮大，智能制造与智慧城市的发展相辅相成。没有智能制造作为核心的智慧城市，随着当地传统产业的逐渐升级、转移，极易形成"产业空洞化"现象，从而导致投资、就业出现下滑；没有智慧城市作为支撑的智能制造，很难在企业间实现步伐一致的发展、紧密有效的合作，只能在市场机制中以较高的成本不断调试，很难短时间内实现大范围有效的互联互通。[1]

智慧城市为智能制造提供了顺畅的血脉。缺乏智慧城市基础的智能制造，很难发挥出其原有的价值。智慧城市提供了一种高级形态的基础设施集合，它从纵向上为智能制造链接起城市的上游原料端和下游需求端，在横向上为智能制造打通了与同行业其他企业建立联系的桥梁。智慧城市所提供的生态系统，让智能制造与智慧城市网络对接，建立起智能制造跨地区、跨行业合作的可能，让市场的决定性作用得以充分发挥。

智能制造为智慧城市打造了有力的心脏。智能制造如同城市一颗有力的心脏，源源不断地为城市发展注入活力。这种活力体现在两方面：一方面，从硬件角度，智能制造为城市传统行业转型升级明确路径，从供给侧角度优化改造了工厂、配套设施，避免了产业衰败、人员流失，增加了制造业的核心竞争力；另一方面，从软件角度，相较于前几次产业革命围绕动力或体力所进行的革命，智能制造的产业革命侧重于"软实力"的运用，而这种"软实力"的溢出将直接促进城市的发展。如同历史上汽车的规模量产促进了城市交通秩序的产生，如同当前互联网的迅猛发展让数据成为重要的生产要素参与收益分配，智能制造所带来的生产资料、生产关系的变化最终将反映在上层建筑之中。

智能制造的概念与原理

智能制造（Intelligent Manufacturing）始于20世纪80年代人工智能在制造业

---

1 周济.智能制造是"中国制造2025"主攻方向［J］.企业观察家，2019（11）：54-55.

领域中的应用，发展于20世纪90年代智能制造技术和智能制造系统的提出，成熟于21世纪基于信息技术的繁荣。工业和信息化部将智能制造定义为：基于新一代信息通信技术与先进制造技术深度融合，贯穿于设计、生产、管理、服务等制造活动的各个环节，具有自感知、自学习、自决策、自执行、自适应等功能的新型生产方式。[1] 国际上，智能制造通常是指一种由智能机器和人类专家共同组成的人机一体化智能系统，其技术包括自动化、信息化、互联网和智能化四个层次，产业链涵盖智能装备、工业互联网、工业软件、3D打印以及将上述环节有机结合的自动化系统集成及生产线集成等。

第一，"制造"是智能制造的基础。从实用和广义的角度上看，智能制造的概念可以总结为：智能制造是以智能技术为代表的先进制造，包括以智能化、数字化和自动化为特征的先进制造技术的应用，涉及制造过程中的设计、工艺、装备（结构设计及优化、控制、软件、集成）和管理。与此前历次工业革命相比，制造的核心地位仍未改变，但智能化成为制造的新特征与内涵。

第二，"智能"是智能制造的特点。制造本质上是从"原材料"到"产品"的过程，流程上可以简化为精准描述、智能分析、智能决策、反馈循环四个步骤。在历次工业革命中，制造工业走过了机械化、电气化、自动化、智能化的道路。在这个过程中，工具（装备）承担的工作越来越多，人逐步把精力更多地投入创造性的工作中。若把"制造"看作从起点到终点的出行问题，制造业历次升级过程可以分别被形象地表达为自行车（机械化）、电动车（电气化）、汽车（自动化）、自动驾驶（智能化），其中人更多地参与决策过程，生产过程对人力的要求越来越低，整体生产效率大幅提升。

第三，"数字孪生"是实现智能制造的基础。"数字孪生"是指利用数学建模、传感器监测、运行历史等数据，集成多学科、多物理量、多维度的仿真过程，将现实物理世界映射到虚拟数字空间中，从而反映现实实体的全生命周期过程。举例来讲，导航软件中城市的实体道路与软件中的虚拟道路就是简单的"数字孪生"。数字孪生将软件、硬件和"物联网"相结合，利用监测设备将运行实体中的数据获取

---

[1] 工业和信息化部.智能制造发展规划（2016—2020年）[EB/OL].（2016-12-08）[2020-11-06]. http://www.miit.gov.cn/n1146295/n1652858/n1652930/n3757018/c5406111/content.html.

到数字孪生模型中进行分析，反过来，根据分析得出的指令信息又反向传输到实体上，以作出相应的调整优化，"数字孪生"是一个双向动态优化的过程。"数字孪生"是实现物理世界数字化精准描述的有效途径，是进行智能分析、智能决策的基础。数字孪生的精准描述并非二维平面的雷达扫描，而是能够在物理世界和数字世界之间建立实时动态联系的多维监测网络，进而建立可以进行大数据分析的元数据库。通过数字技术的不断还原，数字孪生将实现物理世界与数字世界实时动态的互联、互通、互操作，构建虚拟世界对物理世界的描述、诊断、预测、决策新体系，优化物理世界资源配置效率。数字孪生的技术逻辑可以应用于零部件和工厂生产线。以数字孪生应用于制造业为例，当物理工厂被克隆成数字工厂，数字孪生技术便可以在虚拟的三维空间里打造产品，轻松地修改部件和产品的每一处尺寸和装配关系，使得产品几何结构的验证工作、装配可行性的验证工作、流程的可实行性大为简化，从而大幅度减少迭代过程中物理样机的制造次数、时间和成本，无数的局部优化也使整个生产流程得到优化。据IT调研和咨询机构高德纳（Gartner）评估，到2021年，全球50%的大型工业企业将使用数字孪生技术，整体生产效率提高达10%，尤其是制造行业和工程行业。

第四，建模是实现智能制造的关键。数据建模指的是一种用于定义和分析数据的要求和其需要的相应支持的信息系统的过程，其本质是一组记录数据要求的规范技术。在数字孪生精准描述物理世界的基础上，建模是实现智能数据分析的关键，也是智能制造与传统制造的最大区别。在前三次的工业革命中，传统的制造业主要围绕五个核心要素即5M进行技术升级，它们分别是：① 材料（Material），包括其功能、特性等；② 机器（Machine），包括其精度、自动化和生产能力等；③ 方法（Methods），包括具体工艺、执行效率和实际产能等；④ 测量（Measurement），包括传感器监测等；⑤ 维护（Maintenance），包括设备使用率、故障率和运营维护成本等内容。智能制造系统区别于传统制造系统的最重要要素在于第6个核心要素：建模（Modeling），包括数据和知识建模，用于监测、预测、优化和防范等。智能制造通过智能建模来驱动其他五个传统要素，从而解决和避免制造系统的问题，消除系统中的不确定性。因此，智能制造运行的逻辑是：发生问题、模型（或在人的帮助下）分析问题、模型临时调整五个要素、解决问题、模型积累经验并分析问题的根源、模型永久调整五个要素、避免问题再次出现。数据模型在整个流程中担任大脑的角色，成为整个制造系统的核心。就数据模型的内部构成而言，其核心是由云计算、大数据、专家经验与机器智能四部分组成。云计算解决算力的问题，大数据则是智力进化的养分，专家经验能够使得复杂问题简单化，而机器智能更多是从客观的数字世界分析工艺情况是不是有优化的空间，帮助在机理模型上做相应的辅助和提升。智能工业模型在智能制造流程中，是以数据的自动流动解决复杂系统的不确定性，提高了资源配置效率。目前的工业模型大多还停留在简单、单向、批量化生产程序中。在不久的未来，个性化定制将会成为生产制造的主要方式。企业将要处理来自市场端的复合需求，要应对多样产品、复杂工艺的生产要求，同时要控制生产成本、产品质量、交货时间等生产流程……庞杂的需求带来了企业生产的复杂性、多样性和不确定性，而以数据为基础的工业模型在处理复杂性情况下的不确定问题时将发挥极大的作用。

最后，人才是实现智能制造的关键。智能制造降低了工厂对人力的依赖，但对"人智"的需求大大提高。智能制造的大规模使用使机器取代了部分基础性岗位，但也创造出了众多技术性和管理性岗位。这些岗位普遍要求对前沿信息技术和制造技术有深刻理解的复合型人才，但人才培养机制的滞后性使此类人才在全国范围内仍处于稀缺状态。[1]目前，国内各大城市之间已经开启了多轮"抢人大战"，但"抢人"终究只能缓解一时的人才紧缺，只有建立人才长效机制才能保证人才稳定供给。要形成人才稳定供给，需从两方面协同发力。一方面是构建多层次人才队伍。加强智能制造人才培训，培养一批能够突破智能制造关键技术、带动制造业智能转型的高层次领军人才，一批既擅长制造企业管理又熟悉信息技术的复合型人才，一批能够开展智能制造技术开发、技术改进、业务指导的专业技术人才，一批门类齐全、技艺精湛、爱岗敬业的高技能人才。另一方面，要健全人才培养机制。创新技术技能人才教育培训模式，促进企业和院校成为技术技能人才培养的"双主体"。鼓励有条件的高校、院所、企业建设智能制造实训基地，培养满足智能制造发展需求的高素质技术技能人才。支

---

1 麦肯锡.中国工业4.0之路［EB/OL］.（2016-10-21）［2020-05-21］.https://www.mckinsey.com.cn/.

持高校开展智能制造学科体系和人才培养体系建设。建立智能制造人才需求预测和信息服务平台。[1]

国内外智能制造的产业发展情况

中国在智能制造的产业发展方面，从中央到地方均保持了高度重视，并着力以政策支撑为基础推动产业转型升级。国务院于 2015 年出台的《中国制造 2025》文件，明确了我国智能制造产业的三步走战略，计划每一步用十年左右的时间来实现我国从制造业大国向制造业强国转变的目标。在头一个十年，新一代信息技术产业、高档数控机床和机器人、航空航天装备、海洋工程装备及高技术船舶、先进轨道交通装备、节能与新能源汽车、电力装备、农机装备、新材料、生物医药及高性能医疗器械十个重点领域将成为国家迈向制造业强国的首要发力点。《中国制造 2025》得到市场的广泛好评。工信部、财政部于 2016 年制定了《智能制造发展规划（2016—2020 年）》，《中国制造 2025》提出的智能制造目标以"两步走"的战略进行具体划分：第一步，到 2020 年，智能制造发展基础和支撑能力明显增强，传统制造业重点领域基本实现数字化制造，有条件、有基础的重点产业智能转型取得明显进展；第二步，到 2025 年，智能制造支撑体系基本建立，重点产业初步实现智能转型。在这一文件的指导下，全国各省市纷纷出台了一系列推动《中国制造 2025》落地的行动纲要。以嘉兴市智能制造政策规划为例：浙江省人民政府在 2016 年制定了《中国制造 2025 浙江行动纲要》，嘉兴市人民政府在同年制定了《中国制造 2025 嘉兴行动纲要》，两份纲要文件结合浙江省和嘉兴市产业发展实际情况提出了更为具体的智能制造发展的"路线图"。与此同时，嘉兴市还制定了《关于深化制造业与互联网融合发展的实施方案（2017—2019 年）》《嘉兴市"机器人+"三年行动方案（2017—2019 年）》《嘉兴市深入推进工业企业智能化技术改造三年行动计划（2019—2021 年）》等多份与智能制造建设直接相关的政策文件，制定了若干份财政、人才等与智能制造间接相关的政策文件。

智能制造是全球制造业变革的重要方向，也是世界各国政府关注的焦点。近年

1　工业和信息化部 . 智能制造发展规划（2016—2020 年）[EB/OL]. (2016-12-08) [2020-11-06]. http://www.miit.gov.cn/n1146295/n1652858/n1652930/n3757018/c5406111/content.html.

来，智能制造发展迅速，但总体还处于初级阶段。各国的国情、定位和制造业基础、阶段均不相同，因此各国对于智能制造产业政策的制定诉求也存在明显的不同。对比分析各国智能制造相关的产业政策具有重要意义。表 7-1 所列是对世界主要国家近年来最具代表性的、典型性的智能制造产业政策的简单梳理。

表 7-1　世界主要国家主要智能制造产业政策梳理

政策	国家	时间	政策目标
先进制造业国家战略计划	美国	2012 年	发展先进制造业，实现制造业的智能化，保持美国在制造业价值链上的高端位置和全球控制者地位
工业 4.0 计划	德国	2013 年	提升制造业的智能化水平，建立具有适应性、资源效率及基因工程学的智慧工厂，在商业流程及价值流程中整合客户及商业伙伴
"新机器人战略"计划	日本	2015 年	通过科技和服务创造新价值，以"智能制造系统"作为该计划核心理念，促进日本经济的持续增长，应对全球大竞争时代
"高价值制造"战略	英国	2014 年	应用智能化技术和专业知识，以创造力带来持续增长和高经济价值潜力的产品、生产过程和相关服务，达到重振英国制造业的目标
新增长动力规划及发展战略	韩国	2009 年	确定三大领域的 17 项产业为发展重点，推进数字化工业设计和制造业数字化协作建设，加强对智能制造基础开发的支持
"印度制造"计划	印度	2014 年	以基础设施、制造业和智慧城市为经济改革战略的三根支柱，通过智能制造技术的广泛应用将印度打造成新的"全球制造中心"
新工业法国	法国	2013 年	通过 34 项具体计划，提升国家工业发展能力，创新重塑工业实力，使法国重回全球工业第一梯队

来源：作者根据公开资料整理绘制

对比各国政策方向可以看出，高档数控机床和机器人、新能源/无人驾驶汽车、大数据及物联网技术应用、新材料研发使用、生物医学和高性能医疗器械等先进制造领域均是各国优先发展的重点领域，这与《中国制造 2025》规划的总体方向一致。

从模式上看，政府补贴或者通过税收、政府采购等间接补贴的形式是现阶段各国政府引导智能制造的常用方式。与中国不同的是：首先，美国等国家的产业扶持政策带有明显的商业倾向，其扶持手段多是通过政府订单、技术转让、公私合作等市场化操作确保产业政策支持的可持续性；其次，在日本、德国、美国等国家的先进制造业发展规划系列文件中，除了对先进的大公司提供各类扶持政策，对于中小企业也高度重视，在产业政策中明确表明要提高中小企业在先进制造业中的地位，其目的在于让中小企业围绕大型企业形成完整的产业链，让大企业的标准和智能化带动小企业发展，从而形成稳固的工业基础和工业优势。中国的《智能制造发展规划（2016—2020年）》中也有涉及，明确表示促进中小企业智能化改造。[1]

纵观国内外智能制造产业各具特色的方案与政策，以降低成本、提升利润为核心的朴素商业逻辑始终没有改变。为此，位于上游的制造行业或是以更为精准的个性化生产模式、或是以更为灵活的柔性化生产模式等途径来降本增效。近几年，工业和信息化部持续组织实施智能制造试点示范专项行动，遴选出一批先行先试的试点示范项目，有效带动了我国智能制造的发展。工信部赛迪研究院对2015年和2016年的109个项目进行总结和梳理，归纳出八种典型模式。[2]

第一，大规模个性化定制：满足用户个性化需求。在服装、纺织、家居、家电等消费品领域，探索形成了以满足用户个性化需求为引领的大规模个性化定制模式。主要做法是：实现产品模块化设计、构建产品个性化定制服务平台和个性化产品数据库，实现个性化定制服务平台与企业研发设计、计划排程、供应链管理、售后服务等数字化制造系统的协同与集成。例如，四川长虹电器股份有限公司通过家电产品模块化设计，建立了个性化家电产品及零部件数据库，利用大数据挖掘、数据云服务与管理等技术，搭建覆盖需求获取、设计与制造、营销与服务等环节的家电产品个性化定制平台，实现产品全生命周期各环节信息的高度集成，提高定制时效性、降低定制成本。通过三年左右的努力，该公司产品研发周

---

1 麦肯锡.中国制造2025的加速器［EB/OL］.（2016-11-07）［2020-05-21］.https://www.mckinsey.com.cn/制造业创新中心%ef%bc%9a-中国制造2025的加速器/.
2 工信部赛迪研究院.109个智能制造试点示范项目梳理出八种典型模式［EB/OL］.（2018-02-05）［2020-05-21］.https://mp.weixin.qq.com/s/QehCy9Z7PBbi_eSCxCIeRA.

期缩短20%以上,在制品资金周转率提升5%以上,库存大幅减少,产品投入产出率达99.99%。[1]

第二,产品全生命周期数字一体化:缩短产品研制周期。在航空装备、汽车、船舶、工程机械等装备制造领域,探索形成了以缩短产品研制周期为核心的产品全生命周期数字一体化模式。主要做法是:基于模型定义技术(MBD)进行产品研发,建设产品全生命周期管理系统(PLM)等。例如,中国商飞公司围绕C919飞机的研制,建立了基于模型的数字化产品研发平台和智能制造平台,实现数字化、网络化、智能化产品研发,支持三维制造数据向生产车间发布,以确保设计、工艺、制造技术状态的一致性,最终促使产品研制周期缩短20%、产品不良品率降低25%、运营成本降低20%。[1]

第三,柔性制造:快速响应多样化的市场需求。在铸造、服装等领域,探索形成了快速响应多样化市场需求的柔性制造模式。主要做法是:实现生产线可同时加工多种产品/零部件,车间物流系统实现自动配料,构建高级排产系统(APS),并实现工控系统、制造执行系统(MES)、企业资源计划系统(ERP)之间的高效协同与集成等。

第四,互联工厂:打通企业运营的"信息孤岛"。在石化、钢铁、电子、家电等领域,探索形成了以打通企业运营"信息孤岛"为核心的互联工厂模式。主要做法是:应用物联网技术,实现产品、物料等的唯一身份标识,生产和物流装备具备数据采集和通信等功能,构建了生产数据采集系统、制造执行系统(MES)和企业资源计划系统(ERP),以及实现生产数据采集系统、MES和ERP的协同与集成等。例如,海尔集团应用物联网技术实现了从企业、工厂、车间到设备的"物物互联",应用数据采集与监视控制系统(SACDA)实时采集生产设备数据,通过条码、RFID等采集业务数据,构建海尔IMES系统和ERP系统,并实现了互联互通,可自动传输基础数据、订单信息、产品下线、报工和发货信息等。通过近两年的实施,生产效率提升20%、质量问题减少10%、库存天数下降9%、人员数量减少30%,交货周期由21天缩短到10天。[1]

---

[1] 工信部赛迪研究院. 赛迪问道数字转型(之五)| 详解中国大型企业数字转型的六大模式 [EB/OL].(2019-01-08)[2020-05-21]. https://mp.weixin.qq.com/s/1jl_861WjNaYO2fem8yKdg.

第五，产品全生命周期可追溯：提升对产品质量的管控能力。在食品、制药等领域，探索形成了以质量管控为核心的产品全生命周期可追溯模式。主要做法是：让产品在全生命周期具有唯一标识，应用传感器、智能仪器仪表、工控系统等自动采集质量管理所需数据，通过MES系统开展"质量判异"和"过程判稳"等在线质量检测和预警等。

第六，全生产过程能源优化管理：提高能源资源利用率。在石油化工、有色、钢铁等行业，探索形成了以提高能源资源利用率为核心的全过程能源优化管理模式。主要做法是：通过MES采集关键装备、生产过程、能源供给等环节的能效数据，构建能源管理系统（EMS）或完善MES中具有的能源管理模块，基于实时采集的能源数据对生产过程、设备、能源供给及人员等进行优化。例如，中国石化九江石化公司构建了能源综合监测系统，覆盖能源供、产、转、输、耗全流程；建立生产与能耗预测模型、产能优化模型，实现能源生产和消耗的一体化优化和协同，进而提高了能源生产效率。针对高附加值用能，建立氢气和瓦斯产耗平衡模型和优化系统，实现节能降耗。建立一体化的能源管控中心平台，实现能源计划、能源生产、能源优化、能源评价的闭环管控。通过近三年的努力，生产效率提高20%，能源利用率提高4%。[1]

第七，网络协同制造：供应链上下游协同优化。在航空航天、汽车、家电等领域，探索形成了以供应链优化为核心的网络协同制造模式。主要做法是：建设跨企业制造资源协同平台，实现企业间研发、管理和服务系统的集成与对接，为接入企业提供研发设计、运营管理、数据分析、知识管理、信息安全等服务，开展制造服务和资源的动态分析与柔性配置等。例如，西飞公司构建的飞机协同开发与云制造平台（DCEaaS），实现了10家参研厂所和60多家供应商的协同开发、制造服务和资源动态分析与弹性配置，新一代涡桨支线飞机研制周期缩短20%，生产效率提高20%。[1]

第八，远程运维服务：提高装备和产品的运维服务水平。在动力装备、电力装备、工程机械、汽车、家电等领域，探索形成了基于工业互联网的远程运维服务模

---

[1] 工信部赛迪研究院. 赛迪问道数字转型（之五）| 详解中国大型企业数字转型的六大模式 [EB/OL]. (2019-01-08) [2020-05-21]. https://mp.weixin.qq.com/s/1jl_861WjNaYO2fem8yKdg.

式。主要做法是：使智能装备/产品具备数据采集和通信等功能，搭建智能装备/产品远程运维服务平台、专家库和专家系统，以及实现智能装备/产品远程运维服务平台与产品全生命周期管理系统（PLM）、客户关系管理系统（CRM）、产品研发管理系统的协同与集成等。例如，金风科技集团建立的风机远程运维服务平台，实现了风机和风电场的智能监控、故障诊断、预测性维护和远程专家支持。目前管理着1.5万多台风机，累计形成1600多份作业指导书、1700多份故障案例和1500多个故障树，维护成本比用传统方法减少20%～25%，故障预警准确率达91%以上，发电效益提高10%～15%。[1]

对推动智能制造转型发展的路径思考

第一，以产业集群激发中小企业智能制造升级创新活力。这一产业集群不同于传统意义上的工业园区概念，其特色所在不仅仅是相关产业上下游产业的地理聚集，其核心是园区内企业内部和上下游企业的数据化互联互通和智能化互相协作。在执行方面，政府可以通过发挥大型企业的引领示范作用，形成一套流程标准，并通过大企业对当地中小供应商和合作伙伴的管理，从产业链上游反向输出一套智能化流程标准，以市场化的形式为围绕大企业服务的小企业提供淘汰落后产能或实现智能化升级的动力。大型企业通过供应商管理系统将智能化改造动力传递给中小供应商企业，中小供应商将在市场化压力下作出调整，政府财政可适当给予支持，最终在政府、大企业、中小企业共同努力下形成一批围绕大企业的智能制造中小企业生态系统。这一模式在上海国际汽车城建设项目中有着良好的应用。上海国际汽车城是上海市政府"十五"规划中的重点建设项目，经过多年发展，汽车城已经形成了围绕上汽集团等大型国内外汽车制造企业的中小企业集群，形成具有汽车产业特色的中小企业生态系统。汽车城内的大、中、小公司经过多年的合作，已经在企业间形成了一些合作流程、标准，部分完成智能化改造的企业已经实现了企业间无缝对接。目前，上海正在围绕汽车城继续推进"上下游企业产业协同和技术合作，建设具有全球竞争力的汽车产业生态体系"。类似的

---

1 工信部赛迪研究院. 赛迪问道数字转型（之五）| 详解中国大型企业数字转型的六大模式［EB/OL］.（2019-01-08）［2020-05-21］. https://mp.weixin.qq.com/s/1jl_861WjNaYO2fem8yKdg.

智能化特色小镇模式在温州、杭州等地也都处于已经形成方案并逐步开始落地的阶段。

这一模式对长三角地区的中小企业智能制造转型路径具有较强的借鉴意义。长三角的众多中小企业身处长三角的核心区域，有效承载了上海等大型城市的产业转移。对比大型城市，中小城市不具备建设大而强的智能制造企业集群先发优势，但在建设小而美的智能化特色小镇方面存在"弯道超车"的可能。从产业结构来看，长三角地区聚集了众多优质的中小制造企业，这些中小企业形成了构建智能化特色小镇的良好基础。长三角地区目前已经建设了一大批具有产业特色的省、市级特色小镇，但这些小镇内部之间、小镇与小镇之间尚未形成有效的互联互通网络，并未建立系统解决方案，地理位置上的接近未能带来更高效敏捷的沟通，影响了更深层次商业活力的释放。从另一个角度来看，随着互联网和物流业发展，某些行业未必需要地理意义上的集成联系，信息技术层面的集成联系更具现实意义。从智能制造推进阶段来看，各省推进了多年的"机器换人"技术改造行动，大大提升了原有的制造业自动化水平，在硬件上形成了良好的智能制造基础。

第二，以多种形式缓解中小企业智能制造升级资金压力。不同于大型企业拥有雄厚的资金、稳定的市场、乐观的经营预期等优势，中小企业自身资金较为紧张、发展较不稳定，对于投资引入成本较高的智能制造设备和系统心存顾虑。因此，以市场化形式化解中小企业智能化改造资金问题，是解决中小企业心病的关键。首先，灵活引入政府与社会资本合作模式（PPP）。采用PPP模式，引导社会资本参与网络基础设施建设、智能制造系统解决方案建设，在聚集大量资金的同时，可以有效引入社会监督机制，使行业发展更加规范。长三角众多城市在市政项目建设中已有广泛使用PPP模式的成功经验。PPP的模式同样也可以应用于中小企业的智能化改造升级过程中，比如应用于特色小镇的网络基础设施建设项目等。其次，积极推进融资租赁与智能制造深度合作。融资租赁在缓解中小企业融资难、推动经济转型升级、提高对外开放水平等方面具有独特作用。例如，某市一家制造业公司A，希望进行"机器换人"的改造，需要购买一套昂贵的机床设备。但A缺乏资金，没有抵押物，银行也不愿意提供这笔贷款。A可以和租赁公司B合作，由B按照A的要求，出资购买这套机床，然后租给A使用，而A定期缴纳租金。在租赁期间，机床的使用权在 A，但所有权在 B。当租期结束，B 收回了投资，机床的所有权由 B 转移给 A，此时的 A 可能还要支付一定的尾款费用。但是部分中小企业因为体量等原因尚不足以获取融资租赁的资格，或所需租赁规模较小，达不到融资租赁标准。政府部门此时若能从税收、补助、需求协调等多角度给中小企业提供一些支持，将有力推动中小企业智能化改造及其与融资租赁公司的对接，实现多方共赢。

第三，以设备租赁降低中小企业智能制造升级设备门槛。二手智能制造设备的租赁不仅可以最大程度降低中小企业资金压力，对于实际体验智能制造设备带来的效率提升、培养中小企业智能制造专业人才都具有积极意义。目前，国内工厂"机器换人"、智能制造所用的成套设备、系统、核心部件，约七成需从发达国家引进，一套高端设备动辄百万元甚至上千万元，并且进口自动化机器人不一定适合国内企业的生产，还需二次改装和调试，往往需要花费大量时间、人力、资金。嘉兴的智能制造企业改造尚处于初始阶段，与智能制造装备相匹配的软件、专业技能员工、工厂组织管理模式都尚未成熟，这使"机器换人"、智能制造的红利效应很难立刻得到彻底释放和发挥。二手智能制造设备的租赁可以有效地解决中小企业资金不足问题，也可以在调试磨合中为中小企业培养专业人才和优化管理流程，更是利用低成本为企业全面智能制造升级进行实地试验。二手智能制造设备的来源可以是从当地进行二次升级的同行业大企业中获得，并借此获得相关经验；也可通过国内外相关机器设备制造厂商所提供的专业二手设备服务获得。

第四，以人才流动破解中小企业智能制造人才困境。智能制造具有就业替代效应。智能制造的替换效应和技术升级会不可避免地取代一部分工作岗位，但如同畜力替代人力、蒸汽替代畜力、电力替代蒸汽，市场与社会、企业与个人在经历短暂动荡之后，都将从发展中获益。在智能制造推广普及阶段，大型企业因为自身优势和政府帮扶常常走在技术前列，而智能制造技术的快速迭代可能让大型企业在较短的时间内就会进行一次设备更新，并且可能随着技术升级而形成一定的人才冗余，而部分中小企业可能尚处在智能制造的初始化状态，需求旺盛但人机两空。在这一背景下，政府可以建立一些大型企业与中小企业的人才对接平台，平台的建设不仅可以解决因为大型企业技术升级无处安放的智能设备，也可随着设备的流转为中小企业提供一批成熟的技术人才,形成人才流动的"雁阵效应"。

| 能源场景:安全可持续的智慧能源 |

随着人类生产力不断快速发展,人类社会的能源消耗大增,由此带来的地区环境和全球环境急剧恶化,能源的可持续发展尤其是安全保障问题亟待解决。尤其是2022年俄乌冲突,更是加剧了世界能源市场的紧张状态,导致世界各国重新对能源问题进行政策调整。能源是工业的血液和支撑,没有能源基础,无论是智能产业还是智慧城市都无法运营和持续。目前,中国面临能源约束突出的问题,能源效率偏低、能源消耗大、环境压力大、能源管理体系不完善,如何实现智慧能源的安全可持续对中国的智慧城市迭代升级和数字国家建设无疑是最为重要的关键问题之一。下文将讨论智慧能源治理的内涵理念、智慧能源产业链及其治理进展、世界智慧能源治理案例,最后提出相关场景建设的建议。

智慧能源治理的内涵与理念

智慧能源与智慧城市概念相伴而生。在 IBM 提出的"构建一个更有智慧的地球"理念中就包括智慧能源,即通过万物互联使人类能够以更加精细和动态的方式管理生产和生活,从而实现绿色节能发展,智慧能源从此走进了大众视野中。

在美国学者杰里米·里夫金(Jeremy Rifkin)的《第三次工业革命》(*The Third Industrial Revolution: How Lateral Power Is Transforming Energy, the Economy, and the World*)中,他发现人类历史上数次重大的经济革命都是在新的通信技术和新的能源系统结合之际发生的。[1] 这让中国意识到通过数字技术升级能源系统的重要性。2014年6月,习近平总书记提出要积极推动我国能源生产和消费革命,同年由中关村国际节能低碳技术研究院等能源联盟与协会发行了第一版《中国智慧能源产业报告》。2016年7月,国务院发布《关于推进"互联网+"智慧能源发展的指导意见》,提出十大重点任务和两大发展阶段,对智慧能源产业提出了新的要求和展望。

---

1 杰里米·里夫金. 第三次工业革命[M]. 张体伟,孙豫宁,译. 北京:中信出版社,2012:6.

与此同时,"十三五"时期也是我国能源低碳转型的关键时期,推动能源革命也是实现 2020 年全面建成小康社会目标的关键环节,落实创新、协调、绿色、开放、共享的发展理念迫在眉睫,发展智慧能源互联网是我国能源低碳转型的六大路径之一。"十四五"依旧延续了对智慧能源的关注,更加关注能源安全保障和能源供给保障。各个领域都在推动智慧能源产业的创新和发展,"互联网 + 能源"备受关注。《中国智慧能源产业发展报告(2015)》中定义智慧能源为:"必须是应用互联网和现代通讯技术对能源的生产、使用、调度和效率状况进行实时监控、分析,并在大数据、云计算的基础上进行实时检测、报告和优化处理,以达到最佳状态的开放的、透明的、去中心化和广泛自愿参与的能源综合管理系统。"在经济日报对《智慧能源:我们这一万年》的作者刘建平的采访中,邀请其对智慧能源的基本内涵给出了判断:"智慧能源就是充分开发人类的智力和能力,通过不断技术创新和制度变革,在能源开发利用、生产消费的全过程和各环节融会人类独有的智慧,建立和完善符合生态文明和可持续发展要求的能源技术和能源制度体系,从而呈现出的一种全新能源形式。简而言之,智慧能源就是指拥有自组织、自检查、自平衡、自优化等人类大脑功能,满足系统、安全、清洁和经济要求的能源形式。"[1]在 2016 年由国家发展和改革委员会、国家能源局共同发布的《关于推进"互联网 +"智慧能源发展的指导意见》中,对"互联网 +"智慧能源进行了定义:"互联网 +"智慧能源(以下简称能源互联网)是一种互联网与能源生产、传输、存储、消费以及能源市场深度融合的能源产业发展新形态,具有设备智能、多能协同、信息对称、供需分散、系统扁平、交易开放等主要特征。"

智慧能源是将科技和传统能源利用相结合,从而能够监控并计算出最佳能源分配的工具,经过辨析之后,笔者认为,智慧能源的重点在于通过互联互通的科技手段提高能源使用效率以及资源配置的自动化、智能化,从而打造智慧能源的新兴产业模式,而能源互联网则是利用"互联网 +"效应,从生产端、消费端等共同打造互联网能源的生态圈。二者的核心理念是一致的,智慧能源技术、产品和解决方案的创新发

---

[1] 中国经济网-经济日报. 智慧能源的基本内涵是什么?[N/OL].(2013-05-29)[2020-05-13]. http://views.ce.cn/view/ent/201305/29/t20130529_24428811.shtml.

展及推广应用将有效推动能源互联网的形成与发展。[1]

简言之,智慧能源的基础是科技,保障是制度,载体是能源,精髓则是智慧。[2] 智慧能源发展方向已经明确,能源行业怎么利用好互联网的优势,数字化属性和互联网思维又如何赋能能源行业,让能源的生产更安全、环保、高效,能源的消费更合理,从而达到能源转型升级的目标,成为能源行业目前必须认真研究解决的问题。[3]

智慧能源的产业链及国际扫描

智慧能源技术及解决方案是能源技术与互联网信息技术融合创新的结果,智慧能源产品的出现促成了智慧能源产业链的形成。智慧能源主要是能源技术、互联网信息技术以及二者之间的结合,包括了网络技术、计算技术、软件技术及通信技术等。从应用看,智慧能源技术及解决方案包含了工业、建筑、交通等行业层面智慧能源技术解决方案,企业、区域等组织层面智慧能源技术及解决方案等内容。按技术产品划分,智慧能源技术及解决方案包含了智慧能源各类应用技术、基础设施与关键器件、智慧能源管理平台等内容。和其他产业一样,智慧能源产业也需要配套技术服务予以支撑,服务内容包括标准计量服务、检测认证服务、节能低碳第三方服务及测试验证服务等。

智慧城市中的能源需求不仅包含能源企业,也包括了城市的日常家用等。智慧能源包括智慧电力、智慧水力、智慧燃气等。因此,通常情况下,智慧能源体系由下至上可分为能源层、网络层和应用层。第一,能源层主要是进行能源的生产、转换、传输和利用,包括化石燃料的发电、清洁可再生能源的多能转化、电力利用等。第二,网络层主要是通过广域布局的智能传感进行能源相关数据的采集和传输,利用互联网技术,实时获取海量数据。以各种服务于能源管理的传感器组成传感网,包括智

---

1 王忠敏,吕秋生.智慧能源产业与能源互联网,是什么?[EB/OL].(2016-08-02)[2020-08-19].http://www.xbzk.org/news/edp.asp?id=572.

2 头豹研究院.智慧能源:高效、清洁、节能的能源行业发展新形态[EB/OL].(2020-11-13)[2020-11-26].https://www.leadleo.com/article/details?id=5faa3c69a7631e5ce96fcfb4.

3 刘丁璞.大数据分析在新型能源建设中的应用趋势[EB/OL].(2018-11-13)[2020-05-21].https://mp.weixin.qq.com/s?__biz=MjM5MzU0NjMwNQ==&mid=2650763836&idx=1&sn=a292e09f22cfe659e5acad0206c33e3c&chksm=be9ebb1289e932047c0eb98f4fb264b67d798f57143527a02ec05a2e66559062963e4f467cb7&scene=27.

能电表、智能水表、蒸汽流量计、热能计等各种带通信功能的仪表。第三，应用层主要是利用大数据、云计算、人工智能等技术进行能量信息的数据共享，主要包括能源设备的运行状态和各能源系统的实时运转状况等，主要实现途径是对海量数据信息进行分析和处理，从而搭建能源交易平台来对各种能源交易进行数据支撑，承担能源互联网的信息采集、管理方案、能源交易等方面的运行工作。对能源生产、传输、使用全过程实施高效管理，提供决策依据并辅助决策。

从能源生产来看，主要是指煤炭、石油、天然气、太阳能、风能、地热能等一次能源和电力、汽油等二次能源。随着新能源技术的不断发展，分布式发电方式不断接入，打破了原有电网运行管理的模式，不但需要考虑负荷侧的波动，还要考虑新能源出力的间歇性。在此背景下，智慧能源中大数据应用众多，涉及电网安全稳定运行、节能经济调度、供电可靠性、经济社会发展分析等诸多方面。以光伏发电方式为例，"光伏大数据"的应用主要集中在在线预测、发电量模拟、实时监测、设备预警和诊断、资源调度、电力交易以及需求响应等方面。对"光伏"行业来说，大数据分析是贯穿始终的。从前期规划到电站投资建设、后期运营，以及整个资产全生命周期的管理都可以通过数据分析、数字化的模型为各个环节提供量化的分析和决策服务，服务于投资商、生产商、运营公司等各类角色。另外，风力发电与光伏发电类似，都具有波动性和间歇性，大规模并网运行会影响电力系统运行的安全稳定，而且在高风力等级条件下还可能造成风机损坏，所以以数值天气预报模型为基础，结合实时气象数据、电站运行状态数据等，通过大数据建模分析可大幅提高电站运行的安全性和电力系统的稳定性。[1]

从能源消费来看，仍以电力消费为例，电力改革及电力产业链的细化推动着电力交易品种、周期、方式和竞争格局等因素发生了显著变化，电力用户需求更加多样，电力公司面临满足用户差异化服务的诉求；行业转型无疑给销售管理带来了压力，无论是电源端还是电网端，其核心就是如何利用负荷资源化进行有效管理，反馈给电源和电网端，达到供需匹配灵活的目的。借助大数据，售电公司可以根据用户的生活习惯作出更优的电力调配计划。负荷预测作为电网电量管理系统的重要组

---

[1] 佚名.大数据分析在新型智慧能源建设中的应用[J].经济展望，2018（6）：128-132.

成部分，其预测误差的大小直接影响电网运行的安全性及可靠性，较大的预测误差会给电网运行带来较高的风险。现阶段负荷预测主要是通过负荷历史数据，利用相似日或者其他算法预测负荷的大小，短期预测精度较高，中长期精度较差。随着电网采集数据范围的增加，利用大数据技术可以将气象信息、用户作息规律、宏观经济指标等不同种类的数据，通过抽象的量化指标表征其与负荷之间的关系，实现对负荷变化趋势更为精确的感知，提高预测精度。如果新能源预测误差较大，则需要在新能源设施周边建立配套的常规能源作为备用，以弥补新能源预测精度方面的不足。作为备用的常规电源，如果长期不能在最佳运行点工作，将造成其发电效率低以及能源的浪费。[1]

综合能源服务模式已相对成熟，主要的综合能源服务商也由专业大型电力企业和跨界信息企业转型而来，德国、美国、法国等很多国家的大型电力企业均为综合能源服务商，比如美国太平洋燃气电力公司（PG&E）、法国电力公司（EDF）、德国莱茵集团（RWE）等，它们除供应多种能源外，还提供电能质量、节能改造、需求侧响应、分布式电源接入、电动汽车接入等多元化增值服务，此外还有一些新兴参与市场主体，主要是一些大数据、互联网公司，如 C3 Energy、Opower 等，它们也与电力公司合作，基于电力公司提供的数据和自身大数据分析技术，提供一些用能分析、节能建议、需求响应等增值服务。[2]

日本作为地震多发国家，更需要智能化和严格的能源管理。日本围绕需求管理、产业创新、市场机制完善等问题，制定了系列培育政策，期望通过小规模分布式可再生能源构建主体的智慧能源体系，降低灾害引发的传统集中式电力供给体系的崩溃风险，减少对化石资源的依赖，实现低碳环保可持续发展。日本主要以《巴黎协定》（The Paris Agreement）中的相关内容为主要目标，在能源转型和脱碳化领域进行创新，同时也积极推动物联网、人工智能在能源领域的管理创新，积极推广电动汽车、提升发电站运转的高效化等。在推动区域能源系统构建方面，日本也通过调整相关制度，促进风力发电、太阳能发电，推进信息共享，完善区域协商机制。优化一

---

1 佚名.大数据分析在新型智慧能源建设中的应用[J].经济展望，2018（6）：128-132.
2 电子技术应用网.综合能源服务大潮之下，电力企业的转型经[EB/OL].[2019-12-05].http://www.chinaaet.com/article/3000076803.

般海域利用规则，大力开展风险及成本较低的地热发电调查，研发新一代地热发电技术，推进微波无线电输电技术的研究开发及示范。推进"福岛新能源社会构想"项目，扩大可再生能源的应用，推进风力发电，在福岛大规模制造氢气并在2020年东京奥林匹克运动会予以应用等。总的来说，日本首先是从制度上对智慧能源给予极大的支持和保障，其次根据《巴黎协定》以及日本本身的地理优势找准最关键的点作为主要发展方向，最后明确方案的目标及路线。[1]

中国智慧城市与智慧能源建设：以嘉兴为例

中国能源管理从无数据的、粗放型的能源管理逐步向建立高效的能源管理系统转变。当前，中国能源管理方面仍存在如下缺陷：第一，不重视能源管理。能源消耗占总运营成本的比例不大，缺乏能源管理意识。第二，没有有效的能源计量。基础统计信息不尽准确，全面统计算法不够合理，用能单位能源数据汇总体系不完善，缺乏必要的工具和系统平台。第三，缺乏能源数据的汇总分析。数据汇总工作复杂、庞大，而且容易出错，而基于海量数据的分析更是困难，没有积累起可用于分析和查询的能源数据库。第四，能源消耗数据分析缺乏完整性、可靠性、连续性。

有效的能源管理将会为企业带来持续的节约，因此企业也好、城市也罢，都应该不断地更新完善能源管理系统。因此，中国需要规范和加强能源管理，推动能源管理从粗放式到系统式再向着智能能源管理转变。对"十三五"规划中能源转型的"发展智慧能源互联网"这一目标，国家发改委明确提出，向可再生能源的适应性变革是能源体系低碳转型的重点。在这一过程中，要与信息技术、数字技术深度融合，同时要把横向的多能互补和纵向的源、网、储等结合起来，发展智慧能源互联网。

在中央"互联网+能源"和浙江省能源局的双重指导下，嘉兴市能源互联网的发展在全中国范围内走在前列。智慧能源借助能源互联网，将电、水、气等能源数据化，利用IPv6、大数据、云计算等互联网技术，将能源产业互联网化，动态管理能源生产、传输和消费，达到提高效率、节能减排等作用。[2] 其中智慧能源系统在电力

---

1 张虎，巢郦君.日本推进智慧能源发展的政策动向及启示［J］.管理观察，2019（8）：67-69.
2 人民日报.浙江嘉兴打造城市级现代能源互联网，智慧电网点亮智能生活［N/OL］.（2020-05-08）
   ［2020-08-03］.https://baijiahao.baidu.com/s?id=1666085039037182910&wfr=spider&for=pc.

节能上的成果尤为突出，近几年也已经得到了广泛的应用。除此之外，2019年8月29日，浙江嘉兴城市能源互联网综合试点示范项目通过浙江省能源局验收。这标志着，全国首个城市级能源互联网示范项目在浙江建成。据称，核心示范区实现可再生能源的100%接入与消纳，实现清洁能源、高效电网、低碳建筑、智慧用能、绿色交通的广泛开放互联，实现电网侧与消费侧的绿色共享。该项目落户海宁，其建设任务分为完善基础设施和研发综合能源服务平台两大类。其中，完善基础设施包括完成主动配电网、综合能源服务站等城市能源互联网基础设施、电力无线专网等数据信息网络建设与布局；综合能源服务平台提供清洁能源服务、建筑能效服务、电动汽车服务、智慧用能服务和供需互动服务五种服务，实现能源流、业务流、数据流的高度融合。[1]

虽然在全国范围内，嘉兴市目前的智慧能源建设名列前茅，但不可否认的是全国的智慧能源发展都存在如下问题：第一，制度和标准体系还不完善。目前，智慧能源的基本概念、术语定义、概念模型、体系架构、评价指标等方面尚未形成共识，制度和标准体系还不完善。第二，技术层面尚需不断创新和突破。智慧能源的发展不仅需要突破多能互补分布式系统发电、储能、智能微网、主动配电网、柔性直流电等能源领域关键技术，还需要探索物联网、大数据、云计算等信息通信技术在能源领域的深度应用。随着电力交易市场的放开，计量、结算、智能用电管理等技术与能源系统的跨行业融合需要进一步探索。能源互联网的发展尚处于起步阶段，所需的技术体系、标准体系尚未确定，以信息通信、电力电子、可再生能源等多种技术为核心的交叉融合技术需要不断的创新和突破。第三，风险治理亟须加强。智慧能源通过互联网将能源的生产、运输、消费、存储和金融的融资、交易、结算以及用户端的用能需求、用能行为等多主体紧密结合在一起，由于领域的不同、环节的增多，协调机制更加复杂，势必带来安全问题，跨界融合带来的监管问题不容忽视，需要从安全角度加强监管和风险管控。智慧能源是新兴行业，监管部门的监管意识和监管力度都需要加强，以降低行业发生系统性风险的概率。市场上跟风兴起的能源企业如雨后春笋，政

---

[1] 人民日报. 智慧电网点亮智能生活［N/OL］.（2020-05-08）[2020-06-30]. https://m.gmw.cn/baijia/2020-05/08/33810639.html.

府也应当对相关公司做好质检，防止市场乱象的发生。[1]

"智慧能源"是实现城市节能减排和保障城市持续发展、创新及经济增长的基础环节。在消费方面，应发挥互联网在变革能源产业中的基础作用，推动能源基础设施合理开放，促进能源生产与消费融合，提升大众参与程度，加快形成以开放、共享为主要特征的能源产业发展新形态；在科技方面，应遵循"互联网+"应用发展规律，营造开放包容的创新环境，鼓励多元化的技术、机制及模式创新，因地制宜推进能源互联网新技术与新模式先行先试；在市场方面，应发挥市场在资源配置中的决定性作用，驱动形成能源互联网发展新业态，适应新业态及大数据应用发展要求，完善能源与信息深度融合下的安全监管和市场监管机制，保障信息安全和市场参与者的合法权益；在监管方面，应适应能源互联网"三分技术、七分改革"的发展要求，深化能源体制机制改革，还原能源商品属性，构建有效竞争的市场结构和市场体系，推动能源消费、供给和技术革命。[2]

智慧城市的智慧能源建设还可以从社区入手。作为城市治理的最小单元，社区在城市转型过程中的作用也不容小觑。智慧能源管理系统及应用系统的试点都可以从社区入手，在这个过程中社区能够充分发挥其参与度高、人员密集等特点，对于智慧能源建设的反馈能够有效及时地收集，便于后续进行调整。此外社区也不像能源企业那么复杂，只需升级与连接各家各户的电表水表等，操作较为便捷，也能够帮助管理人员逐步适应智慧能源的管理系统，从而总结出具有普适性的经验，有利于之后在全国范围内进行推广。智慧城市的智慧能源系统建设道路还很长，在学习国内外先进的案例之外也要结合各地的实际情况，因地制宜地进行智慧能源的建设。

| 交通场景：互联共享的智慧交通 |

城市交通是城市经济发展的动脉。20世纪60年代，美国提出了智能交通系统

---

[1] 电子技术应用网. 未来五年智慧能源产业发展及预测［EB/OL］.（2018-01-23）［2020-05-30］. https://news.21dianyuan.com/detail/30492.html.

[2] 国家发展和改革委员会. 关于推进"互联网+"智慧能源发展的指导意见［EB/OL］.（2016-03-01）［2020-05-03］. http://www.cac.gov.cn/2016-03/01/c_1118196827.htm?from=groupmessage.

（ITS）的发展构想，随着全球智慧城市建设的热潮，交通作为城市功能的重要载体也在进行着从智能化向智慧化的转变。智慧交通是在整个交通运输领域充分利用物联网、空间感知、云计算、移动互联网等新一代信息技术的基础上，综合运用交通科学、系统方法、人工智能、知识挖掘等理论与工具，以全面感知、深度融合、主动服务、科学决策为目标，通过建设实时的动态信息服务体系，深度挖掘交通运输相关数据，形成问题分析模型，实现行业资源配置优化能力、公共决策能力、行业管理能力、公众服务能力的提升，推动交通运输更安全、更高效、更便捷、更经济、更环保、更舒适地运行和发展，带动交通运输相关产业转型、升级。[1] 智慧交通被列为十大智慧城市工程之一，随着新一代信息技术与交通运输深度融合，发展趋势日益增强。智慧交通在区域、城市甚至更大的时空范围内均具备感知、互联、分析、预测、控制等能力。智慧交通以充分保障交通安全、发挥交通基础设施效能、提升交通系统运行效率和管理水平为目标，为通畅的公众出行、可持续经济发展服务。

国外智慧交通建设与治理

日本的智慧交通建设与治理取得了丰富的经验，具有较高的知名度。日本人口众多，交通运输发达、技术先进，其智慧交通建设起源较早。20世纪末，日本交通供需关系严峻，出现高频交通事故并带来巨大的人员、经济损失。为缓解这一问题，日本政府分别推出了三代智能交通系统，并后续推进智慧交通建设。日本属于紧凑型、网络型城市，在应对老龄化的社会变化中，利用智慧交通可以实现医疗、教育等城市服务功能的高效运行，使得居民生活更加便利。

作为充满魅力、个性的国际化都市和人口高度密集地区，东京一直以来备受关注。以东京市为例，1955年东京市内交通拥堵达到顶峰，1968年交通阻塞达到高峰。为着力解决城市交通拥堵问题，东京开始建设智慧交通，主要做法如下：第一，建设"信息化"的交通控制系统。东京市交通控制系统共有100多台计算机，对全市50%以上的红绿灯进行智能化自动控制。得益于智慧交通，日本城市交通堵塞得到了有效解决，路上很少出现堵车现象。第二，实现部门之间信息共享。主要体现

---

[1] 国家信息中心智慧城市发展研究中心. 新型智慧城市发展研究报告（2018—2019）[EB/OL]. （2020-06-15）[2022-03-11]. http://scdrc.sic.gov.cn/news/339/10511.htm.

在政府部门网络互通、信息共享。早在20世纪90年代初,通过计算机网络,日本东京智慧交通就实现了部门信息共享。以医疗救护为例,日本将消防救护与医疗部门的网络联通,消防综合智慧计算机系统能够自动确认灾害发生地点、自动选择救护部队、自动派遣车辆、自动选择医院、自动选择医生等,从而使救护时间缩短到最低限度。第三,紧急车辆和公交车辆通行"优先化"。2008年,公交优先控制系统在日本投入使用,目前已在日本普及。道路两旁的探测器接收到公交车、紧急车辆车载仪发出的信号以后,随即发出信号调整指令,延长绿灯时间,缩短红灯时间,保证公交运行更加顺畅。第四,城市停车"便利化"。主要是开通停车车位网络查询、单位时间免费停车,很好地解决了停车需求与供给匹配问题。第五,推进机制"协同化"。一是政府加大对智慧交通研发应用的投入;二是政府不断创新与研发机构和企业的合作机制。主要是政府赋予科研机构和企业盈利空间,充分调动他们的积极性。为了更好地推进城市发展,《东京2040》使得东京的智慧交通发展进入了新的纪元。在《东京2040》中,交通建设成为第二项战略,主要目标是实现人、物、信息的自由交流,涵盖航空、海河、公路、道路、铁路、轨道、物流、智慧等多个领域,提出了7条政策17项方案措施,结合不断发展的IoT(物联网)、ICT(信息通信技术),开放数据,搭建最尖端的信息平台,实现城市活动便利性和安全性的本质提升,创新信息化城市空间,实现面向出行服务、设施管理、灾害应对的智慧交通。[1]

美国在智慧交通建设方面拥有自己的特色,作为车轮上的国家,其交通治理拥有丰富的经验。其中,纽约作为全球最重要的世界性城市,其智慧交通建设方面保持了高度的政策前瞻性和社会性。2019年4月,纽约最新一轮的"纽约2050总体规划"正式出台。在交通发展战略部分,该规划提出高效移动性目标,建设负担得起、可靠、安全、可持续的交通系统,减少对小汽车的依赖。其智慧交通建设特点如下[2]:第一,高覆盖的智慧交通信息系统。纽约智慧交通的建设始于20世纪末,目前已建成一套智能化、覆盖全市的智慧交通信息系统,成为全美最发达的公共运输系统

---

[1] Cityif.《东京2040》系列解读之四:东京的城市交通规划——面向未来、自由出行、促进交流的城市交通规划(上)[EB/OL].(2019-09-12)[2020-05-12]. https://www.sohu.com/a/340476084_651721.

[2] 纽约市长可持续发展办公室.只有一个纽约:2050城市总体规划(OneNYC2050)[EB/OL].(2019-04-10)[2020-05-12]. https://m.163.com/dy/article/EHTDP4FU0515C3JA.html.

之一。纽约智能交通信息服务系统可以及时跟踪、监测全市所有交通状态的动态变化，方便机动车驾驶者根据信息系统发布的交通拥堵和绕行最佳路线的信息选择行驶路线，以及相关部门根据后台智能监控系统提供的路况信息进行交通疏通处理。第二，高效管理公共汽车。自2015年以来，纽约市与MTA合作，将九条走廊升级为精选巴士服务（SBS）。迄今为止，SBS已经改善了服务并缩短了每天约300 000名乘客的旅行时间。现今美国正在进一步努力优化和扩大公交网络，并采取执法措施来提高城市街道上公交车的优先级。与此同时，国家预算颁布了新的收入来源，允许当局进行必要的升级并改善整个系统的服务和可访问性。第三，安全先行的交通环境。纽约市交通发展战略计划和"零死亡愿景"行动计划致力于保障城市交通安全，构筑零伤亡的城市交通环境。纽约市交通局在2016年发布《战略计划2016》（Strategic Plan 2016），旨在实现安全、绿色、智慧、公平的交通发展目标。其中，安全被列为交通发展的首要目标，保护数百万每天在纽约街道行走的行人、自行车骑行者以及驾驶员的生命成为纽约交通局的头等大事。2017年，纽约交通局对战略计划的完成情况进行追踪，评估各项措施的实施效果，以便进行调整与优化。由此可见，纽约市提出的交通发展战略是一个不断反馈、连续规划的过程，在确定了交通安全重点关注领域的基础上，政府提出多元复合的安全改善策略，通过评价指标分析和实施效果评估选择最佳的改善方案。以纽约市林肯中心Bow-Tie为例，该交叉口为复杂多支路口，曾连续多年成为曼哈顿地区排名前5%的事故多发地点，纽约市通过采取拓宽中央分隔带和人行道、限制转弯、增加过街横道和地面警示标志以及优化行人信号灯等一系列举措，成功将其改造为充满人性化、便捷畅通的交叉口，被列为2017年纽约市交通安全样板项目。[1]第四，可持续街道与慢行交通。纽约市重视街道可持续发展，尤其关注行人和自行车等慢行交通安全，形成一体化城市道路安全的行动计划。为了实现安全目标，战略计划提出众多安全设计措施，包括事故多发地点改造、交通稳静化、上下学安全路径、学校慢行区、住宅慢行区、年长者安全街道、自行车道网络、交叉口照明、公交车站安全路径、公共宣传与安全教育等。据美国交通局数据，2005年至2009年弱势道路使用者（行人和自行车等）交通事故死亡人数占纽约交

---

[1] 世纪交通网.纽约市道路交通安全改善经验与启示［EB/OL］.（2019-05-09）［2020-05-12］. https://www.sohu.com/a/312979831_818343.

通事故死亡总人数的71%，这使得纽约市高度关注行人和自行车交通安全。纽约市计划到2030年将行人交通事故死亡人数在2007年的基础上减少50%。通过"5E"对策、宣传与立法、跨部门协调与合作等进行全方位治理和提升，纽约交通局正致力于将纽约打造为全美步行和自行车先进城市。

巴黎智慧交通建设特色鲜明。《大巴黎2050规划中的交通》提出巴黎交通的总体目标为形成用轨道交通紧密连接、慢行品质，并关注末端交通的公共生态交通系统。主要战略包括：利用轨道交通统筹区域发展、慢行空间系统设计、以速度做标杆提升交通服务、关注最后一英里接驳交通、倡导以公共交通为主的生态交通等。巴黎市政府从2007年相继推出"单车自由行计划"和"电动汽车共享计划"。利用安装在自行车上的读卡器技术，通过"公共自行车管理系统"对自行车进行智能化管理；在电动汽车共享计划中，市民出行时可随时租用公共电动汽车。截至2012年年底，从巴黎市区到周边近郊已建成一个拥有1 100个租车站、3 000辆电动汽车的覆盖系统，巴黎由此成为全球首个大规模推行公共电动汽车租赁服务的城市。巴黎公交站具有多功能智能巴士亭，乘客可在智能巴士亭显示屏上进行查询公交换乘信息、浏览新闻资讯等15种方便快捷的应用程序操作。[1]

表7-2 智慧交通相关文件

指　　标	美　国			欧　洲		
	纽约	芝加哥	旧金山	阿姆斯特丹	伦敦	佛罗伦萨
智慧停车	√	√	√	√	√	√
智慧接驳	√	√	√	√	√	—
定制化交通信息	√	√	√	√	√	—
智慧交灯控制系统	√	√	√	√	√	—
自适应通信连接汽车	√	—	√	—	—	—
共享无人驾驶汽车	√	—	√	√	√	√

---

1 前瞻产业研究院. 全球12个智慧城市案例（精选合集）[EB/OL]. (2018-11-07) [2020-05-12]. https://f.qianzhan.com/yuanqu/detail/181107-275632ff.html.

续 表

指 标	美 国			欧 洲		
	纽约	芝加哥	旧金山	阿姆斯特丹	伦敦	佛罗伦萨
智慧路灯	√	√	√	√	√	√
定位信息服务	—	√	√	√	√	√
定制化货运	√	√	√	√	√	√
机器人取货	√	√	√	—	√	—
智慧物流	√	√	√	√	√	√

来源：张晓春，邵源，孙超.面向未来城市的智慧交通整体构思[J].城市交通，2018，16（5）：3.

总体看，国外智慧交通主要集中在智慧停车、智慧接驳、定制化交通信息、智慧路灯、共享无人驾驶汽车等方面的建设。从表7-2中可以看出，国外对于智慧停车、智慧路灯、定制化交通信息、定制化货运、智慧物流方面都较为重视。[1] 从西方国家对于智慧交通整体规划来看，美国、欧盟、日本以及其他一些国家在智慧交通发展战略上着力点都有区别：欧盟强调各国合作和标准化、强调综合运输系统智能化、重视通信和车载设备等；而日本由于地小人多，智慧交通建设主要目的是为了提高服务质量，减轻出行困难。[2]

国内智慧交通建设与治理

近年来，中国大力支持发展智慧交通，提出交通强国战略。《"十三五"现代综合交通运输体系发展规划》（国发〔2017〕11号）、《智慧交通让出行更便捷行动方案（2017—2020年）》、《推进智慧交通发展行动计划（2017—2020年）》（交办规划〔2017〕11号）、《推进综合交通运输大数据发展行动纲要（2020—2025年）》等系列文件的发布，对智慧交通的发展提出了要求（表7-3）。随着新基建时代的到来，交通作为基础建设之一，涉及与5G、人工智能、数据中心等科技创新领域基础设施

---

[1] 张晓春，邵源，孙超.面向未来城市的智慧交通整体构思[J].城市交通，2018，16（5）：3.
[2] 郑丹.国外智慧交通建设的特色与创新[J].科技经济导刊，2019，27（36）：23-24.

的融合建设,还将推动多个领域朝着智慧化、数字化方向发展,智慧交通领域也将迎来新的发展变化。

表7-3 中国智慧交通建设相关文件

文　件	相　关　内　容
交通运输部《关于全面深化交通运输改革的意见》(交政研发〔2014〕242号)	完善智慧交通体制机制: (1)研究制定智慧交通发展框架 (2)加快推进交通运输信息化、智能化,促进基础设施、信息系统等互联互通,实现ETC、公共交通一卡通等全国联网 (3)推动交通运输行业数据的开放共享和安全应用,充分利用社会力量和市场机制推进智慧交通建设 (4)完善交通运输科技创新体制机制,强化行业重大科技攻关和成果转化,推进新一代互联网、物联网、大数据、"北斗"卫星导航等技术装备在交通运输领域的应用 (5)完善对基础性、战略性、前沿性科学研究和共性技术研究的支持机制,培育建设一批国家级、省部级协同创新中心、重点实验室、工程中心和研发中心,建立健全交通运输领域科研设施和仪器设备开放运行机制
《推进"互联网+"便捷交通促进智能交通发展的实施方案》(发改基础〔2016〕1681号)	(1)完善智能运输服务系统 (2)构建智能运行管理体系 (3)健全智能决策支持系统 (5)加强智能交通基础设施支撑 (6)全面强化标准和技术支撑 (7)营造宽松有序发展环境 (8)实施"互联网+"便捷交通重点示范项目
《"十三五"现代综合交通运输体系发展规划》(国发〔2017〕11号)	提升交通发展智能化水平: (1)促进交通产业智能化变革 (2)推动智能化运输服务升级 (3)优化交通运行和管理控制 (4)健全智能决策支持与监管 (5)加强交通发展智能化建设
《智慧交通让出行更便捷行动方案(2017—2020年)》	(1)提升城际交通出行智能化水平 (2)加快城市交通出行智能化发展 (3)大力推广城乡和农村客运智能化应用 (4)不断完善智慧出行发展环境

续表

文　件	相　关　内　容
《推进智慧交通发展行动计划（2017—2020年）》（交办规划〔2017〕11号）	（1）基础设施智能化 （2）生产组织智能化 （3）运输服务智能化 （4）决策监管智能化
《国家车联网产业体系建设指南（智能网联汽车）（2017年）》	（1）科学确定智能网联汽车标准体系建设的重点领域，加快基础、共性和关键技术标准的研究制定 （2）考虑行业发展现状和未来应用需求，合理安排技术标准的制修订工作进度，加快推进急需标准项目的研究制定，协同合作，自主创新
《交通运输部办公厅关于加快推进新一代国家交通控制网和智慧公路试点的通知》（交办规划函〔2018〕265号）	（1）基础设施数字化 （2）陆运一体化车路协同 （3）北斗高精度定位综合应用 （4）基于大数据的路网综合管理 （5）"互联网+"路网综合服务 （6）新一代国家交通控制网
《推进综合交通运输大数据发展行动纲要（2020—2025年）》	（1）夯实大数据发展基础 （2）深入推进大数据共享开放 （3）全面推动大数据创新应用 （4）加强大数据安全保障 （5）完善大数据管理体系

来源：作者自制

　　从国内的相关场景建设案例看，深圳智慧交通建设十分典型。深圳的智慧交通建设提出构建"以数据为驱动、以规划为牵引、以设计为支撑"的整体理念，形成以大数据为基础，以协同规划为引领，以品质设计为支撑，以智慧运维、系统集成为实践的城市智慧交通整体解决方案框架。通过承上启下，从规划愿景、工程设计、技术衔接、高效运营等层面，实现对于智慧交通全流程的整体把控。深圳还提出要实现从关注交通管制到面向市民出行的目标调整。结合最新的交通安全技术、全过程出行技术，从单一的面向政府部门的智慧管控和决策向面向行人的数据融合和服务的方向上提升，为市民出行提供多样化的交通方式。目前，深圳市的交通运输与管理发展正在加强与国家层面大数据平台的全面对接。与此同时，网约巴士、网约出租车、共享单车等新交通形态不断涌现，提升了市民的出行体验，推动了深圳智慧交通发展。深圳的智慧交通应用平台令人印象深刻，其打造了城市智慧交通的统一时空框架，构建基于全市实景三维地图的智慧交通全时空综合应用平台，汇聚全市交通全息感知和物联感知数据资源，建设交通运行、管理"一张图"，实现交通态势的"一图全面感知"、停车管理的"一键可知全局"、交通治理的"一体运行联动"、市民出行的"一屏智享生活"。[1]

经过十余年的发展，杭州智慧交通取得了较为显著的发展成效。2016年10月，杭州启动了"城市大脑"计划试点，以互联网大数据为基础，利用实时全局分析，对公共资源实现更高效调配（图7-1）。例如，在红绿灯路口，"城市大脑"利用摄像头采集的数据分析实时交通流量，让交通信号灯根据即时流量作出调整，优化路口的时间分配，提高交通效率。据统计，杭州推行"城市大脑"后，试点区域高峰期平均行车速度提升15%，区域平均拥堵时间下降9.2%。杭州市萧山区还实现了120救护车等特种车辆的优先调度，通过"城市大脑"定制的一路绿灯"生命线"，救护车到达现场的时间比原来缩短了将近一半。对于拥堵、违停、事故等，"城市大脑"还能代替人工实时发现，并触发机制进行智能处理。在杭州主城区，"城市大脑"日均事件

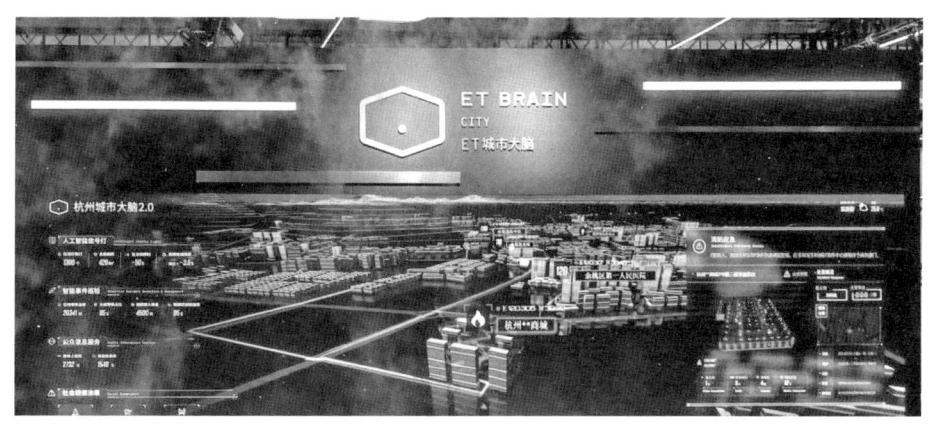

图 7-1　杭州"城市大脑"2.0 效果图
来源：杭州城市 2.0 介绍视频截图，https://tv.cztv.com/vplay/509897.html

---

[1] 中国测绘学会.实景三维深圳 | 建智慧城市时空基础设施［EB/OL］.［2020-05-12］. https://m.thepaper.cn/baijiahao_18097140.

报警数达500次以上,准确率达92%。从事无人驾驶技术研发的首席架构师彭进展说:"人工智能正在把城市交通带入更加高效、安全的时代。"2018年9月,"城市大脑"2.0管理杭州420平方公里,自2016年启动杭州"城市大脑"建设以来,杭州从全国最拥堵城市第5名下降到2018年第二季度的第57名。[1]

成都的智慧交通发展在应用平台建设方面具有特色。成都市出台的《关于全面贯彻新发展理念加快推动高质量发展的决定》《成都市加快人工智能产业发展推进方案(2019—2022年)》《成都绿色智能汽车产业发展规划》等政策文件中,均提出全面建成智慧交通的重要性。成都市根据一系列政策文件开展了智慧交通示范,为全市智能交通发展指明了方向。其中成都智慧交通App在智慧交通系统中扮演了重要角色:第一,智慧共治。依托互联网技术,成都开发了"蓉e行"共治平台,以整合政府和社会资源、动员企业和市民力量,推动城市交通共建共治共享。为了强化交通参与者的路权和规则意识,梳理出随意变道、不按规定车道行驶、不礼让行人等25类妨碍公共安全、影响通行效率的突出交通违法行为,群众可通过"蓉e行"平台的违法举报模块拍摄交通违法行为并上传,经交警后台审核通过后,依法实施处罚并曝光。同时,依托交安设施故障上报功能模块,建立线上线下联动的交安设施高效精准运维机制,提高交通安全设施维护水平。"蓉e行"上线以来,共收到66万余条群众提供的交通违法举报、交安设施故障报告和交通组织优化建议,形成了城市交通共建共治共享的局面。第二,绿色交通。私家车可在"蓉e行"平台主动申报停驶,并通过智能交通检测设备监测停驶情况,对自觉履行停驶承诺的私家车给予积分奖励,进一步促进群众交通方式从驾车依赖向绿色低碳出行转变。截至2018年8月底,累计已有1.56万辆私家车申报停驶,平均每车停驶13天,单车申请停驶时间最长达112天,累计减少十项主要污染物排放,总量约13吨。[2]第三,智慧信号灯。推广应用智慧信号灯,通过人工智能深度学习等先进技术,持续优化信号灯配时算法模型,制定信号灯智能联控方案,打造交通智能化"绿波带"。目前,已经完成130个智慧信号灯路

---

1 新华社新媒体. "城市大脑"为"堵城"疏堵[N/OL].(2019-05-10)[2020-05-12]. https://baijiahao.baidu.com/s?id=1633129995942352843&wfr=spider&for=pc.
2 成都日报. 成都"蓉e行"注册人数超210万 群众共建共治共享城市交通[N/OL].(2018-12-26)[2020-05-12]. http://www.scpublic.cn/news/wx/detail?newsid=139458.

口改造，173个信号灯联网控制，试点的交通延误下降了11.2%。[1]

迈向智慧交通治理

随着城市化率的不断增长，城市经济增长，居民人均收入提高，汽车保有量逐年倍增。随着移动互联网与智能手机的发展，以及网约车、共享单车、定制公交等新模式的不断出现，城市交通治理转型势在必行。智慧交通的发展理念和模式将更强调利用新兴科技推动城市交通治理服务的创新，使得城市交通朝着更加智慧化、更加高质量的方向发展，实现高效能发展。[2]在智能化、数字化的背景下，交通正在向提供满足人民群众美好生活需要的交通服务转变，交通治理也会迎来转型机遇期。2019年交通运输部提出《数字交通发展规划纲要》，纲要中明确指出进一步推进交通运输领域"互联网+政务服务"，实现行业治理现代化。[3]

无论是智慧城市、数字政府的建设，还是交通信息化建设、交通治理，都离不开信息化手段的介入。交通大数据挖掘、交通信息可视化等技术能够对城市交通要素进行直观的分析。实现交通信息化建设可以提高城市交通网络系统的运行效率，也能更好地帮助决策者实时了解交通问题。在信息化的前提下对城市交通进行治理，对未来城市交通发展具有重要意义。结合目前交通治理所面临的问题与挑战、交通发展现状、未来趋势，下文将从总体目标，发展模式，空间格局，决策、治理、服务四个模块，分析交通治理的转型之路，如图7-2所示。

交通作为连接城市中各要素的纽带，是实现城市各项功能的重要部分。其治理目标应与城市发展目标一致，即从城市与区域的社会发展视角进行解析，突出"以人为本"的服务思想。交通发展模式决定了交通的主体形式，也决定了治理的对象，不同的交通模式会引发不同的交通问题与市场格局，对治理转型具有引导作用。同时，发展模式也决定了城市空间格局，"以人为本"的空间格局强调人的出行空间，对治理手段与效果提出了要求。随着城市的发展，交通问题呈现出交通拥堵、新服务业态

---

1 成都日报.成都"蓉e行"注册人数超210万 群众共建共治共享城市交通[N/OL].（2018-12-26）[2020-05-12].http://www.scpublic.cn/news/wx/detail?newsid=139458.

2 张晓春，邵源，孙超.面向未来城市的智慧交通整体构思[J].城市交通，2018，16（5）：1-7.

3 交通运输部.交通运输部关于印发"数字交通发展规划纲要"的通知[EB/OL].（2019-07-25）[2020-05-12].http://xxgk.mot.gov.cn/2020/jigou/zhghs/202006/t20200630_3321233.html.

```
                          ┌─────────────────────────┐
                          │     **总体目标**         │
                          │ 建设"以人为本"的精细化、  │
                          │ 可持续化智慧交通系统      │
                          └─────────────────────────┘

                          ┌─────────────────────────┐
                          │     **发展模式**         │
                          │ TOD模式、轨道垄断型发展   │
                          │ 模式、低碳交通发展模式等  │
 ┌──────────┐             └─────────────────────────┘
 │以多源大数据平│
 │台为支撑的多尺├──────────┐
 │度信息平台  │             │ ┌─────────────────────────┐
 └──────────┘             │ │     **空间格局**         │
                          │ │ 运行及基础设施建设：路网  │
                          │ │ 构建（对内、对外）、道路横│
                          │ │ 断面空间划分……           │
                          │ └─────────────────────────┘

                          │ ┌─────────────────────────┐
                          │ │   **决策、治理、服务**    │
                          │ │ 需求导向型的智能化治理、  │
                          │ │ 多元协同综合治理、        │
                          │ │ 智慧决策                 │
                          │ └─────────────────────────┘
```

图 7-2 智慧交通治理转型思路
来源：作者自绘

监管和城市群景下区域交通发展聚集的状态。面对这些问题，传统单一的行政管理手段难以面对现实和未来问题的挑战，多主体协同的智慧化治理模式至关重要。

以交通大数据为基础，结合交通信息系统，以系统整合、应用集成和信息共享为主线，以融合大数据决策，创新多元治理模式为导向，以满足多样化、个性化、共享化出行服务需求为目的，构建"以人为本"的多元协调智慧交通治理平台，建设任务如下：第一，建立智慧决策大脑。通过交通路网监控、城市天眼、安全监测预警、全市空间地理基础信息数据库等平台构建智能治理决策与应急协同指挥于一体的交通决策大脑。第二，建立智能治理中心。构建"政府—企业—居民"多元交通治理的新型关系。多主体协同的智慧化治理模式需要确定参与主体之间的关系，无论是区域交通一体化、交通信息化建设，还是交通应急管理，都离不开治理主体。第三，建立面向未来出行的服务平台。未来城市交通会朝着更加智慧、更加绿色的方向发展，智慧交通还面临着新兴科技带来的挑战。从更深层次考虑，以人为本，满足居民通勤需求、休憩需求和提升生活品质需求是交通发展的核心动力，加快推动地方无人驾驶测试标准制定，研究确立涵盖无人驾驶运营组织模式、基础设施建设、无人驾驶车辆选择、无人驾驶管控中心和规范标准的城市级无人驾驶解决方案。

| 民生场景：公平包容的智慧民生 |

2015年12月中央城市工作会议提出：顺应城市工作新形势、改革发展新要求、人民群众新期待，坚持以人民为中心的发展思想，坚持人民城市为人民。智慧城市归根到底还是人民的城市，因此，民生领域的智慧化建设显得尤为重要。

智慧民生，并不是简单把一些线下的流程、设备、设施线上化，而是通过智慧化的手段，使民生领域的资源分配变得更加公平包容。例如，以"电子政务"为代表的数字化公共服务供给，如果只是将原有记录在档案中的数据通过电子设备储存下来，或仅仅是办理事项的方式从政府窗口的专人办理转移至自助移动设备上办理，那么肯定不能够被称为智慧民生。智慧民生应是通过感知设备，进行大量的数据收集，利用大数据的分析方法，在先进的数据分析手段的帮助下，政府能够主动敏锐地感知到群众的需求。例如，部分高校通过校园卡流水而非学生登记的家庭情况表来判断学生是否贫困，这就是一种比较初级的"智慧化"体现。理念上，智慧民生应当做到智慧化的数据整合，根据公民的需求，在政府数据管理系统内部完成自我判断、流程监督与终结，最后对公民需求形成服务供给的反馈。

民生一词范围颇广、含义丰富，具有中国特色。一般而言，医疗、养老、住房、就业、安防、社区治理等社会事业就是涉及民生的重点领域。下文展示国内外智慧民生领域的相关场景建设经验。

智慧医疗场景

生老病死是所有人类都会经历的，而这些经历又与医疗资源的分配息息相关，因此智慧医疗的建设在智慧民生工作的推进中显得尤为重要。智慧医疗就是指通过物联网技术的运用，实现医疗设备间的互通，最终达到患者数据的智慧处理化。"智慧医疗"最早出现在IBM"智慧地球"发展战略中，核心观点是构建"以患者为中心"的医疗服务体系，希望结合临床医学建立电子病历和电子健康档案，同时通过地方医护工作站和一线临床收集数据进行全程记录。[1]

与传统的医疗服务领域对比，智慧医疗的优势主要表现在：通过集中的数据管理，患者的情况更便于不同医生联合诊断；新一代技术帮助医生进行更加准确的诊断；能够打破物理空间的限制，为缺乏医疗服务的偏远地区居民提供医疗服务；大数据识别出最需要的患者，智慧匹配医疗资源，更加公平。要做到这些优势，就需要注意：第一，整合医疗资源，综合考虑区域内的经济和文化环境，建设涵盖生产、管理、服务以及监管于一体的网络化医疗服务体系，将居民的需求与医疗服务的供给无缝对接；第二，搭建服务渠道，才能将发达区域的医疗资源分配到较落后的区域；第三，维护系统及患者数据的安全。

智慧医疗的实现场景主要有三处：医院、社区、家庭。医院中的智慧化主要由信息化与智慧化两个流程组成，数字医院就是物联网，包括医疗器械、药品等物的联通与医护人员信息、患者信息等人的联通，患者诊疗信息及行政管理中的信息收集、储存。在行政管理与医生诊断过程中运用新一代技术的分析方法来进行更精准的判断，被称为智慧化。社区或城市中的卫生系统是指将一定区域范围内所有与医疗相关的信息进行收集与处理，并以此作为医疗卫生服务政策输入过程的重要参考。例如，在疾病控制方面展开对疾病危险度的评价，制订以个人为单位的危险因素干预计划，从而减少医疗费用支出。智慧医疗服务体系还有利于使医疗资源在不同地区患者间的分配更加公平。患者穿戴上收集数据的设备后，智慧医疗服务平台通过大数据、云计算等方式，对患者病情的紧急程度、严重程度进行排序，合理分配专家诊疗机会、床位等资源。医疗服务体系的智慧化使得地理位置在医疗资源分配中的重要性下降，医疗资源分配制度逐渐转为"以患者病情需要"为导向的智能分级诊疗制度，变得更加公平。家庭健康系统是医院卫生医疗服务的延伸，在智慧医疗改革前就有家庭医疗的情况，但传统家庭医疗需要医护人员上门，智慧医疗中，延伸的不是医护人员的上门路程，而是数据的延伸。患者的数据通过传感器被医院收集，医护人员足不出户就能为患者提供专业的指导。疾病要治更加要防，这样能使疾病在早期就被发现，对于医疗资源的节约有巨大意义。在传统医疗体系中，居民检测身体状况的主要手段是定期

---

1 刘晓馨.我国智慧医疗发展现状及措施建议［J］.科技导报，2014，32（27）：12+3.

去医院体检。但是体检会有空间位移和时间浪费，体检报告递出的周期较长，体检过程需要排队等降低了居民去医院体检的意愿。同时，很多患者在出院后不定期复查，使得治疗效果大打折扣。可穿戴设备、大数据、物联网等先进技术组成的"随身体检中心"能较好解决这一问题。"随身体检中心"作为医院的"派出机构"，能够随时监督治愈患者出院后的身体情况，使用者的身体数据实时被上传至平台，使得用户时时刻刻都处在"被体检"的状态中，不用专程去医院进行体检，减少空间位移与时间浪费。对于异常的身体状况，由大数据自动分析得出并通知本人，同时，对各个患者的病情进行评估，并按照轻重缓急分配医疗资源。同时患者的身体数据资料、就诊记录等在各个医院间流通，使得患者在转诊时无须办理繁杂的手续与做重复的检查，为患者提供了极大便利。

美国的智慧医疗被称为 Kaiser 模式，将病历、预约安排、登记、付费等医疗必要功能都整合其中，并且能够做到基本覆盖所有使用地区。[1]

英国在 2008 年制订了第一版智慧医疗发展战略，旨在提高病患的医疗照护质量；2014 年制订了第二版智慧医疗发展战略，旨在强化医疗保健人员对于资料的使用性、获得更有效的沟通和提升质量的工具、实现照护整合，以及通过长期照护支持服务来提高服务质量和评估结果并进行决策等。[2] 2015 年英国正式实施以互联网技术来增强居民健康管理的示范项目。

澳大利亚在 2008 年出版了国家智慧医疗策略报告，将澳大利亚智慧医疗发展目标定为促进医疗照护服务的质量与效率。[3] 2018 年，澳大利亚国家数字健康战略发布，将"通过无缝、安全、可靠的数字医疗服务和数字医疗技术，为患者和医疗服务供给者提供一系列易于使用的创新工具，最终实现所有澳大利亚居民更好的健康"作为愿景。[4]

---

1 汪瑾, 冷锴, 陆慧."互联网+"视域下智慧医疗服务模式创新研究 [J]. 南京医科大学学报（社会科学版）, 2020, 20（1）: 84-87.

2 NHS England. eHealth Strategy 2014-2017 [R]. UK: NHS England, 2014.

3 Deloitte. National e-health strategy [R]. Australia: National e-Health and Information Principal Committee, 2008.

4 Australian Digital Health Agency. Australia's national digital health strategy [R]. Australia: Australian Digital Health Agency, 2018.

中国以及全世界加入智慧民生建设浪潮中的国家都将智慧医疗作为民生智慧化的重要组成部分。从智慧医疗相关政策上看，互联网的作用确实得到极高重视与肯定，并且医疗改革与我国公共服务改革的趋势相同，都体现了公平化的趋势，要求跨区域、跨部门间的合作。中国还注意到要加强对互联网医疗的监管，如表7-4所示。

表7-4 我国主要智慧医疗相关政策

时间	部门	政策名称	相关内容
2015年7月	国务院	《关于积极推进"互联网+行动的指导意见"》	加快发展基于互联网的医疗、健康、养老等新兴服务
2016年6月	国务院	《关于促进和规范健康医疗大数据应用发展的指导意见》	到2020年，建成国家医疗卫生信息分级开放应用平台，医疗资源跨部门、跨区域共享取得明显成效
2017年10月	国务院	《"健康中国2030"规划纲要》	到2020年，建立覆盖城乡居民的中国特色基本医疗卫生制度，人人享有基本医疗卫生服务
2017年5月	卫健委	《关于征求互联网诊疗管理办法（试行）》（征求意见稿）	对互联网诊疗活动准入的要求、医疗机构执业规则、互联网诊疗活动监管及相关法律责任明细四个方面提出了具体的要求，使互联网+医疗有法可依
2018年4月	国务院	《关于促进"互联网+医疗健康"发展的意见》	健全"互联网+医疗健康"服务体系，完善"互联网+医疗健康"支撑体系
2018年9月	卫健委、中医药局	《互联网诊疗管理办法（试行）》《互联网医院管理办法（试行）》《远程医疗服务管理规范（试行）》	进一步规范互联网诊疗行为，发挥远程医疗服务积极作用，提高医疗服务效率，保证医疗质量和医疗安全

来源：中商产业研究院《2018年中国智慧医疗行业市场前景研究报告》

无锡是国家智慧城市试点城市，其智慧医疗发展较为典型。良好的信息化基础设施是其发展智慧医疗的必要条件。对于无锡来说，智慧医疗既是医疗改革方向的尝试，又是智慧城市发展的重要组成部分。根据国务院颁布的《无锡国家传感网创新示范区规划纲要（2012—2020年）》，无锡市承担着工信部下达的包括"智能医疗、感知健康"在内等多项"物联网"应用示范任务。2012年，无锡在原新区（现新吴区）的新安镇进行了智慧医疗的试点工作，旨在借助传感器技术、通信技术、计算机技术的结合来实现诊疗数据、健康生理数据等的完整、连续、实时融合。从智慧医疗建设的基础设施来看，无锡智慧医疗的发展离不开信息化的基础设施与专门的智库支持。在家庭中，采用物联网技术建立的居民健康智能管理平台已经在无锡市范围内覆盖，慢性病患者足不出户就可以测量血压血糖，其数据被上传至统一的管理平台，用大数据等方式进行监控，智能识别出情况异常的患者。[1] 在医院内，输液管理、疫苗冷链管理、婴儿防盗等项目得到落地实施。医院流程也实现了智慧化。区域间的物联网技术应用主要体现在智慧分级诊疗制度上，就是通过智慧医疗来促进医疗资源的利用率与公平性。无锡智慧医疗的综合健康管理机制可以概括为"三中心、一平台、一系统"："三中心"分别为居民健康档案数据中心、医疗数据中心、公共卫生数据中心。居民健康档案数据中心就是将个人的健康数据在区域内进行关联归档，建立居民健康档案大数据库，使得不同区域内的居民健康数据在城市内实现联动。医疗数据中心就是对各级医疗机构，包括各级医院及社区里的卫生服务中心进行收集，并建立全市统一的医疗数据规范，将患者的电子病历综合到一处，建立了电子病历实体数据库。公共卫生数据中心就是将分散在疾病控制中心、卫生监督系统、红十字中心血站的传染病、慢性病、卫生监督管理中产生的数据进行规范化整理与处理，在应对突发传染病与季节性流行病等状况时作为政策制定过程中的重要参考。"一平台"即区域人口健康管理信息平台，实现"一人一号一卡"全市居民统一的身份识别和一站式综合服务模式，使得各级各类医疗卫生服务机构形成信息共享互联的格局。"一系统"就是区域人口管理和医药卫生资源共享系统，这一系统统一在无锡的智慧城市大数据中心和全市民生服务综合信息服务平台，要求医疗主管部门与其他政府部门实现数据互通，便于智慧民生综合服务的推进与整体水平的提高。

无锡分级诊疗制度的改革也与医疗卫生服务的智慧化紧密结合，进一步提高了医疗资源的利用效率及医疗资源分配的公平程度。从实质上说，分级诊疗就是不同层级、不同区域间的医疗机构进行分工合作来达到在有限的医疗资源中的使用效率最大

---

1 无锡新传媒-无锡日报.打通数据孤岛 推动资源共享 无锡"智慧医疗"建设加速［N/OL］.（2020-12-09）［2023-11-06］.https://www.wxrb.com/doc/2020/12/09/51689.shtml.

化与精细化，一言以蔽之，把医疗资源给最需要的人。在智慧分级诊疗上，无锡的规划是：第一，健康档案全程浏览，在转诊过程中，患者不需要自己携带病例，其病例已经经过全市统一规范化处理被录入进电子病例管理系统，各级医疗机构的医生可通过电子病历查看历次诊疗记录；第二，影像协同，各级医疗机构间也做到了信息共享，不同医疗机构之间可以相互调阅患者的影像资料，节约了花费在影像资料上的医疗资源与财政；第三，共通预约，社区医院能够直接帮患者预约上级医疗机构的医疗需求，节约了患者在转诊过程中的时间浪费，确保患者的真正需要能够得到与其适应的医疗服务；第四，远程会诊，这使医生能够更加快速对患者进行治疗，并且会诊过程中的数据在不同医生间共享，有利于提高会诊的效率与准确度；第五，流程智慧化，无锡没有局限于智能挂号等浅层的智慧医疗，而是将为患者提供基本药物目录外的药品的智慧物流配送等服务也纳入智慧医疗的内容中；第六，设备共享，居民能够在自己社区附近的基层医疗机构预约大型医院的设备检查，实现资源的共享。

智慧安防场景

智慧公共服务的目标之一是提高城市的公共安全等级。智慧安防是保障公共安全的手段，也是居民幸福感与获得感、安全感的直接来源。智慧安防是指利用物联网、互联网等先进科技以及大数据等先进数据处理方法来对城市整体的安全情况进行整体感知，使得不同物理空间内的物与物、人与物、人与人在网络空间内得以连接，全面、准确、及时地掌握特殊、危险源事务的动态发展情况，保障城市中全体居民的生命、健康、重大公私财产及社会生产、工作生活等方面的安全，保障的方式除了实时监控、事发后及时到场处理，还有对突发公共事件的预防。

智慧安全管理理念把城市本身作为一个生态系统，城市中的市民、交通、能源、商业、通信、水资源构成一个个子系统。[1] 在传统城市管理中，这些系统之间是孤立零散的，在对城市进行综合治安管理时没办法跨区域利用资源。智慧安防治理则能够通过新一代的物联网、互联网、大数据等技术，通过智能化、网络化、层次化的方式，将智慧民生中的各个子系统连接起来，使城市中的安全基础设施形成网络，成为

---

1 李海俊，芦效峰，程大章.智慧城市的理念探索[J].智能建筑与城市信息，2012（6）：11-16.

新一代的智慧化基础设施，使城市中各领域、各子系统之间的交流性、互通性提高，"使之成为可以指挥决策、实时反应、协调运作的'神经系统'"。[1]与传统公共安全管理相比，智慧安全治理更具有及时、灵敏的特点，能够做到对突发事件的预见，将对人民群众生命及财产安全的伤害降到最低；在运作过程中，各部门、区域的连通性较强，数据和资源的共享程度大大提高；同时，由于物联网、大数据在智慧安全治理中的广泛应用，保障这些系统本身的安全，不被黑客入侵或是发生信息泄露，也是智慧安全的重要内容。

从具体的建设架构上来说，智慧安防系统包括实时各区域无死角监控、智慧化预警和反应救援处理三个层面。这三个层面的运用领域既包括居民日常活动中的各区域，又包括地震、洪涝等自然灾害，以及火灾、爆炸等时间段上的突发事故。要实现各区域无死角监控，就需要传感器设备在城市范围内的大量使用，以及互联网在城市内的覆盖。城市的治安体系还需要将各个区域的信息进行有效的联通，这需要一个综合的数据收集平台来实现，这些都是智慧化预警和反应救援处理的基础。除此之外，还需要建设一个统一的决策中枢平台，将静态的和动态的、人的和物的公共安全治理信息汇总成数据库的形式并对其进行以处理险情与险情预警为导向的分析，做到日常治理中对危险源与潜在冲突进行事前排查；当危险真正发生时，及时形成应对策略，充分调动各区域内的资源。

从目前各个国家或地区的智慧安防治理案例看，智慧安防体系的共性在于：第一，都离不开大量信息基础设施在城市各区域内的铺设，包括互联网覆盖率及传感器的大量使用；第二，都有统一的综合数据收集及处理平台，体现了在智慧安防治理中集中处理化的趋势，这意味着区域内的数据得以在统一的平台内进行汇总与处理，治理中的决策权从街区、社区等基层上移至一定的规模综合性区域；第三，都注重与被服务对象——居民的连接，连接的方式主要是信息公开与将治安预警信息发送给居民，这样的方式好处在于增加了智慧安防过程中居民主动避险的可能性，即提高了在安防过程中居民的主观能动性，从一定程度上减小了智慧安防综合处理中心的压力。

---

1 刘红波，赵晔炜.智慧安全：城市公共安全管理的新趋势[J].华南理工大学学报（社会科学版），2015，17（3）：62-68.

中国智慧安防体系改革的中心始终围绕着治安改革的中心，智慧安防体系实质上就是在传统治安体系改革"立体化"基础上的智慧化，即将以往已投入大量人力资源的"立体化治安体系"在改革过程中加入大量数据资源，使得数据代替部分人力资源的使用，达到比纯粹人力使用更加及时、精确的效果。以长沙为例，长沙市政府向来注重城市治安治理，但长沙市人口多、人口密度大，且为旅游城市——旅游旺季人流量急剧增多等现状对治安系统造成了一定压力。在对传统治安治理体系进行智慧化改革后，长沙市政府在进行智慧城市治安治理的一年中，实现了暴恐案件、恶性刑事案件、群体性事件"零发生"，破获入室盗窃案件同比上升50.5%，破获扒窃案件同比上升31.9%，刑事案件发案总量同比下降9.2%、入室盗窃案件发案同比下降2.8%等良好效果。[1] 长沙市智慧安防治理体系的成功离不开两方面良好的基础：第一是传统治安治理体系的完备，第二是传感器设备的全覆盖及各部门数据间的联通。2011年，长沙市开始启动实施"天网工程"。"天网工程"的另一重要举措是大力推进传感器设备的铺设。2012年，长沙市开始在全市启动"天网工程"建设，并始终坚持将"天网工程"纳入重点民生项目，已经建成公共区域高清监控摄像头7万余个，联网重点单位、场所公共视频8.5万余个。[2] 长沙市智慧安防治理体系的一大特色就在于对居民主观能动性的重视，其在治安治理体系中大力发展以门户网站为主的网络平台以及App应用，居民可以通过这两个重要渠道进行治安信息查询与办理业务，使之成为治理信息对居民公开的重要渠道。同时，智慧安防治理的各项具体政策的出台也经过多次的听证、咨询、考察，充分重视居民的声音。在政策运行过程中，长沙市公安部门还开通了微博、微信公众号，并推出了公安App，使得居民能够通过各种渠道获得治安信息，并且能够与公安部门进行意见反馈。

智慧社区场景

社区是城市中居民的集中地，人们生活的很大一部分时间都在社区中。社区是

---

[1] 胡安邦. 智慧城市下城市治安管理问题研究 [D]. 长沙：湖南师范大学，2017.
[2] 湖南省人民政府门户网站.【长沙市】"天网工程"开工建设　年内改造、新增3.7万余只高清智能监控头 [N/OL].（2020-02-25）[2020-06-10].http://www.hunan.gov.cn/hnszf/hnyw/szdt/202002/t20200225_11189897.html.

城市的基本单元。因此,智慧社区是智慧城市的重要实现场景,是智慧民生水平的集中体现,甚至可以作为智慧民生在整个城市内推行前的"试点"。1992年,圣地亚哥大学的国际通讯中心发现,无论是在城市的治理中还是各类社会组织的治理中,传统的理论已经无法应对20世纪后期在技术上及在社会经济上的快速变化,该组织正式提出了"智慧社区"的口号,并将智慧社区界定为"有意识地使用信息技术改变其区域内的生活与工作,这是一种显著的、根本性的而非增量式的改变方式"。[1]这一特性决定了社区是智慧城市建设的重要场景。同时,社区治理作为我国基层政权建设的前哨,其地位决定了智慧社区是智慧城市水平的综合体现。从1992年国际通讯中心第一次正式提出"智慧社区"的口号到如今各地智慧社区方案已经落地,智慧社区已经从一个设想变成"为人提供更好生活"的实用工具。

2006年,中共中央办公厅、国务院办公厅印发的《2006—2020年国家信息化发展战略》提出了要推进"社区信息化",并且要"推动电子政务公共服务延伸到街道、社区和乡村"。2014年,国家发改委、工信部、科技部、公安部、财政部、国土部、住建部、交通部八部委印发的《关于促进智慧城市健康发展的指导意见》也提出要"推动信息技术集成应用"在智慧社区上使用,"创新服务模式,为城市居民提供方便、实用的新型服务"。

从国内的实践上来看,智慧社区的建设可以分为两个组成部分,一是社区,二是智慧。从社区的角度来理解智慧社区,则可以把智慧社区定义为智慧城市的各个方面的应用在社区这一地理空间范围内较小的区域内的实现,即运用物联网、互联网、大数据等新一代信息技术,覆盖智能建筑、智能家居、视频监控、健康医疗、物业管理、智慧能源等居民生活的方方面面,形成基于海量信息和智能处理的新型社区形态与治理模式。从智慧的角度来理解智慧社区,则可以把智慧社区定义为使居民在社区中的生活升级,即物业、家居等实用设备的智慧化,使居民在生活中更加便利,得到更高的生活质量。根据这两种不同的理解,智慧社区在实践中分为两种截然不同的发展模式:企业主导型与政府主导型。

万科智慧社区建设是企业主导型智慧社区建设的优秀代表。万科物业从1990年

---

[1] Communications ICF. The Smart Community concept [EB/OL]. (2011-11-01) [2020-06-06]. http://www.smartcommunities.org/.

开始发展至今,处于行业领导者地位,也是国内较早尝试"互联网+"的企业之一。在中国指数研究院发布的 2019 百强物业排名中,万科物业排名第一。[1] 物业管理行业属于劳动密集型行业,随着独生子女政策的严格推行及生育意愿的下降,这样的红利明显是不可持续的。[2] 2005 年,万科物业意识到用工荒、人力成本上涨、人口流动增强等条件很可能会对物业管理造成影响,便开始探索通过新一代技术来解决物业管理中对"人"的依赖性。目前,万科在智慧社区上的探索被其命名为"睿服务"体系,该体系主要有三个突出特点:数字化管理、灵敏回应需求、财务透明化。其主要组成部分一是睿平台、二是服务中心、三是管理中心。睿平台是睿服务的核心,由一整套互联网应用组成;服务中心的作用是连接提供服务的人员和业主;管理中心则负责对"人、物、财"进行数字化管理。[3] 数字化管理是指万科对小区内的公共设施都进行了"二维码化","二维码"是设施的身份证,居民可以通过扫描公共设施的"二维码"来进行报修并查看维修记录,实现了效率的提高。在反映需求上,居民与物业有两种联系方式:第一种是主动通过 App 进行报修等需求的提交,物业公司又能通过设施上的"二维码"来精确掌握"何时、何地、怎样"的需求。第二种是通过对每家每户数据的采集,及时主动发现需求,例如,及时提醒业主生活缴费,达到数字管家的效果。针对业主反映的"不知道小区内广告收入流向"的意见,万科则通过财务数据的软件以线上共享的方式解决,这样的财务透明化不仅仅是智慧社区的体现,也是万科"让业主感到服务的存在"的服务理念的体现。

陆家嘴智慧社区是政府主导型智慧社区建设的代表。陆家嘴智慧社区项目被列为上海市首批智慧社区建设十一个示范点之一。陆家嘴街道最显著的特点是既有楼宇又有住房,既有高档住宅小区又有老旧小区。陆家嘴街道办事处副主任史熠表示,陆家嘴智慧社区的价值目标是"精深化公共服务与精细化社会管理"[4],优化人的生活方

---

1 中国指数研究院 .2019 中国物业服务百强企业排行榜重磅发布 [EB/OL].(2019-05-24)[2023-11-06]. https://fdc.fang.com/news/2019-05-24/32455873.htm?ztzh_uuid=pc_201905/2019wybq.html.

2 何瑾 . 科技提升效益智慧引领生活——智能技术在万科物业的运用 [J]. 中国物业管理,2012(5):16-17.

3 张思思 . 万科物业"睿服务"发展战略研究 [D]. 呼和浩特:内蒙古大学,2018.

4 史熠 . 陆家嘴智慧社区:理想照进现实 [J]. 上海信息化,2015(3):52-55.

式，打造社区发展新模式。陆家嘴智慧社区项目由上海陆家嘴智慧社区信息发展中心进行总体建设内容的规划设计。该中心是由陆家嘴街道办事处成立的非营利性社会组织，当前陆家嘴智慧社区的运行也由其负责。

从具体运作机制上来看，陆家嘴智慧社区在"以人为本"精神的引领下，建立了"一库、一卡、两平台、多应用"的治理模式。[1] "一库"是民情档案综合信息库，主要功能是信息的储存与管理，储存的信息既包括人、楼宇等静态信息，又包括实时动态信息；在综合信息库的基础上，建立社区数据门户，实现政务公开，并且打造单点登录、统一授权的大 OA 政务体系、智慧社工系统等线上管理系统，实现了基层数据处理的电子化。"一卡"则是智慧城市卡，用电子化的形式对市民享受的公共服务与参与的治理活动进行记录，即实现电子化的身份识别和认证性支付，例如，志愿者服务参与情况、健康管理、学籍记录等都能够通过智慧城市卡进行记录与查询。对于居民来说，智慧城市卡的意义首先体现在证明曾参与过的公共服务或学习活动，与其他身份识别卡互为佐证，以及作为小区门禁卡等方面；第二是简化支付流程，该卡认证后能与交通卡、社保卡、银行卡等实现功能相连。"两平台"是综合管理指挥信息平台与公共信息服务平台，前者的主要功能是通过民情档案综合信息库中储存并实时反馈的数据来进行对症下药，回应多样化需求，也能对将要发生的险情进行预测；后者是社区信息发布平台，信息内容包括政务、公共服务和商业等，政府主导的同时由私营企业进行运作。"多应用"即在整合线下公共服务资源后，通过开发线上预约、管理等功能，使居民接触公共服务资源的过程更加公开，减少了居民的位移与时间浪费。

万科智慧社区与陆家嘴智慧社区分别代表了两种典型智慧社区（表7-5）：万科智慧社区的范围较小，以小区为单位，内容是在维护小区内公共设施、水电收费等物业业务的基础上进行智慧化升级。万科智慧社区由企业主导，主要参与部门是万科物业公司及其他提供技术支持的企业，主要的实现场所是有物业的商品房小区，目标是为业主提供更高的生活质量，注重运营过程中的盈利能力。陆家嘴智慧社区的范围较大，在智慧化的进程中统合了陆家嘴街道中包括高档小区、老旧小区及楼宇等不同形态的社区，是智慧城市的组成部分，由政府部门主导，以社会组织及 PPP 模式为

---

[1] 史熠. 陆家嘴智慧社区：理想照进现实 [J]. 上海信息化，2015（3）：52-55.

辅，主要的实现场所是整个街道内的各类社区，服务内容主要为"托底"性质，解决医疗、养老等基础性问题，目标是解决老居民最需要解决的问题，不要求具有盈利能力，"以人为本"是核心。

表 7-5　智慧社区两种模式对比

	万科智慧社区	陆家嘴智慧社区
范围	范围较小，单一小区	范围较大，街道
主导	私营企业主导	政府主导，NGO 参与，辅以 PPP 模式
性质	物业业务的延伸	智慧民生的组成部分
内容	"锦上添花"，提高生活质量	"托底"，保障基础生活需求
核心	盈利能力	以人为本

来源：作者自制

在智慧民生的建设中，政府要对不同社区实施不同的智慧发展规划。在新建的高档小区，物业公司管理较完善，则能够将物业的部分交给企业进行智慧化升级，政府只需做好对企业的监管，防止企业对居民数据的非法使用，同时做好与物业在垃圾分类等属于政府公共服务职能范围内的内容上的对接即可。而对于老旧小区，则需要政府主导，将其作为智慧民生的组成部分来进行智慧化升级，同时鼓励社会组织参与，提高老旧小区的智慧化程度，提高居民的生活质量与获得感。

| 风险场景：敏捷韧性的智慧治理 |

风险治理是智慧城市 2.0 建设最重要的场景之一。著名社会学家贝克在《风险社会》（*Risikogesellschaft: Auf dem Weg in eine andere Moderne*）一书中提出了"风险社会"的概念。贝克从社会发展与转型的角度将风险划分为三个阶段：前工业社会风险、工业社会风险比如生产安全风险和环境风险，以及风险社会风险包括贫富差距加大、网络犯罪等社会风险和新兴技术风险等。在贝克看来，工业社会虽然解决了前工业社会的风险，但是同时也产生了新的风险。从智慧城市 2.0 的角度看，风险社会的复杂性将更大，因此需要寻求更加具有适应性的风险智慧治理。

从更大的历史视野来审视，工业革命以来的重大技术革新、城市空间与组织形态的转型以及社会风险治理变革三者之间存在着内在的、互动的联系。自从人类社会进入工业社会以来，每一次技术革新均推动着城市空间形态与组织结构的转型，这又进一步推动着传统风险治理模式的适应性调整。在前工业社会，农业生产力水平的提高为城市的兴起奠定了基础。手工业、商业和贸易塑造了城市的最初形态。前工业社会的风险，主要以自然灾害风险和公共安全风险为主，如公共卫生、军事安全、自然灾害等。前工业化时期风险治理模式则以行政命令为主，人们普遍缺乏风险意识和风险认知能力。前两次工业革命，标准化和规模化的机器生产极大地提高了生产效率，同时也加速推进了城市化进程，城市空间形态与组织结构随之发生了巨变。随着电力革命和交通技术的突飞猛进，城市的规模优势越发明显，生产要素进一步向城市中聚集，城市经济的多样性与复杂性越来越高，城市空间结构则围绕工业化生产而布局。工业社会的风险则主要包括生产安全、环境污染、卫生健康、经济危机等。工业社会风险治理的核心特征是以官僚制为依托的风险控制。这种控制导向的风险治理模式，在社会复杂性与不确定性处于较低水平的工业社会的前期与中期有着快捷的优势，但随着后工业社会转型时期的到来，这种治理模式逐渐走向失灵。第三次工业革命以来，信息化逐渐改变人类社会的组织形态，这种改变在本世纪初出现的第四次工业革命浪潮中得以延续并变得格外明显：互联网、便携式计算机、智能手机、传感器等技术创新与普及再次极大地改变了城市社会组织方式和运行方式。然而，当高度的信息化和智能化的技术成为城市社会运行的轴心之时，正如贝克所言，技术风险已成为当代风险社会的主要风险，并且它还会与其他社会风险之间发生相互纠缠或转化。正是因为信息通信技术让整个世界连为一体，而世界在政治和治理方面仍处于碎片化状态，所以新兴技术的复杂风险变得更加突出且令人担忧。毫无疑问，这种技术风险的治理难度更高，而且技术风险所连带产生的叠加风险效应是当前风险治理模式所难以应对的。

在上述背景下，作为城市的细胞、居民日常生活的空间单元和城市治理单元，社区的组织形态和定义将首先被改变。一切新兴技术对于城市乃至整个人类社会的改变，均会灵敏地体现在社区这一场景之中。从社区的层面来看，智慧社区建设的实质正是在传统社区基础上经由互联网技术、云计算、大数据等新兴技术而融合了上述三种空间。例如，智慧家居、智慧交通、智慧政务、智慧医疗等方面的探索就是智慧社区中三种空间融合的典型表现。然而，正是由于新兴技术本身的不确定性以及难以预测性，基于新兴技术而融合三种空间的新型智慧社区，其智慧化本身就已经成为一种核心的风险来源。更进一步，在当前的风险治理模式中，重心下移已经成为风险治理领域中的一种显著趋势。因此，在新兴技术风险所叠加催生的高风险社会之中，智慧社区将在风险识别、危机应对和灾后恢复方面扮演更加重要的角色。在这一意义上，智慧社区建设亟须新的风险治理模式变革。

新兴技术风险及其敏捷治理

针对新兴技术风险，当前的风险治理模式究竟在多大程度上是有效的？这个问题实际上需要先分析新兴技术风险的特性。概括而言，新兴技术风险的最大特征是复杂性。风险复杂性是由技术主导社会的程度所决定的。技术主导社会的程度越高，社会风险的复杂性也就越大，那么风险治理的难度也就越大。具体而言，技术风险复杂性表现在贝克在《风险社会》一书中总结的现代技术风险特点："飞去来器效应"、难以预测性及高度隐蔽性。"那些生产风险或从中得益的人迟早将受到风险报应，风险在它的扩散中展示了一种社会性的'飞去来器效应'，即使是富裕和有权势的人也不会逃脱它们""在现代化风险的屋檐下，罪魁祸首与受害者迟早会统一起来"，这种效应意味着新兴技术风险一旦变成现实的危机，那么其影响将会是系统性的，任何人，包括生产风险的中心或是社会精英都难以逃脱或者避免。由于技术风险是社会现代化、技术化、金融化等进程不断叠加所产生的，无法像工业社会风险那样能够通过建立事前治理机制来预测，因此技术风险具有难以预测性。薛澜教授指出，现代科学技术发展速度之快是前所未有的，其可能造成的风险可能已经超出了人类能够感知的范围，即使目前有的风险已经被人认识到，但很多风险仍是人类从未经历过的，当灾害发生了，人们才会意识到这也是风险的一种，而后才会进入政策议程，因此技术风险具有高度隐蔽性。

新兴技术是在已有技术的基础上发展起来的。因此，我们可以根据已有技术风险来推断新兴技术风险的感知和预测，但由于人工智能与网络通信技术创新的本质属性，导致技术迭代速度明显加快，因而很难预料新技术在更新迭代过程中是否会造成什么新的风险，以及这些新、旧风险在社会运行中又会产生怎样的后果。简言之，风险的复杂性程度随着技术迭代而提高，现有的治理模式和政策工具甚至可能赶不上技术迭代的速度，这就可能导致传统风险治理模式难以应对技术快速迭代所带来的技术风险。以5G通信技术为例，5G技术与4G技术其实有许多共性，比如都是采用接入层、核心层和应用层三层架构。目前公认的风险包括设备安全边界模糊、开放端口易造成数据泄露、不同终端的安全能力差异大等，但谁也不能确定人们所能列举的就是5G的全部风险，甚至有些风险就算被察觉也无法进行预测。

新兴技术风险除了技术本身的风险，还有催化传统风险所产生的复杂风险。例如，贫富分化及意识形态的两极化已经是当前引起社会冲突的重要风险因素，而网络通信技术与人工智能技术的迅速发展将可能加剧这种风险，并且使得这种风险的后果变得更加难以预测。互联网技术推倒了知识围墙，但是那些拥有技术特权的人完全能够通过技术获得更高品质的信息和教育，而无法获得技术的人们则被遗忘在时代之后。网络通信技术的大发展还促进了全球范围内意识形态的消解，人类社会变得比以往更加透明，这很有可能促进社会阶层之间的激烈冲突，而不是缓和。此外，生命科学的突飞猛进所带来的伦理道德风险和社会两极分化的风险甚至比知识和意识形态对社会解构的影响还要猛烈。显然，这种催化效应并非简单的乘数效应，而是有可能以一种未知的方式产生作用。因此，理论上，新兴技术风险的挑战很可能因为超过了已有风险治理模式的认知范围而导致风险治理的失灵。

传统的风险治理模式建立在"事前预防"的基础之上，并通过法治、合作治理和风险意识培育等措施加以实现，其基本原则建立在早预防、早发现、早响应、早恢复之上。但新兴技术风险的复杂性特征则要求更高，无法预防的风险甚至更为复杂的风险，均已超出了现有风险治理体系的认知能力和防控能力。例如，日本和美国被公认在风险治理和应急响应方面具有较强的能力，但这是建立在对传统风险的评估和预测基础上的。2010年，东京所发布的《城市防灾规划》将生化恐怖袭击、强烈地震等巨大灾害，以及这些巨大灾害导致的火灾、应急避难场所事故等作为值得关注的次生衍生风险，并出台《东京都赈灾对策条例》，规定东京都的抗灾预防计划必须以历年地域危险度调查评估结果作为基础进行今后的预测工作。再如，美国将减灾规划作为风险评估的重点并且在风险管理中积极推动多元合作治理的防灾模式，但这种多元合作的基础仍然是风险认知。不可否认，这些经验在应对部分社会风险时能够起到一定效果。例如，日本对地震风险的防范和宣传，使得日本社会在应对地震时更加从容、不必遭受特别巨大损失。但同样值得注意的是，这些经验都带有一种"事前精确计划"的思路，意图通过多方头脑风暴、大量信息获取来排列出各类型风险出现的情形，并对事中应对响应方式进行具体规划。但这种思路只在应对已经发生多次的、不具有变化性的传统风险（工业社会和风险社会的风险）之时才能够起到作用。而我们所处的时代，正是一个科技发展速度达到人类社会前所未有的高速变革期。关于如何应对这种技术发展所可能带来的复杂风险，目前没有任何直接经验能够让我们借鉴。想要守护我们的城市与社区，就必须充分意识到新兴技术风险的复杂性，而当前风险治理的系统性变革也势在必行。

在应对新兴技术风险方面，敏捷治理作为一种针对人工智能等新兴产业进行监管而提出的治理理念，不失为一种探索风险治理变革的新思路。2018年，世界经济论坛提出了敏捷治理的概念。敏捷治理的基本含义是"一套具有柔韧性、流动性、适应性的行动或方法，是一种自适应、以人为本，以及具有包容性和持续性的决策过程"。清华大学薛澜教授撰文指出，敏捷治理的核心思想是针对人工智能产业技术迭代更新速度超过治理变革的速度而提出的一种治理理念和改革目标。那么，沿着这一新思路，敏捷治理理念也完全可以扩展应用到更为广泛意义上的新兴技术风险的风险治理之中。尤其是，随着智慧城市建设的快速推进，社会也随之技术化乃至智慧化，这种敏捷治理的新思路也就完全可以应用到智慧城市风险治理系统之中。

这里需要特别指出，新兴技术风险的敏捷治理并非排斥技术治理，而是完全可以运用新的技术治理手段以实现精准的风险感知、灵活的危机决策和快速的应急响应。这方面比较典型的例子是在传统风险治理中，新技术的嵌入式应用可以提高风险识别能力。例如，在地震预测方面，大数据技术能够收集多维度、大量的相关数据，并且能够对这些数据进行建模并开展动态分析，最终提高地震预测的准确性。此外，互联网和通信技术的普及也给居民学习防震抗灾知识提供了新的渠道和路径，增加了普通民众的风险感知力和认知水平。比较有名的例子还有美国谷歌公司通过对网络搜索流感信息的数据进行分析，准确分析了美国H1N1流感的传播趋势，这也是运用大数据进行风险预测的一个著名案例。更进一步讲，新兴技术在公共服务领域的应用还能够有助于化解社会冲突风险，例如，医疗服务资源分配不均是社会矛盾风险要素之一，智慧医疗在提高医疗水平和促进医疗资源公平分配上有着积极作用。"智慧医疗"最早出现在IBM公司"智慧地球"的发展战略中，大数据、物联网、便携式穿戴设备等是医疗智慧化的关键技术。与传统医疗服务相比，智慧医疗可以帮助医生诊断更准确，能够打破物理空间限制，降低低收入群体接受医疗服务的成本等。再如，在当前的全球"抗疫"中，大数据分析、智慧手环、无人机、电子支付、物流配送、网络直播及社交软件等技术工具正在被更深层次地应用到整个社会运行和治理体系之中。总之，技术深度嵌入了社会，同时积极的技术应用也有助于降低社会风险。

正如薛澜教授所指出的，敏捷治理强调五个维度的治理变革：第一，意味着放弃传统治理对"效率"的片面追求，而是在面对复杂性与不确定性的过程中提高决策的适应能力，也就是适应性目标大于效率目标；第二，注重多主体的协同治理，强调治理者与多元利益相关方协同合作，在面对难以预知和复杂的风险时，多元合作治理是一种提高适应性并有效规避风险的治理机制；第三，充分运用大数据的分析和治理能力，利用大数据进行意义建构和政策分析，一方面增强风险的预测能力，另一方面也提高风险管控的精准性，这是敏捷治理中最为核心和关键的环节；第四，以助推式的政策推动政策执行，以"四两拨千斤"的方式利用弱干预取得强效果，这意味着政策干预的"力道"是面对新兴技术风险的一个重要追求目标，其主要考虑的是如何保护创新活力并最大限度规避风险；第五，建设创新型与学习型政府，提高公共部门的专业技术水平，并在政策设计之初就预设纠错机制，将技术创新环节纳入政府的监管视野之中，但这种监管需要注意避免伤害企业的创新活力。

高风险社会与智慧城市的风险治理

针对新兴技术风险的敏捷治理变革显得格外迫切而重要。从空间维度和时间维度看，风险随着城市规模的增加而增加，这一点在超大和特大城市中表现得更为突出。与此同时，由于交通基础设施的大幅度改善、网络通信基础设施的大规模建设、移动智能终端的大范围普及，以及其他技术与社会因素的影响，超大和特大城市的流动性和异质性比以往更大，因此超大和特大城市的社会风险也就是更为复杂，其影响甚至是系统性的、全局性的,也因此其风险治理难度也就更大。

具体而言,超大、特大城市的社会风险具有如下三个基本特征:第一,社会风险源增多,由于人口异质性、基础设施脆弱性、经济功能复杂性等因素的叠加,超大、特大城市的风险源增多。第二,社会风险蔓延的放大效应很可能引起次生社会风险或大规模恐慌,造成社会风险的不确定性和危险性大大增加,其风险蔓延扩散效应甚至可能呈指数增长,例如,"新冠"疫情爆发在武汉市且在春节期间的全国人口大规模快速流动时期,由于风险的放大效应而极大地增加了治理难度。第三,社会损失的扩散和波及范围增大,存在着"飞去来器效应",在超大、特大城市发生灾害损失后,这种损失也将快速波及全国乃至全球,而由于"飞去来器效应",这些损失又会传递回来。正是由于这些原因,超大、特大城市中的风险源相对其他区域更容易变成现实,"各类风险源日趋复杂多样,风险存量不断加大,风险流量大大增多,各种风险以更快的速度、更多样的渠道、在更大的时间和空间范围内进行非线性的连锁性、跨时空传播,并且不同风险之间还经常存在耦合传递的特征,从而造成更严重危害"[1]。因此,在智慧城市建设的初期,就需要充分考虑到技术风险和传统风险的复杂关系,完善智慧城市的风险规划和风险治理体系,推动智慧城市的敏捷治理变革。

当前中外智慧城市建设的实践路径大多采取了自上而下与自下而上相结合的思路,其中智慧社区建设是突破口和关键基础。显然,智慧社区作为一个独立模块如果能够成功,那么智慧城市建设也就能够顺利推进。然而,需要特别指出,智慧社区建设与智慧城市建设不可割裂看待,二者实际上是一个整体性的治理模块。这是因为智慧社区担负着前端感知和终端服务的基础性功能,而智慧城市则担负着数据传输与智慧大脑的关键性功能,二者之间具有高度关联性和功能互补性。在风险治理方面更是如此,智慧社区的风险治理不可能离开"城市大脑"的风险研判,否则任何难以预见的复杂风险都会带来系统性的负面影响。这一点哪怕在传统的风险治理模式包括社区治理模式中都值得高度重视。因此,在推进智慧社区建设的过程中,必须与智慧城市建设联系起来统筹推进,而智慧社区的敏捷治理变革也需要具有这种整体性思维才能真正发挥实效。那么如何推动智慧社区建设的敏捷治理变革呢?

---

1 葛天任、裴琳娜.高风险社会的智慧社区建设与敏捷治理变革[J].理论与改革,2020(5):85-96.

智慧城市敏捷治理变革路径

智慧城市建设可能存在多层次风险，因此风险应对就需要更加充分地发掘敏捷治理的理念和政策工具，加快推动智慧城市的敏捷治理变革。与敏捷治理理念相呼应，智慧社区的敏捷治理变革也有五个维度：

第一，适应性治理理念。敏捷治理的核心理念是适应性大于效率，也就是基于风险的复杂性原理，强调治理尤其是决策过程的适应性原则。这意味着我们需要在既有的地方行政决策体系及风险分析和决策机制中，增加信息技术人员、风险管理专家、危机管理及各类专业人士在决策过程中的地位和重要性，并给予紧急状态下的地方临时决策权，赋予现有的城市与社区治理体系更大的灵活性或适应性，以应对日益复杂和难以预料的技术和社会风险。

第二，风险响应的社区多元共治体系。当前的城市治理体系中，政府承担了全部公共服务责任，但这实际上增加了治理的风险，而不是降低了风险。尤其是在智慧城市建设中，科技企业的作用非常重要，因此政府需要调整自己和科技企业之间的关系。这种关系应该建立在风险共担的原则基础之上，将政府、企业、社会组织、个人在风险响应过程中所需承担的责任和义务划分清楚，并共同形成一种基于风险治理的多元共治体系。需要强调的是，数据信息资源的利用和分析究竟在多大程度上可以被科技企业或公共部门所掌握，这需要基于法治基础和道德原则。简而言之，多元共治的风险治理体系是有效分担风险的关键举措之一。

第三，风险预测与防控中的城市与社区联动机制。诚如前文所言，智慧社区建设已然不能够和智慧城市相互分割。智慧社区的风险治理本身也是智慧城市风险治理的一个有机组成部分。因此，风险预测与防控体系需要将社区风险与城市风险联系起来，打通诸如社会治安、自然灾害、生产安全、公共卫生及各类非传统安全方面的风险治理的数据系统协同，构建基于智慧社区和智慧城市双向联合的组织协同模式。简单讲就是进一步整合风险预测与防控的数字系统，实现立体式的风险感知、分析、响应和恢复的联动治理机制。这一点，由于当前中国的应急管理体系和智慧城市建设都处于转型阶段，因此需要借鉴国内外经验进一步推动相关的整合工作，以及建立更为完整的城市治理体系和治理机制。这方面，超大和特大城市尤其需要高度重视。

第四，助推式的风险治理政策工具。对于城市政府而言，在推动智慧城市建设方面，由于其作为智慧城市系统建设的前期基础，需要考虑采取何种政策工具以取得最大化的治理效能十分关键。例如，在数据资源的利用与增值收益分配过程中，政府扮演的角色、企业参与智慧社区建设的程度、数据安全的保护和维护责任等关键问题均是当前城市政府面临的重要政策选项。在这些问题上，城市政府需要采取助推式的风险治理政策工具，既避免伤害企业的创新动力，又避免危害社区居民的利益与安全。这种助推的政策工具需要政策执行过程中的"智慧"，这一点对于推进智慧城市和智慧社区建设而言至关重要。

第五，建立社区层面的首席信息官制度。"首席信息官"在敏捷治理中提供信息供给和风险分析服务。技术的复杂性和风险的不可预知性，决定了智慧城市建设中需要专业人士对社区各类风险加以辨别、报送和传递。他们能够成为风险的报信人、吹哨人和日常技术问题的服务者。这方面的措施完全可以利用当前的网格化管理体系，从人员调配、制度设计和岗位设置方面加以调整和改进。

高风险社会背景下的智慧城市建设，既需要充分挖掘和利用新兴技术所带来的治理效能，又需要规避技术风险的复杂性及其与传统风险的叠加效应。这就需要建立一种适应新兴技术风险的新的风险治理模式。人工智能产业技术风险治理的敏捷治理理念和治理思路，完全可以应用到智慧城市和智慧社区的建设中来。作为一种探索，针对智慧社区的敏捷治理需要考虑五个维度上的变革：适应性治理理念、风险响应的社区多元共治体系、风险预测与防控的城市与社区联动机制、助推式的风险治理政策工具、建立社区层面的首席信息官制度，从而应对新兴技术风险的挑战。在智慧社区的推进环节，我们需要把城市与社区联系起来进行整体式治理，并充分考虑风险感知、决策分析、组织协同、合作治理、社区动员与科技赋能等多个关键环节及其衔接，从而综合打造高风险社会的智慧社区敏捷治理体系。

本章要点

1. 在数字国家与智慧城市治理之中，弱势一方主动塑造数字生态环境，在传统治理维度之中通过整体式的数字化转型实现传统治理的"数字化升维"，从而赢得数字时代的国家竞争。
2. 从"升维竞争"角度看，建设智慧城市 2.0 的第一步是"新型基础设施"建设，其中的关键是"城市大脑"建设。

3. 城市因产业而兴旺，产业因城市而壮大，智能制造与智慧城市的发展相辅相成。
4. 通过万物互联，人类能够以更加精细和动态的方式管理生产和生活，从而实现绿色节能发展。
5. 城市交通是城市经济发展的动脉，互联共享的智慧交通是智慧城市 2.0 版的血脉网络。
6. 智慧民生是智慧城市的价值取向，也是最重要的数据来源基础。
7. 从智慧城市 2.0 的角度看，风险社会的复杂性将更大，因此需要寻求更加具有适应性的风险智慧治理。
8. 智慧城市建设可能存在多层次风险，因此风险应对就需要更加充分地发掘敏捷治理的理念和政策工具，加快推动智慧城市的敏捷治理变革。
9. 能源是工业的血液和支撑，没有能源基础，无论是智能产业还是智慧城市都无法运营和持续。
10. "智慧能源"是实现城市节能减排和保障城市持续发展、创新、经济增长的基础环节。

第八章 城市迭代，大国升维

人类社会正站在一个新的十字路口，枪炮、机器、病毒又以另一种形式一起来临，而我们每一个人在这场全球大变局中感到茫然无措。未来已来，命运何往？让我们一起回顾本书的知识探索之旅，将其中最为重要的部分再次浮现，并且一起追问未来：数字革命与城市迭代究竟如何塑造大国竞争与世界经济的制高点？智慧城市 2.0 的迭代升级又将如何推动大国的数字化升维？即将生活在一个"数字乌托邦"的我们，数字国家的政治经济学又将如何改变我们的生活、思想与命运？选择权就在我们自己手里，每一个人都可以作出选择，这关乎所有人的未来。

大国科技竞争：世界经济之战

大国战略竞争是急速变化的全球政治经济秩序的主轴。本书的逻辑起点正是从数字革命开始，讨论大国竞争的时代背景、来龙去脉。数字革命在几十年的技术准备中进入更为智能的阶段，物理空间、虚拟空间、社会空间变得更加交融、难分彼此；生命科学、材料科学或许短期内还会有更大的突破；新科技变革注入经济、社会的后果是加速促进了世界经济的系统升级。当前，数字革命到了关键升级时刻，人工智能技术正快速影响人们的思想意识形态，大国博弈吹响了科技竞争的号角。在人类历史前所未有的全球化的基础上，一个超越所有经济体的全球性体系，正以其自身的技术逻辑全面升级。

世界经济系统升级如同电脑硬件换代与软件重装。世界经济的新系统由数字化科技赋能，更扁平化，运行速度更快，网络链接更强大，更加适合大规模全球化分工，也更具有韧性。世界经济的新系统需要更换新的硬件基础设施（ICT），新系统更需要软件迭代更新，真正的工业软件设计、基础逻辑语言创新将发挥巨大创造力。新系统的驱动力除了大型跨国公司、网络平台企业巨头之外，"金牌"中小企业也将成为新系统中高度互动的、横向连接各种市场主体的新主体。Web3.0 技术本质并没有改变，基于自由和去中心化的技术逻辑终将改变经济结构。经历全球化 1.0 和 2.0 的更新，新系统兼具全球化、金融化与智能化三大特征，迭代升级为 3.0 版的全球经济系统，尽管这还需要思想领域的突破与承载这种新思想的主导国家的推动与塑造。这个新系统或许可以被称为全球智能金融资本主义，大国之间的战略竞争窗口也因此再度开启，一场世界经济之战已经拉开大幕。

制高点城市：智慧城市 2.0 与科技创新的"母体"

大国竞争是综合实力的比拼，经济是综合实力的基础。大国之间的世界经济之战，数字经济是主战场，而新型的智慧城市是战略制高点。谁能够占领制高点，谁就能够控制战场主动权。正是在这一背景下，大国之间的数字化发展导向的新一轮竞赛，必将以全球智慧城市为战略制高点而展开，国家力量也必将以某种方式施加影响。

历史上，全球化的 1.0 版，英国工业城市大规模崛起，伦敦成为世界金融和贸易中心，大伦敦都市圈成为引领世界科技创新的重要策源地之一。全球化的 2.0 版，美国在第二次工业革命的基础上建立了新型的以电力驱动的工业城市集群，纽约成为世界的新中心，思想、科技与创意在美国东北部城市群不断产生并输往世界各地。世界经济系统升级，城市的重要性得以凸显，而数字化、智慧化的城市如同《黑客帝国》中的"母体"，变成孕育科学与制度创新的"混沌场域"。当然，科幻电影中的那一幕会否成为未来，一切还是未知数。

具有超级链接功能的智慧城市 2.0 版，作为科技创新的"母体"，是新一轮智慧城市竞争的真义所在。智慧城市 2.0 是在工业城市与数字城市基础上建构的智慧生态系统。与工业城市的中心集聚不同，这种智慧生态系统打通了物理空间、社会空间与虚拟空间，是一种"三位一体"的新城市空间形态与发展模式。具体而言，数字革命、智能化技术迭代再次推动工业城市转型为一种基于数据和通信技术为核心的数字城市新形态，并正在迈向一种更加智慧化的组织运行方式：平台化的弹性生产、个性化消费、扁平而敏捷化的治理，数字时代的城市更加注重可持续发展而非单纯的增长。随着数字技术迭代升级，智慧城市 2.0 不再只是为解决工业社会与后工业社会所带来的种种"城市病"而设计的一种解决方案，而是为迎接新一轮全球性科技创新而必须要去抢占的"制高点"。

占领世界经济制高点的过程其实就是打造全球化的智慧城市 2.0 版的过程。城市是观念与资源的集聚之地，城市让创新变得可能。智慧城市 2.0 显然将不可避免地是一个全球化的、巨型的、繁忙的城市区域。在这些区域，金融与贸易、科技与思想、交通与物流高速流转，是地球上最具创造力和活力的战略地点。在这些区域，由于人工智能技术的叠加，一种超链接的智慧城市大脑正在与这些地理空间变化相融合以及共生。实际上，基于大数据的人工智能技术本质是大数据智能统计学。新一代数字技术的逻辑其实是"超级算力"赋能国家能力，可以说是国家统计学的智能化升级。建立在大数据与人工智能基础上的"矩阵统计"显然不仅将极大改变工业领域的竞争格局，而且也将因此极大改变政治领域的国家间竞争格局，并同时改变国家内部的网络社会运行结构与机制，从而对国家的生存尤其是大国的兴衰构成致命性的挑战或影响。因此，数字技术的迭代创新才会如此引发关于国家安全的国际性焦虑、社会性反思以及全球性的国家能力建设的新一轮竞赛。

作为当前世界最为重要的政治行为体,国家与国际机构扮演的角色是不能被忽视。这就有必要引入政治学尤其是国际政治学的观察视角。在新一轮的大国科技竞赛中,国家已经被卷入其中,国家将成为决定智慧城市 2.0 版建设的主要力量,国家的能力与战略取向将决定智慧城市 2.0 版的发展方向与顶层设计。智慧城市 2.0 首先是一个能够参与全球竞争的高科技城市,同时又要拥有全球性数据底座与覆盖全球的智慧大脑,多元跨国参与主体成为主要"参与者"。全球政治经济格局变动和激烈的城市竞争都会增加智慧城市 2.0 的风险与挑战,尤其是多元跨国力量的参与以及全球更加一体化的社会形态的出现。我们需要清醒地认识到,在通向智慧城市 2.0 的道路上,一种超国家的智慧城市生态系统或许正在崛起。当多元跨国主体参与成为国家数字化"升维竞争"的关键,那么智慧城市 2.0 给国家所带来的悖论就是:国家塑造了超国家的智慧城市。在城市迭代的过程之中,数字国家也将形成,而数字国家与智慧城市之间的某种"纠葛"也将被放大。

| 从 1 到 2:智慧城市的迭代升级及其治理之道 |

智慧城市的迭代创新升级从 1 到 2。如果说 1.0 版的智慧城市还只是科技与城市维度的双螺旋二维进化,那么 2.0 版的智慧城市则叠加了数字国家和多元跨国主体。从 1 到 2 的迭代升级,必将带来智慧城市治理的巨大转型。

那么,如何治理智慧城市 2.0,或者说如何进行顶层设计、场景建设呢?本书追溯了智慧城市理念的历史脉络,回顾了世界各国或各地区数字化发展与智慧城市建设的战略,总结了中国打造数字国家的长期布局和艰苦创新之路,反思了智慧城市的迭代升级及其治理的经验教训,总体结论是上下互动、自由链接、混沌治理。所谓上下互动,就是要有国家战略支持,要明确导向、布局基础、集成创新,把顶层设计、系统架构、基础设施作为国家战略的重点内容。所谓自由链接,就是要发挥大、中、小、微企业的积极性,发挥多元跨国主体的积极性,发挥每一个人的主体性和创造性,实现一个超大平台的建设、链接促进自由组合,形成真正的全球化平台网络。所谓混沌治理,就是创新的真正动力源或者路径是混沌的,城市的本质也是混沌的,城市成为创新的策源地更是混沌的。在上下互动、自由链接的基础上，智慧城市的"混沌治理"就是搭建好智慧生态系统的大框架、建设好五大场景，而后静待"花开"。

如果将智慧城市 2.0 比作人类生命系统，那么智慧城市 2.0 的系统架构分为三大部分：泛在物联网系统，即城市生命体的营养供给消化系统；高速传输的通信传感系统，即城市生命体的"神经"知觉系统；最后是城市大脑，即超级算力与分析系统。三者相互构成一个有机的城市智慧生命体，并实现城市物理空间、社会空间与虚拟空间的融合。与智慧城市 1.0 相比，智慧城市 2.0 实际上最核心的差别是"超级算力"。这种"超级算力"来自两个方面：海量信息的处理与智能训练，以及高速的传输与泛在的物联网数据生产。实际上，智慧城市 2.0 的本质就是基于大数据的智能统计学与"三位一体"城市空间治理能力的深度整合。此外，支撑一个城市有效运行的现代基础设施包括产业、能源、交通、社会与风险防控五大维度。五大维度是检验智慧城市 2.0 能否有效运行的关键指标体系，也是典型的五大场景体系。其中，能源是智慧城市 2.0 基础中的基础、关键中的关键，尤其是供电系统的重要性无以复加，"超级算力"必须依靠廉价电力系统的支持，大规模的数字存储也同样依靠电力系统的安全和可持续保障。智慧城市 2.0 的应用层建设有五大应用场景体系，主要包括智能制造、智慧能源、智慧交通、智慧民生和风险治理（图 8-1）。五大场景其实是一个整体，

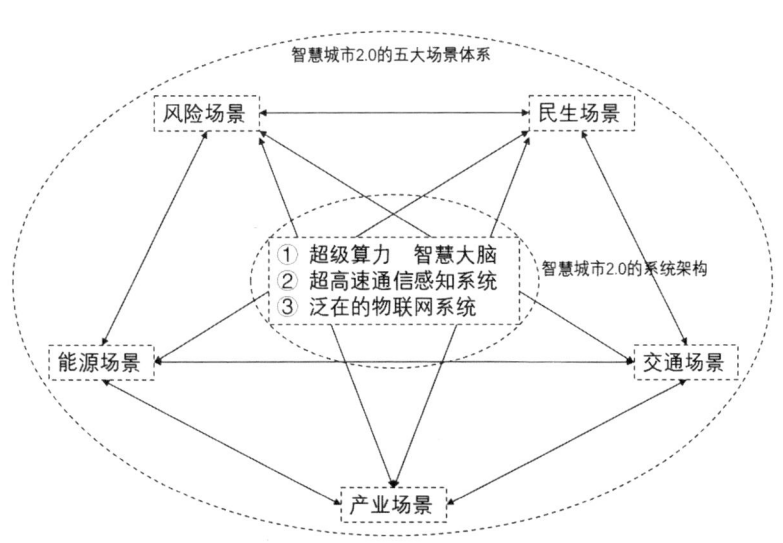

图 8-1　智慧城市 2.0 的系统架构与五大场景
来源：作者自绘

缺一不可。智慧城市 2.0 的治理绝不只局限于政府行政管理的狭小范畴之内，而是一个综合过程，这一点是当前数字治理与智慧城市研究者由于知识结构欠缺所忽视的最重要、最关键的智慧城市治理之道。如果智慧城市 2.0 的治理能够把五大场景建设好，就如同建设好了水渠网络，水就能够被引导和疏浚，而创新就会不断涌现出来。

| 升维竞争：从智慧城市到数字国家 |

本书的一个非常重要的观点是数字时代的大国竞争实际上是一场"升维竞争"。借用著名科幻作家刘慈欣提出的"降维打击"概念并反其道而用，只有升级城市才能在大国的"升维竞争"中获得成功。数字时代城市的重要性将再次被焕发。多学科的理解将我们对城市的认知提高到一个新的综合高度，城市是一种空间集聚的文明形态。城市的创新活力与动力均来自这种空间集聚，可以说，空间集聚效应是城市创造新文明形态的核心机制。

数字革命在全球范围内再次开启大国之间的新一轮竞赛，全球各主要大国和有志于参与这场难得的"世界经济之战"的国家，都根据自身的发展阶段和国情特点制定了适合于本国的数字化发展战略，尽管对于绝大多数城市而言，建设一个足够智慧的城市，就是一个了不起的成就。各国打造智慧城市的努力并非一蹴而就。从西到东、从北到南，几乎这个星球上所有的国家都在试图抓住难得的"升维竞争"机遇，实现国家经济发展与竞争力的提升。我们看到，一场全球范围包括了发达国家、发展中国家的数字化转型与智慧城市治理的新一轮竞赛开启了，毫无疑问，这种全球范围的智慧城市治理大赛将推动大国科技竞争的加剧，也将对全世界的数字化发展与数字经济的升级产生巨大影响。

在这场全球新一轮竞赛中，国家的力量展现无遗，无论是发达国家，还是发展中国家，数字时代的智慧城市治理背后都有国家力量的加强。英美为了保持领导地位，持续出台关于人工智能、芯片、科技竞争的法案，推动智慧城市建设与数字化转型相结合。欧洲大陆则追求价值观优先，把绿色、安全、公平等价值纳入其科技竞争与智慧城市治理之中。东亚国家则更具有先天的国家主导优势，以国家力量建设数字产业，推动数字化社会，推动智慧城市建设与产业、社会的融合发展。南亚、中东欧、西亚、非洲等国也意识到了数字经济与智慧城市建设之间的关系，并努力抓住新一轮竞赛提供的新机遇。数字革命为全球发展中国家提供了新的希望。

与世界其他国家和城市相比，中国选择的是一种整体式的政府主导的数字经济与智慧城市建设的融合之路。中国明确提出了"数字中国"建设的理念，希望通过整合数字经济、数字社会与数字政府，打造真正意义上的数字国家。中国的雄心壮志溢于言表，但问题的关键在于如何抓住问题的核心。从现实的可行操作路径看，城市才是撬动所有资源实现科技创新、实现数字经济转型升级的"战略地点"，抓住城市，其实就抓住了关键！这意味着，智慧城市建设，尤其是智慧城市 2.0 版的建设，其实是打造数字国家、实现科技竞争优势的"关键战略地点"，或者更直接是新一轮大国科技竞赛的"制高点"，抓住了智慧城市建设这个"牛鼻子"，就抓住了问题的重点，抓住了创新的"支点"。在原有的智慧城市建设基础之上，中国的各个地方政府在打造新型智慧城市之路上展现出了各自的活力与战略特色。北京、浙江、上海、广东、安徽等地政府将数字经济与智慧城市建设结合起来，这方面的例子本书已经作了梳理和总结。从地方实践来看，智慧城市 2.0 的建设作为支撑中国科技创新的战略制高点的判断，不仅可行，而且必要。从更长远角度看，真正的数字国家的升维竞争之路必须抢占"智慧城市 2.0"这个战略制高点。

| 数字国家的未来政治：新资本主义或新社会主义 |

本书还有一个并没有过多涉及，但其实需要进一步认真研究的问题，那就是世界经济升级与数字国家建设将带来一种怎样的未来政治形态？具体而言，在一个所有人都成为数字符号，拥有数字身份，并以数字化方式相互链接的数字社会，其政治经济逻辑为何？人们有时候往往忽视技术变革的长期影响，其实技术对人类社会的政治形态的影响往往是革命性的，只是短期内难以得到重视。

本书对以上问题的讨论仅仅是找到了一个逻辑起点。例如，如果人工智能技术与金融化、全球化趋势相结合，那么全球金融智能资本主义形态很可能正在加速到来，这种新的资本主义形态很可能是当前人们在短期内无法理解的现象，至于它到底会对人类社会的政治形态或者说对国家组织形态产生怎样的影响，其实不得而知，但这确实是非常值得讨论的重大议题。再如，人工智能技术究竟会对社会产生怎样的影响？或者说，它究竟是一种替代性技术，还是一种增长性技术？这些问题仍需要进行观察和等待。但长期来看，机器取代人，不仅将解决资本主义的生产成本问题，还将化解资本主义所带来的少子化问题、高龄化养老问题等人口问题、社会问题。机器取代人，这个马克思在《共产党宣言》中所提到的终极命题，或许在全球金融智能资本主义完成其系统升级之后就会到来。那么，我们不禁要追问，全球资本主义的迭代升级，是否将导致一个更加民主、社会公平与自由联合的新社会的降临？抑或，剥削将更加隐蔽，但社会极化将更加严峻，一种全能型的资本主义更加无可匹敌？

答案是未知的，世界可能向左，也可能向右。但无论向左还是向右，在变革来临之前，我们应该做好准备。十多年前，就有许多学者讨论全民兜底保障或者翻译为全民基本收入，即为了维持整个社会的稳定而不得不建立起一套全社会的保障系统以应对资本主义迭代升级所带来的诸多社会问题。那么，今天我们已经非常有理由确信，当数字革命已然成为大国竞争的加速器，世界经济之战已然在激烈进行，智慧城市迭代，数字国家升维，关于全民基本保障的讨论也就不再是一种超前的思考，而是一种必须认真面对的现实问题。于是，未来政治就有两个选项：新资本主义或新社会主义，而我们人类，就站在这个十字路口。

后　记

本书主要关注大国科技竞争背景下的智慧城市治理问题，虽然定位为学术著作，但力图增加本书的可读性和受众面。因此，本书不仅适合政治学、社会学与城市规划学等专业读者，也适合关注国家发展、大国科技竞争与新型智慧城市治理问题的非专业读者。事实上，笔者力图在学术专著与大众读物之间寻找某种平衡，这也源于笔者在大学期间拜读黄仁宇先生著作之时的感受，即拒绝故作高深，同时力求严谨。

本书的主要课题来源是笔者在清华大学公共管理学院读博士后期间获得的一项北京市哲学社会科学基地的研究资助，这笔科研经费对于我开展国内外大城市的实证研究、田野调查、比较分析给予了极大支持。在读博士后期间，我的合作导师薛澜教授，给予我在城市政治学、智慧城市治理方面很大的启发，对于我的研究取向提供了很大支持。薛老师的全球视野和理论深度如春风化雨，让我渐渐领悟到比较城市研究的重要性，由此开启了我从国际比较视野审视城市发展与治理的深入思考。幸运的是，在薛老师"自由放任"式的指导下，我能够从研究兴趣和自身的知识结构特长出发自由开展研究，从而能够徜徉在学海之中不断获得研究灵感和乐趣。薛老师对学生的指导是讨论式的也是启发式的，薛老师对我的研究方向的把握，是我选择作城市政治与治理研究的最重要鼓励之一。薛老师是清华大学首批文科资深教授，他平易近人的学者风范令人敬仰，在此对薛老师的指导和教诲致以崇高的敬意！

本书形成过程之中，还有两位非常重要的师长和好友的支持需要特别感谢。首先是中国社会科学院金融研究所的副所长张明研究员，他对全球化与世界经济的深刻理解给予我极大启发。我与张明老师相识于哈佛大学肯尼迪学院，我们在美国共同的访学岁月令我至今难以忘怀。他的家国情怀、跨学科视野、深厚的理论基础和强大的政策研究、市场研究能力，让我十分钦佩，尤其他的勤奋是我所深知不及的，是我"虽不能至，心向往之"的。回国后，我参加了张老师在中国科学技术大学国际金融研究院"全球经济与国际金融"研究中心的学术团队，大家交流起来乐趣与收获"齐飞"，我连续多年参与撰写中心的全球宏观经济报告，主要负责全球政治经济部分，本书中的很多内容就源于我所负责的研究报告，这一经历极大丰富了我的知识基础、理论视野，矫正了我单一社会学学科视野的不足，让我能够更全面更系统地看问题。其次是嘉兴市数据局数据管理处姜玉峰处长，嘉兴市是中国智慧城市建设的早期试点之一，姜玉峰处长对中国智慧城市治理的实际工作有着切身的体会和经验，他是我见过的少数有经验、有思考的实干者。在姜玉峰处长的支持下，我曾经获得了嘉兴市数据局的课题支持，带领团队完成了嘉兴市智慧城市顶层设计报告，形成了数十万字的研究材料，对本书的最终完成打下了坚实基础。

最后，我还要特别感谢我的课题团队成员，是他们的扎实工作为本书的最终形成提供了支持，尤其是本书第五章、第六章、第七章中的案例收集、基础文献收集、文字图表整理等工作。我的课题团队成员是同济大学政治与国际关系学院的硕士生裴琳娜、于建宝，本科生方惠、刘斯琦、潘婷、张雨欣、黄丽婷、何俊萍、刘杰、马禾子、孔苓丽、岳晴，以及来自同济大学城市交通研究院的硕士生段苏恬。

葛天任

2024 年 3 月